Internationales Übereinkommen

über den

Eisenbahn-Frachtverkehr.

Internationales Übereinkommen über den Eisenbahn-Frachtverkehr vom 14. Oktober 1890

mit den Änderungen und Ergänzungen in der Zusatzvereinbarung vom 16. Juli 1895 und in den Zusatzübereinkommen vom 16. Juni 1898 und vom 19. September 1906 und Zusatzerklärung vom 20. September 1893, vereinbart zwischen Belgien, Dänemark, Deutschland, Frankreich, Italien, Luxemburg, den Niederlanden, Österreich und Ungarn, Rumänien, Rußland, Schweden und der Schweiz.

Vom 22. Dezember 1908 an gültiger deutscher Text in der vom Central-Amt in Bern veröffentlichten Fassung

mit Bemerkungen und Sachregister

herausgegeben von

Dr. jur. Ernst Blume.

Regierungsassessor in Breslau.

Berlin.

Verlag von Julius Springer.

1910.

ISBN 978-3-642-47128-5   ISBN 978-3-642-47398-2 (eBook)
DOI 10.1007/978-3-642-47398-2

Softcover reprint of the hardcover 1st edition 1910

Vorwort.

Neben einem diplomatisch genauen Abdruck des deutschen Textes des Internationalen Übereinkommens über den Eisenbahnfrachtverkehr und seiner Ergänzungen will die vorliegende Arbeit einen gedrängten Überblick über die hauptsächlichsten Fragen geben, welche der für den europäischen Güterverkehr so bedeutsame Staatsvertrag in sich schließt. In erster Linie für den praktischen Gebrauch berechnet, berücksichtigt sie die Ergebnisse der Rechtsprechung der Vertragsstaaten, daneben aber auch Materialien und Literatur. Ohne das Studium der groß angelegten verdienstvollen Werke Gerstners und Rosenthals oder des jetzt modernsten Buches von Marchesini, die alle weiter gehenden Ansprüchen zu dienen bestimmt sind, noch das besonders wichtige Zurückgehen auf die Quellen des IÜ, auf die aus diesem Grunde fortlaufend verwiesen wird, erübrigen zu wollen, möchte sie einen kleinen Teil der Mittel bieten, die zur rechten Würdigung des Gesetzes führen können. Aus diesem Grunde ist davon Abstand genommen, den Text einer billigen Kritik zu unterwerfen, die sich etwa jeweils die Anschauungen überstimmter Minoritäten zu eigen macht. Das geltende Recht allein ist Gegenstand der Darstellung, nicht eine lex ferenda.

Bei den Verweisungen auf die in der vom Central-Amt in Bern herausgegebenen Zeitschrift für den internationalen Eisenbahntransport (IZ) und sonstigen Zeitschriften und Entscheidungssammlungen abgedruckten Entscheidungen ist durch den Anfangsbuchstaben kenntlich gemacht, welchem Staate das Gericht angehört, dessen Ansicht im einzelnen Falle zitiert ist. Es soll damit die Möglichkeit einer

Prüfung auch nach der Richtung erleichtert werden, ob die geäußerte Ansicht für den gerade zu behandelnden Fall überhaupt maßgebend sein kann. Bei deutschen Entscheidungen ist zwecks rechter Bewertung auch möglichst noch angegeben, von welchem deutschen Gerichte sie gefällt sind. Zitate aus der Internationalen Zeitschrift ohne solche Buchstaben oder Gerichtsbezeichnung betreffen Abhandlungen, deren Verfasser nicht genannt sind.

Die kurzen Inhaltsangaben können nicht alles sagen, was in den Urteilen enthalten ist, sie wollen daher deren Nachlesen nicht ersetzen, sondern nur über ihr Vorhandensein orientieren. Deshalb ist auch auf eine Würdigung der Entscheidungen nur insoweit eingegangen, als sie im allgemeinen Rahmen der betr. Erläuterungen geboten erschien. Jedenfalls soll der etwaige kritiklose Abdruck nicht zum Ausdruck bringen, daß die in der Entscheidung enthaltene Ansicht in jeder Richtung unanfechtbar erscheine.

Im allgemeinen sind von ausländischen Entscheidungen nur solche zitiert, die es mit dem Internationalen Übereinkommen selbst zu tun haben. Hin und wieder jedoch ist sowohl in solchen Fällen, wo nach dem Übereinkommen das Landesrecht Anwendung findet, als auch in wenigen charakteristischen anderen ein Urteil, das auf internem, namentlich deutschem, österreichischem und französischem Recht beruht, erwähnt worden.

Im Interesse des von ihm verfolgten praktischen Zweckes bittet der Verfasser, bei dem Gebrauch sich einstellende Verbesserungsvorschläge der Verlagsbuchhandlung oder ihm selbst gütigst zugänglich zu machen.

Breslau, im März 1910.

Der Verfasser.

Inhalt.

Abkürzungen (Literaturverzeichnis). *)

Arch. = Archiv für Eisenbahnwesen, herausgegeben im Königlich Preußi-
schen Ministerium der öffentlichen Arbeiten.

Arch. f. ziv. Praxis = Archiv für die zivilistische Praxis.

Ausf.-Best. = Ausführungs-Bestimmungen zum Internationalen Übereinkommen.

Begr. = Begründung zur EVO-Vorlage an den Landeseisenbahnrat und
den Bundesrat (EVO Springer 1909).

Bulletin = Bulletin des Internationalen Eisenbahn-Kongreß-Verbandes
(Deutsche Ausgabe) Brüssel.

B = Entscheidung eines belgischen Gerichts.

von Buschmann, die Entwickelung des Eisenbahntransportrechts in:
Geschichte der Eisenbahnen der österreichisch-ungarischen Monarchie
Band IV. Wien 1899.

Bolze Praxis = Bolze, Praxis des Reichsgerichts.

CA = Central-Amt für den internationalen Eisenbahntransport in Bern.

Calmar = Calmar, Internationales Übereinkommen über den Eisenbahnfrachtverkehr samt Zusatzübereinkommen.   Commentare und
Rechtsprechung, Wien 1901.

Calmar, Bemerkungen zu dem Internationalen Übereinkommen über den
Eisenbahnfrachtverkehr vom 14. Oktober 1890. — Seine organischen
Mängel. — Die Streitfragen, welche es hervorruft: Bulletin **1908**
609, 1329.

Calmar, Bemerkungen zu dem Internationalen Übereinkommen über den
Eisenbahnfrachtverkehr vom 14. Oktober 1890. — Vorschläge zu
seiner Umgestaltung: Bulletin **1909** 624, 1563.

Cosack = Cosack, Lehrbuch des Handelsrechts, 1903[6].

Denkschrift des Vereins Deutscher Eisenbahn-Verwaltungen zu dem
Berner Entwurf eines internationalen Vertrages über den Eisenbahnfrachtverkehr, beschlossen in der zu Salzburg am 28. und
29. Juli 1897 abgehaltenen Generalversammlung.

Denkschrift I = Denkschrift zum Entwurf eines Handelsgesetzbuchs und
eines Einführungsgesetzes in: Die gesamten Materialien zu den
Reichsjustizgesetzen, herausgegeben von Hahn und Mugdan, 6. Band:
Materialien zum Handelsgesetzbuch. Berlin 1897. S. 189 ff.

Denkschrift II = Denkschrift zum Entwurf eines Handelsgesetzbuchs
und eines Einführungsgesetzes (Reichstagsvorlage). Stenogr. Berichte. (9. Legisl.-P., 4. Sess., Band VI.)

Denkschrift zum IÜ = Stenogr. Protokolle 1890/1891, 3. Anlageband.

Dernburg = Dernburg, Das bürgerliche Recht des Deutschen Reichs und
Preußens.

DJurZ = Deutsche Juristen-Zeitung.

---

*) Weitere Literatur findet sich bei den betr. Artikeln.

Düringer-Hachenburg = Das Handelsgesetzbuch vom 10. Mai 1897, auf der Grundlage des Bürgerlichen Gesetzbuchs erläutert von A. Düringer und M. Hachenburg. 1905.

DVE (Deutscher Vorentwurf) = Entwurf eines Vertrages über den internationalen Eisenbahnfrachtverkehr, aufgestellt von deutschen Kommissarien, und

DDVE = Denkschrift zum deutschen Vorentwurf; beide abgedruckt in P I (s. d.).

EE = Eisenbahnrechtliche Entscheidungen und Abhandlungen, herausgegeben von Eger.

Eger IÜ = Eger, Das Internationale Übereinkommen über den Eisenbahnfrachtverkehr usw., gültig vom 22. Dezember 1908, Kommentar 1909[3].

Eger Kritik = Eger, Einführung eines internationalen Eisenbahnfrachtrechts, eine Kritik des schweizerischen vorläufigen Entwurfs für eine Vereinbarung über den internationalen Eisenbahnverkehr nebst einem Gegenentwurf. Breslau 1877.

EVO = Eisenbahnverkehrsordnung vom 23. Dezember 1908.

F = Entscheidung eines französischen Gerichts.

Festschrift = Festschrift über die Tätigkeit des Vereins Deutscher Eisenbahnverwaltungen, Berlin 1896.

Fritsch IÜ = K. Fritsch, Handbuch der Eisenbahngesetzgebung in Preußen und im deutschen Reiche, Berlin 1906, S. 620 ff.

GAV = Gemeinsame Abfertigungsvorschriften des Vereins deutscher Eisenbahnverwaltungen, abgedruckt in Übk zum VBR.

Gerstner IÜ = Gerstner, Internationales Eisenbahnfrachtrecht, Berlin 1893.

Gerstner NSt = Gerstner, Der neueste Stand des Berner Internationalen Übereinkommens über den Eisenbahnfrachtverkehr vom 14. Oktober 1890, Berlin 1901.

GKG = Gerichtskostengesetz vom 18. Juni 1878/20. Mai 1898.

Goldmann = Goldmann, Das Handelsgesetzbuch vom 10. Mai 1897. Berlin 1906.

Goldschmidts Z = Zeitschrift für das gesamte Handelsrecht, begründet von Goldschmidt.

Gruchot Beitr. = Beiträge zur Erläuterung des deutschen Rechts, begründet von Gruchot.

Hertzer = Hertzer, Handkommentar zur Eisenbahnverkehrsordnung, Berlin 1902.

HGB = Deutsches Handelsgesetzbuch vom 10. Mai 1897.

Hilscher = Dr. F. Hilscher, Das österreichisch-ungarische und internationale Eisenbahntransportrecht. Wien 1902.

I = Entscheidung eines italienischen Gerichts.

Janzer-Burger = Eisenbahnverkehrsordnung vom 23. Dezember 1908, mit Anmerkungen herausgegeben von Janzer und Burger. Mannheim und Leipzig 1909.

JDR = Jahrbuch des deutschen Rechts, herausgegeben von Neumann.

ITK = Internationales Transportkomitee.

IÜ = Internationales Übereinkommen über den Eisenbahnfrachtverkehr.

JW = Juristische Wochenschrift.

IZ = Zeitschrift für den internationalen Eisenbahntransport, herausgegeben von dem Central-Amte in Bern.

KG = Entscheidung des Kammergerichts.

Lehmann-Ring = Das Handelsgesetzbuch für das Deutsche Reich, erläutert von K. Lehmann und V. Ring. 2. Band. Berlin 1901.

von der Leyen Goldschmidts Z **25** 242 = Verhandlungen über internationales Eisenbahnfrachtrecht.

von der Leyen Goldschmidts Z **39** 1 = Das Berner internationale Übereinkommen über den Eisenbahnfrachtverkehr.

von der Leyen Goldschmidts Z **49** 381 = Die Fortbildung des Eisenbahnfrachtrechts seit dem Berner internationalen Übereinkommen über den Eisenbahnfrachtverkehr.

von der Leyen Goldschmidts Z **65** 1 = Neuerungen im Eisenbahnfrachtrecht des internationalen und des Binnenverkehrs der mitteleuropäischen Staaten.

Makower = Makower, Handelsgesetzbuch mit Kommentar, Berlin 1709[13].

Marchesini = Avv. G. B. Marchesini, Il Contratto di Trasporto delle Merci per Ferrovia secondo la Convenzione Internazionale di Berna e la Legislazione Italiana, Milano 1909, 2 Bde.

Meili, Internationale Eisenbahnverträge = Meili, Dr. F., Internationale Eisenbahnverträge und speziell die Berner Konvention über das internationale Eisenbahnfrachtrecht. Hamburg 1887.

MSVE siehe SVE.

Oe = Entscheidung eines österreichischen Gerichts.

OLG = Die Rechtsprechung der Oberlandesgerichte auf dem Gebiete des Zivilrechts. Herausgegeben von Mugdan und Falkmann. OLG mit Ortsnamen bedeutet Entscheidung des betr. OLG.

OVG = Entscheidung des Oberverwaltungsgerichts.

P **I II III** = Protokolle der Konferenzen in Bern 1878, 1881, 1886 (1878 und 1881 im Neudruck).

PF = Protokoll der fachmännischen Konferenz in Bern 1893.

R = Entscheidung eines russischen Gerichts.

R **I** = Protokolle der 1. Revisionskonferenz (Paris, Imprimerie nationale 1896).

R **II** = Protokolle der 2. Revisionskonferenz, Bern 1905.

Recht = Das Recht, Rundschau für den Deutschen Juristenstand.

Reindl EE **16** = Das Internationale Übereinkommen über den Eisenbahnfrachtverkehr vom 14. Oktober 1890 nach den Ergebnissen der Pariser Revisionskonferenz vom 16. März bis 2. April 1896 und dem Zusatzübereinkommen vom 16. Juni 1898. Anlageheft II zu EE **16**.

Reindl EE **25** = Das Internationale Übereinkommen über den Eisenbahnfrachtverkehr vom 14. Oktober 1890 nach den Ergebnissen der Berner Revisionskonferenz vom 4.—18. Juli 1905 und dem Zusatzübereinkommen vom 19. September 1906. Anlageheft I zu EE **25**.

RG = Reichsgericht, und zwar:

RGArch = abgedruckt in Arch.; RGEE = abgedruckt in EE.; RGJW = abgedruckt in JW.; RGIZ = abgedruckt in IZ.; RGS = abgedruckt in der offiziellen Sammlung für Strafsachen; RGZ = abgedruckt in der offiziellen Sammlung für Zivilsachen.

RGBl = Reichsgesetzblatt.

v. Rinaldini = Eisenbahn-Betriebsreglement mit Erläuterungen von Theodor Freiherr von Rinaldini. Wien 1909[2].

ROH = Entscheidungen des Reichsoberhandelsgerichts.

Rosenthal IÜ = Internationales Eisenbahnfrachtrecht auf Grund des Internationalen Übereinkommens über den Eisenbahnfrachtverkehr vom 14. Oktober 1890 und der Konferenzbeschlüsse vom Juni und September 1893, herausgegeben von Eduard Rosenthal. Jena 1894.

Ruckdeschel = Ruckdeschel, Kommentar zum Betriebsreglement für die Eisenbahnen Deutschlands und Österreich-Ungarns. Bestimmungen für den Güterverkehr. Weiden 1880.

Rutz Seuff. Bl. f. R. 1893 = Rutz, Die durch das Berner Internationale Übereinkommen geschaffenen neuen Rechtsnormen.

S = Urteil eines schweizerischen Gerichts.

SVE (Schweizerischer Vorentwurf) = Vorläufiger Entwurf für eine Vereinbarung über den internationalen Eisenbahnfrachtverkehr, abgedruckt in P I. MSVE = Memorial dazu, abgedruckt in Egers Kritik S. 30 ff. unter dem Titel „Motive“.

Schott = Schott, Das Transportgeschäft in Endemanns Handbuch des deutschen Handelsrechts.

Schwab = Schwab, Das Internationale Übereinkommen über den Eisenbahnfrachtverkehr. Leipzig 1891.

Senckpiehl = Senckpiehl, Das Eisenbahntransportgeschäft nach deutschem Recht. Berlin 1909.

Seuff. Arch. = Seufferts Archiv.

SpedSchiffZ = Speditions- und Schiffahrtszeitung.

Staub = Staubs Kommentar zum Handelsgesetzbuch. 8. Auflage, bearbeitet von Könige, Stranz und Pinner. Berlin 1906—1909.

U = Entscheidung eines ungarischen Gerichts.

Ulrich = Ulrich, F., Das Eisenbahntarifwesen. Berlin - Leipzig 1886.

Ulrich Kritik = (Ulrich,) Kritik des zu Bern 1878 festgestellten Entwurfs eines internationalen Eisenbahnfrachtgesetzes seitens des internationalen Transportversicherungsverbandes. Berlin.

Übk zum VBR = Übereinkommen zum VBR.

VBR = Betriebsreglement des Vereins Deutscher Eisenbahnverwaltungen.

VDEV = Verein Deutscher Eisenbahnverwaltungen.

VerZtg = Zeitung des Vereins Deutscher Eisenbahnverwaltungen, Berlin.

VO = Eisenbahn-Verkehrsordnung vom 26. Oktober 1899

Wehrmann = Wehrmann, Das Eisenbahnfrachtgeschäft. Stuttgart 1880.

ZBl = Zentralblatt für das Deutsche Reich.

ZPO = Zivilprozeßordnung.

Zus. = Zusatzbestimmung. Zus I des ITK, ZusV des VDEV.

Zusammenstellung = Zus. der Bestimmungen, welche im internationalen Übereinkommen über den Eisenbahnfrachtverkehr den Gesetzen und Reglementen in den Vertragsstaaten überlassen sind. 2. Ausgabe vom Oktober 1904. (Herausg. vom Central-Amt in Bern.)

1. Überblick über die Geschichte des Internationalen Übereinkommens.

Zu Vermittlern des Weltverkehrs werden Eisenbahnen erst wenn Güter ohne nennenswerte Umbehandlung vom Abgangsorte zum Empfangsorte gelangen können. Dieses Ziel erstrebte für Mitteleuropa der Verein Deutscher Eisenbahn-Verwaltungen von 1847 bereits mit seinem Übereinkommen über den direkten Güterverkehr vom 1. April 1850 und den ihm folgenden verschiedenen Übereinkommen betreffend die gegenseitige Wagenbenutzung im Bereiche des VDEV, den Vereins-Wagen-Übereinkommen [1]). Aber nicht nur diese technische Möglichkeit erreichte der Verein, unterstützt durch die in Deutschland infolge Verwendung englischer Lokomotiven eingeführte einheitliche Spur. Er schuf auch in seinem Gebiete das für die durchgehende Benutzung der Schienenwege notwendige einheitliche Eisenbahnfrachtrecht durch seine „Betriebsreglements" [2]), die zur Grundlage wurden sowohl für das interne deutsche Eisenbahnfrachtrecht (die späteren deutschen Betriebs-Reglements, die heutige Eisenbahn-Verkehrsordnung und das Handelsgesetzbuch) als auch für die in Österreich, Ungarn und den Niederlanden eingeführten „Betriebsreglements". Für ein großes Gebiet regelten den inneren Verkehr in den Ländern des Vereins z. T. übereinstimmende gesetzliche Vorschriften (Handelsgesetzbuch für Deutschland, Österreich und Ungarn), deren Grundsätze infolge vertraglicher Vereinbarungen der Eisenbahn-Verwaltungen auch auf den Verkehr von Land zu Land, den äußeren Verkehr (Vereins-Betriebs-

Die Bestrebungen des Vereins Deutscher Eisenbahn-Verwaltungen.

---

[1]) Festschrift S. 113 ff.

[2]) So 1847 die „Normalbestimmungen für die Reglements der zum Deutschen Eisenbahn-Verein gehörigen Verwaltungen über die Personen-, Gepäck-, Equipagen-, Pferde- und Viehbeförderung" (Festschrift S. 251) und 1850 das „Reglement für den Güterverkehr" (Festschrift S. 257). Später nach Schaffung des Handelsgesetzbuchs das „Reglement für den Vereins-Güterverkehr auf den Bahnen des Vereins Deutscher Eisenbahn-Verwaltungen" vom 1. März 1862, Neuauflage vom 1. März 1865.

reglement und die in ihm wurzelnden Verbandstarife), Anwendung
fanden. Diese Regelung beruhte aber auf jederzeit kündbaren und
veränderlichen Verträgen der Eisenbahn-Verwaltungen, nicht
auf Gesetz, und umfaßte außerdem wichtige Handelsgebiete nicht,
wie Frankreich, Italien, die Schweiz, einen Teil von Belgien und
Rußland.

Dazu gesellten sich die Schwierigkeiten bei der Entscheidung
über Schadensersatzansprüche bei Transporten von und nach dem
„Verein" nicht angehörenden Ländern, die je nach der Staats-
angehörigkeit des entscheidenden Gerichts verschieden ausfielen,
und bei denen es, da oft mehrere Gerichte in e i n e r Beförderungs-
angelegenheit angerufen wurden, zu einander widersprechenden
Entscheidungen kam, abgesehen davon, daß eine Vollstreckung
der Urteile oft nicht möglich war.

De Seigneux
und Dr. Christ.
Bei dem Anwachsen des internationalen Verkehrs war dieser
Zustand auf die Dauer unhaltbar. Besonders schmerzlich mochte
er in dem von mehreren Verkehrsgebieten umschlossenen Schweizerischen Bundesstaate empfunden werden. Hier war man mit den
Vorverhandlungen über ein schweizerisches Gesetz über den Transport auf Eisenbahnen und Dampfschiffen, das spätere Eisenbahn-
transportgesetz vom 20. März 1875 beschäftigt, als am 11. Juni 1874
die Herren G. de Seigneux, Advokat und Mitglied des Großen
Rates von Genf, und Dr. H. Christ, Advokat in Basel, an die
Bundesversammlung in Bern eine Petition [1]) richteten, man möge
vor Beratung des Gesetzentwurfs das Zusammentreten einer
internationalen Konferenz herbeiführen, um wenigstens gewisse
Teile der Gesetzgebung des internationalen Eisenbahntransport-
wesens zu regeln, da sonst das neue schweizerische Gesetz sich
nur als eine neue Spielart der ohnehin voneinander abweichenden
Frachtrechte der Nachbarstaaten darstellen werde. Es sei durchaus nicht erforderlich — das ist der fruchtbare und glückliche
Gedanke jener Eingabe — den benachbarten Staaten eine einheitliche und umfassende Gesetzgebung aufzuerlegen, sondern es
würde genügen, durch eine internationale Vereinbarung gewisse,
näher bezeichnete Grundfragen des Beförderungswesens von Staat
zu Staat zu regeln.

Ihre Vorschläge begründeten die beiden Antragsteller in
einer Denkschrift vom 20. Dezember 1874 über die Einführung

---

[1]) Abgedruckt bei Eger Kritik S. 7.

eines internationalen Rechts über den Eisenbahn-Frachtverkehr näher [1]). Die Bundesversammlung reichte die Eingabe weiter an den Bundesrat. Wenn man nun auch mit der Beratung des Gesetzentwurfs nicht inne hielt, so folgte die schweizerische Bundesregierung der an sie gelangten Anregung doch insofern, als sie diese im September 1874 — unter späterer Nachsendung der Denkschrift — den Regierungen der benachbarten Staaten mit der Bitte um Äußerung mitteilte. Alle waren geneigt, dem Gedanken näher zu treten; Frankreich wollte sich an den Verhandlungen beteiligen, wenn man über das angeregte Programm nicht hinausgehen werde [2]). Deutschland und Österreich baten die schweizerische Regierung um Vorlegung eines Entwurfs. Diesen ließ der eidgenössische Bundesrat durch Professor Fick in Zürich, den Verfasser des erwähnten Eisenbahntransportgesetzes, als „vorläufigen Entwurf für eine internationale Vereinbarung über den Eisenbahnfrachtverkehr" ausarbeiten [3]), Anfang 1876 von schweizerischen Sachverständigen, darunter de Seigneux und Dr. Christ, begutachten (Memorial) [4]) und den Regierungen von Deutschland, Frankreich, Italien, Österreich-Ungarn, Belgien, den Niederlanden, Luxemburg, Rußland, Dänemark, Spanien und Portugal zur weiteren Prüfung zugehen [5]). Während Dänemark, Spanien und Portugal sich fernhielten, erklärten sich die übrigen Regierungen bereit, auf der durch den Entwurf geschaffenen Grundlage in nähere Verhandlungen einzutreten, und folgten einer im Frühjahr 1878 an sie ergehenden Einladung des schweizerischen Bundesrats nach Bern zum 13. Mai 1878 [6]).

Der Schweizerische vorläufige Entwurf.

Die deutsche Regierung hatte sich in jener Zeit der zweckmäßigsten Regelung der Fragen des Eisenbahnfrachtrechts besonders gewidmet. Seit dem 10. Juni 1870 (BGBl 419) bzw. 22. Dezember 1871 (RGBl 473) bestand das Betriebsreglement für die Eisenbahnen des Norddeutschen Bundes bzw. Deutschlands, das einer Neubearbeitung unterworfen und durch Bekannt-

Der „Entwurf, aufgestellt von deutsch. Kommissarien".

---

[1]) Abgedruckt bei Eger Kritik S. 9.
[2]) Gerstner IZ **1900** 89.
[3]) Abgedruckt bei Eger Kritik S. 21. — P I S. VII—XXXIV.
[4]) Ebenda bei Eger S. 30 unter dem Titel „Motive".
[5]) Meili, Internationale Eisenbahnverträge S. 33.
[6]) Rutz in Seuff. Bl. f. R. **1893** S. 5; von der Leyen Goldschmidts Z **25** 242, wo die Vertreter der Staaten namentlich aufgeführt sind; ebenso bei Gerstner IÜ 22.

machung vom 11. Mai 1874 (RGBl 84, Wortlaut im ZBl 179) mit Gültigkeit vom 1. Juli 1874 veröffentlicht wurde. Daneben vollzogen sich die Vorarbeiten für den Entwurf eines Reichseisenbahngesetzes, der ebenfalls im Jahre 1874 Gegenstand der amtlichen Bearbeitung war. So wurde der schweizerische Entwurf noch vor der Konferenz im Winter 1877/1878 einer eingehenden Prüfung durch eine im Reichseisenbahnamte zusammengetretene Kommission unterzogen. An ihr nahmen teil seitens des genannten Amtes die Herren Geheimen Regierungsräte Dr. Gerstner und Dr. von der Leyen, seitens des Reichsjustizamtes Herr Geheimer Oberregierungsrat Dr. Meyer, seitens des Ministeriums der öffentlichen Arbeiten die Herren Geheimer Oberregierungsrat Brefeld und Regierungsrat Fleck. Das Ergebnis dieser Beratungen war der „Entwurf eines Vertrages über den internationalen Eisenbahn-Frachtverkehr aufgestellt von deutschen Kommissarien", den man als einen verbesserten Parallelentwurf zum vorläufigen schweizerischen Entwurf bezeichnen kann, dem er sich nach Form und Inhalt möglichst anschließt [1]). Außer einer „Denkschrift" [2]) war ein Entwurf zu „Ausführungsbestimmungen" beigefügt [3]) [4]).

Der Entwurf deutscher Kommissarien teilte die zu treffenden Bestimmungen in zwei Hauptgruppen, in die dauernden, welche den Gegenstand des eigentlichen Übereinkommens, und in die mehr oder weniger vorübergehenden, welche den der Ausführungsbestimmungen bilden sollten. (Diese Teilung ist beibehalten worden.) Er ging weiter als der schweizerische Vorentwurf in der Schaffung einheitlichen Frachtrechts, da die Rechtsvergleichung ergeben hatte, daß die obersten Grundsätze des Beförderungsrechts in den meisten und wesentlichsten Punkten so sehr ähnlich waren, daß eine Einigung auf gleichförmige Normen zu erhoffen war [5]). Besonderes Gewicht war auf die Regelung der Entschädigungsfragen gelegt, und man hatte eine Versöhnung der z. T. voneinander abweichenden Rechtsanschauungen durch Verzicht auf gewisse

---

[1]) Gerstner IÜ 17. Er ist abgedruckt P I S. VII ff. in synoptischer Zusammenstellung mit dem schweizerischen Entwurf.

[2]) P I S. XLIX ff.

[3]) P I S. XXXV.

[4]) Die Kommission berücksichtigte neben den Berichten preußischer Eisenbahndirektionen namentlich ein vom Reichsoberhandelsgericht unter dem 30. Dezember 1876 erstattetes Gutachten (Gerstner IÜ 17—18). Über den angeblichen Einfluß Egers auf die Gestaltung des deutschen Entwurfes vgl. Archiv **1910** S. 528 und dort Zitierte; von der Leyen in Goldschmidts Z **66** Heft 3.

[5]) P I S. L.

Grundsätze des deutschen Rechts oder entsprechende Umbildung erstrebt [1]), namentlich durch Aufgeben der Beschränkung der Haftpflicht auf Maximalsätze. Den Kern zu erfolgreicher Entwicklung bargen die Anregungen zu „organischen Einrichtungen für das internationale Recht", aus denen die Bestimmungen über das Central-Amt erwuchsen [2]).

Dieser deutsche Parallelentwurf ging mit seiner Denkschrift der Konferenz bei ihrem Zusammentritt zu, nachdem er vorher mit Vertretern der österreichischen und ungarischen Regierung vertraulich besprochen worden war [3]).

Die erste Konferenz trat am 13. Mai 1878 in Bern zusammen und tagte bis zum 4. Juni unter dem von ihr ernannten Präsidenten dem schweizerischen Bundesrat und Chef des Eisenbahn-Departements Dr. Heer [4]). Dieser schlug vor [5]), den schweizerischen Entwurf zur Grundlage der Beratungen zu nehmen und dabei jeweils den einläßlichen deutschen Entwurf zu berücksichtigen. Dem folgend beriet man Artikel für Artikel. Über die (schriftlich zu stellenden) Anträge wurde nach Delegationen abgestimmt, wobei Österreich und Ungarn als besondere Delegationen zählten [6]). Ein möglichst gedrängtes Bild sollte in den in beiden Sprachen ausgefertigten Protokollen niedergelegt werden [7]). Im Laufe der Verhandlungen stellte sich heraus, daß über einzelne Fragen spezielle Kommissionen einzurichten waren [8]) (so eine Redaktionskommission und eine Kommission für technische Fragen [9]), eine Kommission [10]) für juristische Fragen und eine Kommission für vorläufige Feststellung der Protokolle). Die Beratungen erstreckten sich außer auf die beiden Entwürfe des internationalen Vertrages noch auf den deutschen Entwurf von Ausführungsbestimmungen und auf einen von der Kommission für juristische Fragen auf-

Die erste Berner Konferenz von 1878.

---

[1]) P I S. LVI.
[2]) P I S. LIX.
[3]) Rutz a. a. O. S. 5.
[4]) Die Teilnehmerliste für die drei Berner Konferenzen s. u. a. bei Gerstner IÜ S. 23. Es sind erschienen die Vertreter von Deutschland, Österreich, Ungarn, Belgien, Frankreich, Luxemburg, Niederlande, Rußland, Schweiz. — Italiens Vertreter fanden sich am nächsten Tage ein.
[5]) P I S. 4.
[6]) Art. 4 u. 6 des „Geschäfts-Reglements".
[7]) Art. 7 u. 4 ebenda.
[8]) Vorgesehen Art. 2 daselbst.
[9]) Sitzung vom 15. Mai 1878.
[10]) Sitzung vom 20. Mai 1878.

gestellten ,,Entwurf eines Vertrages, betreffend die Niedersetzung einer internationalen Kommission [1]'', die der im deutschen Entwurfe vorgeschlagenen internationalen Überwachungskommission entsprach. So führte diese erste Konferenz zur Aufstellung eines ,,Entwurfs eines internationalen Vertrages über den Eisenbahnfrachtverkehr'' und entsprechend den deutschen Anregungen ferner eines solchen von ,,Ausführungsbestimmungen'' zu diesem Vertrage und eines solchen ,,eines Vertrages betreffend die Einsetzung einer internationalen Kommission''.

ie Würdigung
ihrer
Ergebnisse.

Dieses inhaltsreiche Konferenzergebnis ließ die Schweiz. den übrigen Regierungen, die sich beteiligt hatten, im Druck zugehen [2] mit dem Ersuchen, ,,baldmöglichst bekannt zu geben, ob die Regierungen geneigt seien, auf Grundlage der Entwürfe ein internationales Übereinkommen abzuschließen, und eventuell, hinsichtlich welcher Punkte etwa Änderungen gewünscht werden [3]''.

Die folgende Zeit diente der mehr oder weniger eingehenden kritischen Würdigung des Erreichten. Die Aufnahme war eine überwiegend günstige [4], was jedoch nicht hinderte, daß von den verschiedensten Seiten Verbesserungsvorschläge gemacht wurden. Von Seiten der Interessenten sei erwähnt die Äußerung der Handels- und Gewerbekammer in Oberbayern, der sich eine größere Anzahl von anderen Handelskammern anschloß, und die dahin ging (Gerstner), daß dem Absender das Verfügungsrecht über das rollende Gut nur zustehen solle, wenn er das Frachtbrief-Duplikat vorweisen könne.

Der internationale Transportversicherungs-Verband beurteilte das Werk wenig günstig. Er schlug bezüglich der Regelung der Haftung der Eisenbahnen für Verlust und Beschädigung Änderungen vor [5].

Auch internationale Kongresse [6] beschäftigten sich mit dem Übereinkommen.

Denkschrift
des Vereins
Deutscher
E:senbahn-
Verwaltungen.

Interessant ist die Stellungnahme des Vereins Deutscher E:senbahn-Verwaltungen. Auf Anregung der Direktion der

---

[1] Vgl. Sitzung vom 20. Mai und 2, 3. u. 4. Juni.

[2] Meili, Intern. Eisenbahnverträge S. 34.

[3] Gerstner IÜ 25.

[4] v. d. Leyen Goldschmidts Z **25** 246 ff., **39** 34 ff. Gerstner IÜ 25 ff.

[5] Ulrich, Kritik.

[6] Vgl. hierzu die Literatur bei Meili, Intern. Eisenbahnverträge S. 34 und 35 Anm. 2. — von der Leyen Goldschmidts Z **39** 35.

Thüringischen Eisenbahngesellschaft in Erfurt vom 13. November 1878 wurde der Berner Entwurf vom Verein eingehender Begut-achtung unterzogen u. zwar nach Vorberatungen in der damaligen „Kommission für Angelegenheiten des Güterverkehrs" auf der General-Versammlung des Vereins am 28. und 29. Juli 1879 in Salzburg. Der Verein erblickt in der Absicht des Berner Entwurfs, ein mit Gesetzeskraft versehenes Eisenbahnfrachtrecht für den internationalen Verkehr aller an den Berner Konferenzen be-teiligten Staaten zu schaffen, nur eine Erweiterung und Befestigung seiner eigenen Bestrebungen, die er begrüßen will, wenn es ge-lingen sollte, das Geltungsgebiet gegenüber dem derzeitigen Vereins-gebiet auf Frankreich, Belgien, die Schweiz, Italien und Rußland auszudehnen. „Sollte dies Ziel nicht zu erreichen sein, so fehlte es nach der Überzeugung des Vereines an hinreichender Veran-lassung, in die bestehenden Verhältnisse, insbesondere in die-jenigen des Vereins, im Wege der Gesetzgebung einzugreifen." Die Ansichten der Generalversammlung sind in einer ausführ-lichen Denkschrift niedergelegt, die den beteiligten Regierungen vorgelegt wurde [1]. Gerade die hier von erfahrener Seite ge-äußerten Verbesserungsvorschläge sind für die weiteren Ver-handlungen in mehrfacher Beziehung bedeutungsvoll geworden.

Der Bundesrat des Deutschen Reiches hatte sich entsprechend Artikel 11 Absatz 3 der Verfassung des Deutschen Reiches, da es sich in dem abzuschließenden Staatsvertrage um der Reichs-gesetzgebung nach Artikel 4 Ziffer 2 und 8 vorbehaltene Gegen-stände handelte, ebenfalls mit dem Berner Entwurf befaßt und sein Einverständnis zum Vertragsabschluß unter Angabe von ihm als wünschenswert bezeichneten Änderungen erklärt [2].

Wie in Deutschland, so beschäftigte man sich auch in den beteiligten ausländischen Staaten mit dem Entwurf [3], so in Frankreich das comité consultatif des chemins de fer; in Italien war auf seiten der Eisenbahngesellschaften viel Stimmung gegen den Entwurf [4], dagegen empfahl ihn das Ministerium der Land-

---

[1] Denkschrift des VDEV zu dem Berner Entwurf eines internationalen Vertrages über den Eisenbahnfrachtverkehr, beschlossen in der zu Salzburg am 28. und 29. Juli 1879 abgehaltenen General-Versammlung.
[2] Gerstner IÜ 27; von der Leyen Goldschmidts Z **39** 34.
[3] Gerstner IÜ 27; von der Leyen Goldschmidts Z **39** 35.
[4] Memoria riassuntiva delle tre prinzipali amministrazioni delle strade ferrate italiane intorno al progretto d'una convenzione internacionale (Florenz 1880).

wirtschaft, der Industrie und des Handels in einer besonderen Denkschrift [1]). Die Abänderungsvorschläge wurden seitens der betr. Regierungen der Schweiz zugestellt. [2]) [3])

Die zweite Berner Konferenz von 1881. Die wiederum von der Schweiz nach Bern eingeladene zweite Konferenz, die vom 21. September bis 10. Oktober 1881 unter dem Vorsitz des Bundesrats Bavier tagte — Dr. Heer war am 1. März 1879 verstorben — fand so ein reiches Material für ihre Verhandlungen. Auch sie bildete vorbereitende Kommissionen [4]) (im ganzen 4) zur Förderung der Beratungen, deren Grundlage der Entwurf von 1878 war, der nur in wenigen Punkten durch die zweite Konferenz wesentliche Abänderungen erfuhr. Neu ist die Regelung der Vorbedingungen, unter welchen eine Eisenbahn als für den internationalen Transport geeignet bezeichnet wurde, neu die Einführung der Wertberechnung bei Haftung für beschädigte oder verlorene Güter nach dem Ort und Zeit der Absendung, vor allem aber die Umwandlung der internationalen Überwachungskommission in ein Centralamt, für dessen Befugnisse ein Reglement betreffend die Errichtung eines Central-Amtes aufgestellt wurde [5]). Eine sehr bedeutsame Änderung des Entwurfs beschloß die 2. Konferenz in der obligatorischen Einführung des Frachtbriefduplikats, an dessen Vorweisung das Verfügungsrecht des Absenders geknüpft wurde. Diese Neuerung wurde eingeführt insbesondere entgegen den Stimmen der Vertreter Deutschlands [6]). Die Beratungen der 2. Konferenz brachten auch für den abzuschließenden internationalen Staatsvertrag, französisch ,,convention‘‘, den Namen ,,Übereinkommen‘‘ im Gegensatz zu der Bezeichnung ,,Vertrag‘‘ des ersten Entwurfs, die geeignet gewesen wäre, Verwechslungen mit dem Eisenbahnfrachtvertrage der Verfrachter mit den Eisenbahnen herbeizuführen.

Das Ergebnis der 2. Berner Konferenz wurde wiederum in drei Entwürfe zusammengefaßt:

1. Entwurf des internationalen Übereinkommens über den Eisenbahn-Frachtverkehr,

---

[1]) Monzilli A. Progretto di convenzione internacionale. Memoria del ministero di agricoltura, industria e commercio. Rom 1881 (in Nr. 32 der Annali dell’ industria e del commercio.)

[2]) Zusammengestellt in der Récapitulation des propositions modificatives. Bern 1881.

[3]) Vgl. auch die Literatur bei Meili Intern. Eisenbahnverträge S. 34.

[4]) von der Leyen Goldschmidts Z **39** 35 ff.

[5]) Gerstner IÜ 29.

[6]) P **II** 28 ff., 97 ff.

2. Entwurf eines Reglements betreffend die Einrichtung eines Central-Amtes.

3. Entwurf von Ausführungsbestimmungen zum Vertrage (!) über den internationalen Eisenbahn-Frachtverkehr.

Dazu 4 Anlagen: Bestimmungen über bedingungsweise zur Beförderung zugelassene Gegenstände, Formular eines internationalen Frachtbriefs, Erklärung wegen mangelhafter Verpackung und nachträgliche Anweisung.

Die beteiligten Regierungen erhielten diese Entwürfe ebenfalls wieder zugestellt „mit dem Ersuchen um Prüfung und um Mitteilung an den schweizerischen Bundesrat, ob die Staaten zum Abschluß eines internationalen Vertrages auf Grund derselben geneigt, oder ob etwaige Bedenken geltend zu machen seien" [1]).

Man war im allgemeinen mit den Beschlüssen der 2. Konferenz einverstanden und bereit, ihnen zuzustimmen, falls Deutschland sie genehmigen würde.   Deutschland jedoch stellte einige Abänderungsvorschläge zu den Entwürfen sowohl des internationalen Übereinkommens als desjenigen betreffend die Errichtung des Central-Amtes, sowie auch zu der Anlage über die nur bedingungsweise zur Beförderung zugelassenen Gegenstände.   Eine baldige Einigung ließ sich daher nicht erreichen, und so lud die Schweiz zu einer 3. Konferenz nach Bern ein.   Die ursprünglich in Aussicht genommene Zeit (September 1885) wurde Italiens [2]) wegen aufgegeben, das gerade mit der Neuorganisation seines Eisenbahnwesens beschäftigt war, und die Konferenz tagte erst vom 5. bis 17. Juli 1886 unter dem Vorsitz des Bundesrats Weltli. Die Abänderungsvorschläge sind zusammengestellt in einer Druckschrift: „Zusammenstellung der Abänderungsanträge und Bemerkungen, welche zu dem in der 2. Konferenz ausgearbeiteten Entwurfe eines internationalen Eisenbahnfrachtrechts bei dem schweizerischen Bundesrate eingegangen sind [3])", welche den Text des Entwurfs und zu jedem Artikel die dazu gestellten Ab - änderungsanträge enthält.   Die Konferenz brachte keine Generaldiskussion, vielmehr nur Kommissionsberatungen über die Abänderungsanträge, für die zwei Kommissionen von je 10 Mitgliedern gebildet wurden.   „Es herrschte allseitiges Einverständnis

Die dritte
Berner Konferenz von 1886

---

[1]) Gerstner IÜ 29.
[2]) Gerstner IÜ 30, Meili Intern. Eisenbahnverträge 35 ff.
[3]) von der Leyen Goldschmidts Z **39** 48.

darüber, daß sich die Diskussion auf diejenigen Artikel zu beschränken habe, zu welchen Abänderungsanträge heute vorliegen oder seitens der Vertreter Rußlands oder Österreichs noch gestellt werden, daß dagegen alle anderen Artikel als feststehend zu betrachten und nicht mehr in den Bereich der Beratungen zu ziehen seien, soweit wenigstens nicht abgeänderte Artikel darauf Einfluß ausüben." Der größte Teil der Beratungen bezog sich auf die Beseitigung kleiner Unebenheiten des Textes und auf Aufklärung mißverständlicher Stellen. Man strebte danach, nun möglichst zum Abschluß eines endgültigen Entwurfs zu kommen, und hütete sich daher, die Grundlagen des 2. Entwurfs zu verschieben — bis auf zwei von Deutschland gestellte Anträge, denen erhebliche prinzipielle Bedeutung zukommt. Der zweite Entwurf hatte in Artikel 1, 58 und 60 in Aussicht genommen, daß das IÜ auf denjenigen Strecken Anwendung finden solle, welche zu diesem Zwecke von jedem der beteiligten Staaten als zur Ausführung internationaler Transporte geeignet bezeichnet werden. Das sollte geschehen durch Einreichung eines Verzeichnisses dieser Eisenbahnen seitens des betreffenden Staates an das Central-Amt behufs weiterer Mitteilung an die Vertragsstaaten. Spätestens zugleich mit der Ratifikation sollte diese Mitteilung erfolgen. Das hätte dazu führen müssen, daß die einzelnen Staaten bei dem bevorstehenden Abschluß des IÜ gar nicht übersehen konnten, wie weit sich der Vertrag räumlich erstrecken würde, und mit welchen Eisenbahnen man es später zu tun haben werde. Es war bei diesem Verfahren auch jedem Vertragsstaate unbenommen, in seinem Streckenverzeichnis eines Tages je nach seinem Gutdünken einzelne Bahnen zu streichen oder neue aufzuführen. Auf diese Mängel wies ein deutscher Abänderungsantrag mit Erfolg hin, und man fand Mittel und Wege, sie zu beseitigen, indem man die Liste der Eisenbahnen zu einem integrierenden Bestandteil des abzuschließenden Vertrages erhob [1]).

Nicht den gleichen Erfolg hatte der zweite deutsche Abänderungsantrag, der sich auf Artikel 11 Absatz 1 des IÜ bezog. Dieser bestimmt: „Die Berechnung der Fracht erfolgt nach „Maßgabe der zu Recht bestehenden gehörig veröffentlichten „Tarife. Jedes Privat-Übereinkommen, wodurch einem oder

---

[1]) P **III** S. 112 (Landkarte).

„mehreren Versendern eine Preisermäßigung gegenüber den Tarifen „gewährt werden soll, ist verboten und nichtig . . . . ." Hierin sind für den internationalen Verkehr die Grundsätze der Öffentlichkeit und, worauf es hier weniger ankommt, derjenige der Gleichheit der Tarife statuiert, wie sie in Deutschland auch für den internen Verkehr gelten. „Der oberste Grundsatz eines geordneten Eisenbahntarifwesens ist der der unbedingten Öffentlichkeit der Tarife" [1]. Zur Sicherung der Durchführung dieses Grundsatzes im internationalen Verkehr erschien es der deutschen Regierung als notwendig, das Verbot der Preisermäßigung gegenüber den veröffentlichten Tarifen auch im internen Verkehr der Vertragsstaaten anerkannt zu sehen. Ein auf den internationalen Verkehr beschränktes derartiges Verbot solcher geheimen Preisermäßigungen könne leicht umgangen und der damit beabsichtigte Zweck vereitelt werden, so daß unter Umständen die Konkurrenzfähigkeit der internationalen Transporte gegenüber den im internen Verkehr von Grenze zu Grenze zu bewirkenden in Frage gestellt werden könne. Die Konferenz lehnte diesen Antrag Deutschlands ab, weil er in die Freiheit der einzelnen Vertragsstaaten, die ihnen bezüglich der Regelung des internen Verkehrs zugestanden sei, eingreife [2]. Es wurde aber in das Schlußprotokoll eine Erklärung dahin aufgenommen, daß in den Vertragsstaaten die im Artikel 11 des IÜ vorgesehene Regelung zurzeit üblich und daß es wünschenswert sei, diesen Rechtszustand zu erhalten [3].

Im übrigen gelangte die dritte Konferenz in ihren Kommissionen wie im Plenum zur Einigung über alle Änderungs- und Verbesserungsvorschläge. Abweichend von den beiden ersten Konferenzen, welche die Ergebnisse ihrer Beratungen in drei einzelnen Entwürfen niedergelegt hatten, faßte sie diese drei Entwürfe (IÜ, Reglement für das Central-Amt und Ausführungsbestimmungen) durch ein Schlußprotokoll zu einer Einheit zusammen, in welchem erklärt wird, daß die Vertreter der einzelnen Staaten die vorhandenen drei Entwürfe und den Entwurf eines demnächstigen Schlußprotokolls den von ihnen vertretenen Staaten unterbreiten. Dann ist der Wortlaut der einzelnen Teile mit Schlußprotokollentwurf abgedruckt und zum Schluß eine Bitte an

Das Schluß-
protokoll der
dritten Berner
Konferenz.

---

[1] von der Leyen Goldschmidts Z **39** 50.
[2] P **III** 64, 65.
[3] Ziffer II.

den schweizerischen Bundesrat, „er solle die Regierungen der bei der Konferenz vertretenen Staaten einladen, Bevollmächtigte zu ernennen, welche in möglichst kurzer Frist in Bern zusammenzutreten hätten, um die oben festgestellten Entwürfe, ohne irgend welche Änderung an denselben vorzunehmen, in ein definitives Übereinkommen umzugestalten" [1]. In dem Entwurf des demnächstigen Schlußprotokolls für diese diplomatische Konferenz war einmal die oben erwähnte Erklärung wegen des Artikels 11 vorgesehen, ferner sollte ein Anerkenntnis aufgenommen werden, daß das Reglement betr. die Errichtung des Central-Amts sowie die Ausführungsbestimmungen nebst ihren Anlagen dieselbe Kraft und Dauer haben sollten wie das Übereinkommen selbst. Dann sollte der Begriff der internationalen Sendung noch in gewisser Hinsicht erläutert werden und endlich noch eine Erklärung aufgenommen werden dahin, daß das IÜ weder auf das Verhältnis der Eisenbahnen zu ihrem Heimatstaate noch auf die Tarifhoheit der beteiligten Staaten von Einfluß sein wolle.

Dieses Schlußprotokoll der 3. Berner Konferenz wurde am 17. Juli 1886 von den Vertretern der Staaten mit Ausnahme der Deutschlands unterzeichnet. Diese waren, wie das Präsidium der Konferenz mitteilte, wegen der kurz bemessenen Zeit und wegen Abwesenheit der Vorstände der zum Entscheide berufenen Amtsstellen [2] noch nicht in den Besitz der von ihrer hohen Regierung in betreff des Artikels 11 erbetenen Instruktionen gelangt und daher nicht zur Unterzeichnung in der Lage. Die Konferenz war damit einverstanden, das Protokoll ihnen bis zum Eintreffen ihrer Instruktionen offen zu halten. Sie haben ihre Unterschriften Anfang November 1886 nachgeholt.

Es sollten noch Jahre vergehen, ehe es gelang, das so vorbereitete Vertragswerk zum endgültigen Abschluß durch die diplomatischen Vertreter der beteiligten Staaten zu bringen. Schwierigkeiten, die einer gewissen Spanne Zeit zu ihrer Beseitigung bedurften, lagen in der Fertigstellung der in Aussicht genommenen Liste der Eisenbahnen, die nunmehr einen integrierenden Bestandteil des IÜ bilden sollte [3].

---

[1] P **III** 112, Schlußprotokoll S. 37.
[2] Es handelte sich um das Reichsjustizamt (Meyer), das Reichseisenbahnamt (Gerstner) und die bayrischen Verkehrsanstalten (Rutz). P **III** 67.
[3] Gerstner IÜ S. 32; P **III** 112.

Es scheinen aber auch noch andere Momente mitgesprochen zu haben, so namentlich der Umstand, daß Deutschland wohl auch mit Rücksicht auf Artikel 11 lange zögerte, seine Bereitwilligkeit zum endgültigen Abschluß zu erklären. Jedenfalls konnte der schweizerische Bundesrat erst im Herbst 1890 die Einladungen zu der diplomatischen Schlußkonferenz ergehen lassen. Unter Vorsitz des Präsidenten der 3. Berner Konferenz, Bundesrats Weltli, fanden auch diese diplomatischen Verhandlungen in Bern statt, u. z. am 13. und 14. Oktober 1890. Im Gegensatz zu den früheren fachmännischen Konferenzen waren hier fast ausschließlich nur Diplomaten zugegen, auch erfolgten die Beratungen, da sie einen vorwiegend diplomatischen Charakter hatten, nur in französischer Sprache. Der Zweck der Konferenz war ja der, das von Fachmännern entworfene Werk in das Gewand eines internationalen Staatsvertrages zu kleiden, ihm die diplomatische Sanktion zu erteilen. Hierzu war eine Umgestaltung des Schlußprotokolls der 3. Berner Konferenz nötig, das nunmehr unter dem Namen Protokoll den Wortlaut des abzuschließenden Staatsvertrages bildete, so wie es von der 3. Konferenz auch beabsichtigt war. Es erhielt die bei derartigen Verträgen übliche Eingangsformel, und ebenso kam der Schluß in Wegfall, der seine Bedeutung nunmehr verloren hatte. Am 14. Oktober 1890 unterzeichneten die Bevollmächtigten das Internationale Übereinkommen, ebenso die Ausführungsbestimmungen, das Reglement für das Central-Amt und die Liste der Eisenbahnen, ferner die vier Anlagen: die Vorschriften über bedingungsweise zur Beförderung zugelassene Gegenstände, das Frachtbriefformular, die Erklärung über mangelhafte Verpackung, die „nachträgliche Anweisung", und endlich das „Protokoll", je besonders. Der Abschluß erfolgte also nicht in der Weise, daß ein „Vollziehungs-Protokoll" — entsprechend dem „Schluß-Protokoll" der 3. Konferenz — in welches das IÜ und die Nebenverträge und Anlagen eingefaßt gewesen wären, zur Unterzeichnung gelangte. In dem „Protokoll" jedoch war unter IV. zum Ausdruck gelangt, genau entsprechend der Bestimmung des „Schluß-Protokolls" der 3. Konferenz, daß alle die einzelnen Teile dieselbe Kraft und Dauer haben sollten wie das Internationale Übereinkommen selbst.

War auf diesem Wege das lang erstrebte Ziel nun endlich erreicht und ein völkerrechtlicher Vertrag der einzelnen Staaten

Der Austausch der Ratifikationsurkunden im September 1892 in Bern und das Inkrafttreten des IÜ am 1. Januar 1893.

über das internationale Frachtrecht abgeschlossen, so bedurfte es zu seiner praktischen Einführung und Wirksamkeit in den einzelnen beteiligten Staaten noch der Erledigung zweier weiterer Erfordernisse. In Artikel 60 Absatz 2 war bestimmt, daß das Übereinkommen — wie jeder internationale Vertrag — noch von den vertragschließenden Staaten so bald als möglich zu ratifizieren sei, und daß seine Wirksamkeit erst beginnen solle drei Monate nach erfolgtem Austausch der Ratifikationsurkunden. Zur Ratifizierung durch die einzelnen Staaten, zu der es meist der Mitwirkung und Genehmigung seitens der gesetzgebenden Faktoren bedurfte, war ebenfalls noch einige Zeit nötig. Erst am 30. September 1892 konnte, schließlich u. zw. ebenfalls in Bern, der Austausch der Ratifikationsurkunden erfolgen, so daß das Internationale Übereinkommen am 1. Januar 1893 in Kraft getreten ist (RGBl 1892 793). Es gehörten zu ihm damals Deutschland, Belgien, Frankreich, Ialien, Luxemburg, die Niederlande, Österreich-Ungarn, Rußland und die Schweiz mit den in der Liste näher angegebenen Eisenbahnen.

Schon sehr bald nach seiner Einführung stellte sich das Bedürfnis nach neuen Verhandlungen ein. Daß das Übereinkommen ein unabänderliches nicht sein konnte, daß es vielmehr entsprechend dem ständig wechselnden Bedürfnis des Verkehrs von Zeit zu Zeit Revisionen werde unterzogen werden müssen, ist seinen Schöpfern selbst nicht zweifelhaft gewesen, wie die damalige Bestimmung des Artikels 59 besagte, daß wenigstens aller 3 Jahre, nach Bedürfnis sogar schon früher, Konferenzen von Delegierten der vertragschließenden Staaten zusammentreten sollten, um die für notwendig erachteten Abänderungen und Verbesserungen des Übereinkommens in Vorschlag zu bringen. Man war sich auch ferner bewußt gewesen, daß das IÜ tatsächlich zunächst einen Versuch darstellte, dessen praktischen Erfolg man noch nicht annähernd übersehen konnte, daher die in Artikel 60 vorgesehene Möglichkeit der Kündigung mit der Frist von einem Jahre nach Ablauf der ersten drei Jahre. Das IÜ war also, wie von der Leyen es ausdrückt, zunächst „gleichsam auf Probe" abgeschlossen.

Die diplomatische Konferenz von 1893 in Bern betr. den Beitritt neuer Staaten.

Den ersten Anlaß zu einer Änderung bot ein Antrag des Fürstentums Monaco, welches dem IÜ mit seiner Strecke der Paris—Lyon-Mittelmeerbahn beizutreten wünschte. Der im Januar 1893 an das Central-Amt gerichtete Antrag führte zu diplomatischen

Beratungen zwischen den Vertragsstaaten im Sommer 1893 in Bern. Man hielt es für zweckmäßig, bei dieser Gelegenheit die Frage des Beitritts neuer Staaten grundsätzlich zu regeln, was bisher im IÜ aus guten Gründen [1] nicht geschehen war. Denn es konnte nicht wohl angebracht erscheinen, wegen derartiger vielleicht öfter zu erwartender neuer Beitritte immer auch, wie das sonst nötig gewesen wäre, einen neuen Staatsvertrag zu schließen, der jedesmal wieder der umständlichen Genehmigung durch die gesetzgebenden Faktoren der einzelnen Staaten bedurft hätte. Die Beratungen wurden nur von Diplomaten geführt, ohne daß man eine fachmännische Vorkonferenz einberief, handelte es sich doch nur um Fragen formeller Natur, die den eigentlichen Inhalt des IÜ nicht berührten. Ihr Ergebnis ist die Zusatzerklärung vom 20. September 1893 (RGBl 1896 707). Sie ist in Kraft vom 21. September 1896 an, dem Tage, an welchem die Gesandten Deutschlands und der Niederlande dem schweizerischen Bundespräsidenten, dem Vorsteher des schweizerischen Departements der auswärtigen Angelegenheiten, als die letzten der Vertragsstaaten die Ratifikationsurkunden ihrer Regierungen übergaben [2]. *(Die Zusatzerklärung vom 20. September 1893 / 21. September 1896.)*

Außer den der Zusatzerklärung vorausgehenden diplomatischen Konferenzen fand im gleichen Jahre 1893 im Sommer in Bern eine „fachmännische Konferenz" [3] statt, die sich mit der Liste der bedingungsweise zur Beförderung zugelassenen Gegenstände befaßte. Seit deren letzter Durchberatung im Jahre 1886 waren bis zum Inkrafttreten des IÜ am 1. Januar 1893 schon wieder große Fortschritte in der Industrie zu verzeichnen, die es ermöglichten, Gegenstände zur Beförderung zuzulassen, die damals aus Gründen der mangelnden Sicherheit ausgeschlossen werden mußten. Auf die Befriedigung der daraus für den Verkehr sich ergebenden Forderungen konnte man nicht bis zur in Aussicht genommenen frühestens im Januar 1896 beginnenden ersten Revisionskonferenz warten, mußte vielmehr von der Bestimmung des Artikels 59 (2) IÜ Gebrauch machen. Die Anregung ging vom Reichseisenbahnamt aus und wurde durch das Central-Amt an *(Die sog. „fachmännische" Konferenz von 1893 in Bern (conférence technique).)*

---

[1] von der Leyen Goldschmidts Z 49 385.
[2] IZ 1896 379. Abgedruckt unten bei Art. 1. I.
[3] Der französische Wortlaut des Protokolls sagt deutlicher conférence „technique".

die schweizerische Regierung weitergegeben, die durch den schweizerischen Bundesrat zur gründlichen Durchberatung der Bestimmungen der Anlage 1 einlud [1]). Die Versammlung tagte in Bern vom 5. bis 12. Juni 1893 unter Vorsitz des schweizerischen Bundesrats Zemp und war beschickt von allen Vertragsstaaten außer Rußland und Italien, die sich aber beide die Zustellung der Protokolle erbaten. Es wurden zwei Kommissionen gebildet, die Verhandlungen in französischer und deutscher Sprache geführt und die Abstimmung nach einfacher Stimmenmehrheit vorgenommen, wie das bei den früheren Berner Fachkonferenzen auch üblich gewesen war.

Entsprechend der Vorschrift im § 1 der Ausführungsbestimmungen zum IÜ hatten verschiedene Staaten, u. z. schon vor dem Inkrafttreten des IÜ, für ihre wechselseitigen Verkehre Vereinbarungen getroffen, kraft deren erleichternde Vorschriften auf die Beförderung bedingt zugelassener Güter Anwendung fanden. So Deutschland und Österreich-Ungarn am 15. November 1892, mit Nachtragsentwurf vom 4./5. Mai 1893 (Konferenz zu Breslau), sowie Belgien, Frankreich, Luxemburg und die Niederlande am 20. Januar 1893. Andere Sondervereinbarungen zwischen Deutschland, Österreich-Ungarn und den Niederlanden, sowie der Schweiz und Italien und den Niederlanden standen in Aussicht [2]). Das Central-Amt hatte den Inhalt dieser Sondervereinbarungen synoptisch zusammengestellt [3]), und dieser bildete die Grundlage der Verhandlungen, die sich fast ausschließlich um technologische und gewerbetechnische Fragen bewegten.

Das Bestreben ging namentlich auf eine Vereinfachung der Bestimmungen in einer den Bedürfnissen von Handel und Verkehr entgegenkommenden Tendenz. Man beschränkte sich und nahm solche Gegenstände n i c h t auf, die für den Eisenbahnverkehr ohne Bedeutung sind, und strich solche Bestimmungen, die in die internen Reglements und in die Tarife gehören [4]). Ausgeschlossen blieben auch besonders gefährliche Gegenstände (Sprengstoffe usw.), für deren Beförderung im internationalen Verkehr ein lebhaftes Bedürfnis nicht besteht, und deren Trans-

---

[1]) Näheres siehe PF S. 4 ff (Vorarbeiten des Central-Amts); von der Leyen Goldschmidts Z **49** 390; Gerstner NSt 3.
[2]) Vgl. Art. 3 II 3.
[3]) PF S. 8 ff.
[4]) PF S. 65.

port in den einzelnen Vertragsstaaten besonderen polizeilichen und anderen Bestimmungen unterliegt, über die nur schwer eine Einigung zu erzielen gewesen wäre, so daß nur weniger für den Transport gefährliche entzündliche Gegenstände, die im internationalen Verkehr tatsächlich befördert werden, behandelt wurden.

Die Konferenz stellte mit Stimmeneinheit [1]) zwei Entwürfe auf, nämlich den Entwurf einer revidierten Anlage 1 zum IÜ vom 14. Oktober 1890, der die Vorschriften über bedingungsweise zum Transport zugelassene Gegenstände (statt 35 jetzt 54 Nummern) und eine Schlußbestimmung enthält, in welcher die bisher nur im Wege der Vereinbarung der Regierungen der beteiligten Staaten zugelassenen Erleichterungen im Verkehr mit derartigen Gütern auch für im Wege der Vereinbarung durch Tarifbestimmungen der beteiligten Eisenbahnen unter gewissen Bedingungen einführbar erklärt werden. Ein zweiter Entwurf stellte eine neue Anlage 1a auf, welche Vorschriften über die Beförderung von Kostbarkeiten, Kunstgegenständen und Leichen trifft, die bisher nach § 1 der Ausführungsbestimmungen zum IÜ nur insofern für den internationalen Transport zugelassen gewesen waren, als darüber besondere Vereinbarungen zwischen den einzelnen Vertragsstaaten bestanden.

Zur Erzielung einer formellen Einheitlichkeit und zur Beschleunigung der endgültigen Verständigung schlug die Konferenz [2]) für den Fall, daß die eine oder die andere Bestimmung von einzelnen Staaten für unannehmbar befunden werden sollte. vor, diese Bestimmung gleichwohl in das zu vereinbarende Abkommen aufzunehmen und sie nur am Schlusse der betreffenden Nummer mit einer Bemerkung zu versehen, aus der sich ergebe, daß die Bestimmung im Verkehr mit dem betreffenden Staate keine Gültigkeit habe. Ferner wurde das Central-Amt um Aufstellung eines alphabetischen Verzeichnisses der in den Anlagen 1 und 1a enthaltenen Gegenstände ersucht — das jedoch kein Bestandteil des IÜ werden solle — und es als wünschenswert bezeichnet, daß etwaige gemäß § 1 der Ausführungsvorschriften zum IÜ zwischen einzelnen Staaten getroffene Spezialvereinbarungen sowie die darauf bezüglichen Tarifbestimmungen durch die be-

---

[1]) PF Schlußprotokoll S. 47.
[2]) PF Schlußprotokoll S. 47.

Blume, Int. Übk. 2

treffenden Regierungen zur Kenntnis des Central-Amts gebracht und durch dieses veröffentlicht würden.

An die schweizerische Bundesregierung richtete die Konferenz die Bitte, die Vertragsstaaten zur Absendung von Bevollmächtigten einzuladen, welche, wenn tunlich, binnen drei Monaten in Bern zum definitiven Abschluß der in den Entwürfen angebahnten Vereinbarung zusammentreten sollten.

Die Zusatz-vereinbarung vom 16. Juli 1895/1. Januar 1896.

Der definitive Abschluß ist erst erfolgt durch die Zusatzvereinbarung vom 16. Juli 1895, welche die Anlage 1a in den § 1 der Ausführungsbestimmungen einschob, im übrigen aber die Entwürfe wörtlich annahm. Sie ist — „als integrierender Bestandteil des IÜ" mit gleicher Dauer wie dieses — in Kraft getreten für die Vertragsstaaten außer Österreich, Ungarn und den Niederlanden am 1. Januar 1896, für sämtliche Beteiligte erst am 23. November 1896 [1]).

Wichtig ist aus dem Vollziehungsprotokoll vom 16. Juli 1895 die Regelung der Sprachenfrage, auf die an anderer Stelle näher einzugehen sein wird [2]).

Da man trotz der zum Ausdruck gelangten Hoffnung voraussah, daß die Ratifizierung in drei Monaten nicht erledigt sein werde — sie hat ja auch über drei Jahre in Anspruch genommen — so verständigten sich die Vertreter Deutschlands, Österreich-Ungarns, der Niederlande und der Schweiz über die in Aussicht genommenen Erleichterungen in ihren Verkehren schon vorher, Das gleiche geschah mit den Vertretern Belgiens und Luxemburgs (Sonderkonferenzen vom 13. Juni 1893) [3]).

Die erste Revisionskonferenz in Paris von 1896.

Die erste regelmäßige Konferenz, wie sie gemäß Artikel 59 (1) IÜ wenigstens alle drei Jahre stattzufinden hatte, „um die für notwendig erachteten Abänderungen und Verbesserungen in Vorschlag zu bringen", wäre genau genommen am 31. Dezember 1895 einzuberufen gewesen [4]). Schon im August 1894 hatte das Central-Amt den Vertragsstaaten in einer Denkschrift: „Memoranda zur Verwertung bei den Arbeiten der Konferenz betreffend das internationale Eisenbahnfrachtrecht" Mitteilung von allen

---

[1]) Gerstner IZ **1900** S. 154.

[2]) Gerstner ebenda S. 155; IZ **1895** 475—494; von der Leyen Goldschmidts Z **49** 398. Siehe unten Bemerkungen zum Eingang S. 31 unter 4.

[3]) Näheres s. Art. 3 II 3.

[4]) Vgl. zum folgenden: von der Leyen Goldschmidts Z **49** 400; IZ **1898** 607; Gerstner IZ **1900** 230, NSt 6; Reindl EE **16** Anlageheft II.

zu seiner Kenntnis gelangten Änderungsvorschlägen der einzelnen Artikel gemacht. Er ging von dem Vorschlage aus, den Text des IÜ unverändert zu lassen und etwa als nötig erkannte Verbesserungen und Ergänzungen in Form von Zusätzen jeweils den betreffenden Artikeln anzugliedern. Auslegungsgrundsätze könnten in Form eines Protokolls niedergelegt werden. Diese Vorschläge für die Behandlung der Abänderungszusätze usw. sind indes aus Zweckmäßigkeitsgründen zur Vermeidung der daraus notwendig sich ergebenden Unübersichtlichkeit nicht befolgt worden.

Durch ein Rundschreiben vom 11. Juni 1895 forderte der schweizerische Bundesrat die Staaten des IÜ auf, ihm möglichst bis zum 31. Juli 1895 ihre Änderungsvorschläge zwecks rechtzeitiger Einberufung der Revisionskonferenz mitzuteilen. Das IÜ war vor allem in Österreich-Ungarn, aber auch in Deutschland Gegenstand des Angriffs für gewisse Interessentenkreise gewesen, namentlich für die Spediteure, denen durch den unmittelbaren internationalen Verkehr mancherlei Geschäfte entgingen. Wie jedoch die in beiden Staaten angestellten vorbereitenden Erhebungen bewiesen, hatten ihre Wünsche keinen nachhaltigen Eindruck auf die befragten Handels- und Industriekreise gemacht [1]. Das deutsche Reichseisenbahnamt hörte die Vertretungen der deutschen Regierungen, des Handels, der Industrie und der Landwirtschaft, der preußische Minister der öffentlichen Arbeiten den Landeseisenbahnrat über die bei jener Gelegenheit und sonst zutage getretenen wichtigeren Änderungsvorschläge. Ähnlich verfuhr auch Österreich-Ungarn. Hierbei stellte sich allgemein heraus, daß das IÜ im Ganzen den Ansprüchen des Verkehrs, sowohl seitens der Interessenten wie seitens der Eisenbahnen, genügte. Das Central-Amt stellte die dem schweizerischen Bundesrat gemachten Vorschläge zusammen in einem „Verzeichnis der Verhandlungsgegenstände nach den Anträgen und Bemerkungen der beteiligten Staaten", das die Grundlage der Beratungen der Revisionskonferenz bildete.

Die Konferenz tagte vom 16. März bis 2. April 1896 auf Wunsch der französischen Regierung entgegen der ursprünglich seitens der Schweiz gehegten Erwartung — daher auch der etwas verspätete Zusammentritt — in Paris. Alle damaligen Vertrags-

---

[1] Von der Leyen Goldschmidts Z **49** 402.

staaten waren vertreten, Luxemburg allerdings erst in den letzten Sitzungen. Die Konferenz wurde eröffnet durch den damaligen französischen Minister der öffentlichen Arbeiten, Herrn Guyot-Dessaigne. Den Vorsitz führte der französische Präsident der Abteilung für öffentliche Arbeiten im Staatsrate, Alfred Picard. Es wurde verhandelt wie immer in einer Sprache mit Übersetzung in die andere, abgestimmt nach einfacher Majorität und die Beratung durch (2) Kommissionen wesentlich vorbereitet, deren Berichte als besonders wertvolles Material auch in die Protokolle der Konferenz aufgenommen wurden. Der dahin gehenden Anregung des französischen Ministers folgend, befleißigte sich die Konferenz der größten Zurückhaltung und beschränkte sich auf das Notwendigste, beriet namentlich nur über wirkliche Abänderungsanträge, nicht nur etwaige Wünsche der Regierungen.

Ihr Ergebnis. So blieben die Grundlagen des IÜ unangegriffen, und die Konferenz brachte an wichtigeren Änderungsvorschriften nur eine verhältnismäßig geringe Anzahl. Die Konferenz legte das Ergebnis ihrer Beratungen im Schlußprotokoll in 4 Artikeln nieder, an dessen Ende der Wunsch ausgesprochen wurde, daß das Central-Amt eine Ausgabe des IÜ unter Berücksichtigung der neuerlichen Vereinbarungen veranstalten möge, sobald die Ratifikationen erfolgt seien.

Das erste Zusatzübereinkommen vom 16. Juni 1898. Der diplomatische Abschluß dieses ersten Zusatzübereinkommens zog sich mit Rücksicht auf die Erledigung der dabei notwendigen Formalitäten ebenfalls wieder länger hinaus und erfolgte, ebenso wie der des IÜ selbst, in der Form eines feierlichen Staatsvertrages, der im Namen der Häupter der Vertragsstaaten — zu denen unterdes Dänemark hinzugekommen [1]) — durch deren Bevollmächtigte geschlossen wurde. (Die Zusatzerklärung vom 20. September 1893, ebenso die Zusatzvereinbarung vom 16. Juli 1895 waren beide in der einfacheren Form der Verständigung unter den Regierungen geschlossen, was aber auf die rechtliche Wirkung ohne Einfluß ist.) Das geschah am 16. Juni 1898 in Paris als „Zusatzübereinkommen zum Internationalen Übereinkommen vom 14. Oktober 1890". Am 10. Juli 1901 ist in Paris von allen Staaten die Ratifikation erteilt — die Urkunden sind im Archiv des Ministeriums der öffentlichen Arbeiten daselbst

---

[1]) Vgl. Art. 1 Anm. I.

niedergelegt —, am 10. Oktober 1901 ist das Zusatzüberein-
kommen [1]) in allen Vertragsstaaten in Geltung getreten [2]).
Das Central-Amt gab rechtzeitig zu diesem Zeitpunkte
das IÜ unter Berücksichtigung des Zusatzübereinkommens neu
heraus.

Noch ehe die Ergebnisse der ersten Revisionskonferenz in
Paris in der vorerwähnten Weise ratifiziert waren, tauchte die
Frage einer neuen Revisionskonferenz auf. Wenn man nämlich
die Bestimmung des damaligen Artikels 59 wörtlich auffaßte —
wie das z. B. der Präsident Zemp der späteren zweiten Revisionskonferenz in seiner Begrüßungsrede tat [3]) — so daß alle drei Jahre
eine Konferenz stattzufinden hätte ohne Rücksicht auf den Stand
der Ergebnisse der vorhergegangenen, hätte bereits im Jahre 1899
eine neue Konferenz einberufen werden müssen. Die für sie notwendigen Vorbereitungen hätte das Central-Amt spätestens
im Jahre 1898 treffen müssen [4]). Es ließ sich nun aber damals
voraussehen, daß es wegen des Fehlens der Erteilung der Ratifikation noch lange dauern werde, ehe das erste Zusatzübereinkommen in Kraft treten konnte. Infolgedessen beantragte das
Central-Amt beim schweizerischen Bundesrat eine Verschiebung
der Konferenz, welche dieser den Vertragsstaaten am 30. August
1898 mit dem Erfolge allgemeiner Zustimmung anempfahl.
Nach dem am 10. Oktober 1901 erfolgten Inkrafttreten des Zusatzübereinkommens ließ man die Einladung zur Einbringung der
Revisionsanträge am 13. Dezember 1902 mit Frist zu Ende
September 1903 ergehen, mit dem Plane, die Einberufung der
zweiten Revisionskonferenz für Spätsommer der Jahres 1904 vorzunehmen. Da Anträge einzelner Staaten aber noch Mitte 1904
nicht beim Central-Amt eingegangen und erst für Ende 1904
in Aussicht gestellt waren, so mußte auch dieser Termin aufgegeben werden, so daß schließlich die Einladungen zum 4. Juli
1905 erfolgten. Als Ort der Tagung hatte die Schweiz wiederum
Bern gewählt, wo sie von diesem Tage an unter dem Vorsitz von
Zemp, dem ehem. Präsidenten der fachmännischen Konferenz
von 1893, bis zum 18. Juli tagte.

---

[1]) RGBl **1901** 295.
[2]) Das Protokoll ist dem diplomatischen Brauch entsprechend französisch
abgefaßt, es ist ihm aber eine deutsche Übersetzung beigefügt. — IZ **1901** 225.
[3]) R **II** S. 8; vgl. jedoch von der Leyen Goldschmidts Z **49** 455, **65** 13.
[4]) IZCA **1906** 126.

Die zweite Revisionskonferenz von 1905 in Bern

Es erschienen Vertreter aller Vertragsstaaten, zu denen seit dem 24. Mai 1904 auch Rumänien gehörte, mit Ausnahme von Luxemburg, dessen Regierung erklärte, daß sie selbst keine Anträge zu stellen habe, sich aber den Beschlüssen der Konferenz in allen Teilen unterziehen werde. Das Verhandlungsmaterial war wiederum vom Central-Amt in bewährter Weise zur Vorlage gebracht, daß die einzelnen Anträge der Staaten zusammengestellt und mit ihrer Begründung wieder den Artikeln des IÜ hatte beidrucken lassen, zu denen sie ihrem Inhalte nach gehörten. Außerdem lag der Konferenz ein Entwurf des schweizerischen Bundesrats für ein Internationales Übereinkommen über den Eisenbahntransport von Personen und Reisegepäck vor, ferner ein Antrag Deutschlands betreffend Gründung eines Pensionsfonds für die Beamten des Central-Amtes, endlich ein Vorschlag Rußlands betreffend Einrichtung einer internationalen Eisenbahnstatistik.

Die Hauptarbeit auch bei dieser Konferenz wurde in ihren drei Kommissionen geleistet, denen sich später noch eine 4. Kommission anschloß, um die Vorbereitungen für das Schlußprotokoll an Hand der Konferenzbeschlüsse zu treffen. Es fanden nur neun Plenarsitzungen statt, von denen sich nur sieben mit dem IÜ selbst befaßten, während die erste und die letzte sich mit Formalien der Konferenz (Geschäftsordnung, Verteilung der Artikel an die Kommissionen) und Feststellung des Schlußprotokolls usw. (Abschiedsreden) ausfüllten.

Der Entwurf eines Übereinkommens über den Personen- und Gepäckverkehr gelangte nicht zur Verhandlung namentlich aus dem Grunde, weil er nicht mit der Revision des Frachtübereinkommens in Verbindung stand, abgesehen davon, daß die beteiligten Staaten erst so spät von ihm Kenntnis erhalten hatten, daß sie die unumgänglich nötigen Vorarbeiten nicht hatten anstellen können.

Ähnlich erging es dem russischen Antrage, dem Artikel 57 einen neuen Absatz anzufügen, durch welchen dem Central-Amt als weitere Aufgabe die Bearbeitung und Herausgabe der internationalen Eisenbahnstatistik zugewiesen würde. Auch er war so spät eingegangen, daß die Regierungen der Vertragsstaaten nicht mehr in der Lage waren, Stellung zu ihm zu nehmen, namentlich da jegliche Vorarbeiten fehlten, welche einen Rückschluß auf seine Tragweite und seine Ausführbarkeit gestattet hätten.

Dagegen gelangte der deutsche Antrag auf Gründung eines Pensionsfonds zur Annahme [1]). Ebenso ein weiterer Antrag Deutschlands, die in Artikel 59 aufgestellte Frist von drei Jahren auf fünf Jahre zu verlängern, u. z. in der entsprechend einem Antrag der Niederlande nunmehr näher bezeichneten Weise, daß diese Frist erst mit dem Zeitpunkt des Inkrafttretens der auf der letzten Revisionskonferenz beschlossenen Änderungen zu laufen beginnen solle [2]). „Das Übereinkommen hat sich so eingelebt, und seine Bestimmungen haben sich, wie aus den nicht allzu zahlreichen und nicht allzu wichtigen Änderungsanträgen hervorgeht, derart bewährt, daß zu einer Revision in dreijährigen Zwischenräumen kein Bedürfnis mehr vorzuliegen scheint." Der Antrag der Niederlande gründet sich auf die Erfahrung, die man mit der Ratifizierung der Ergebnisse der ersten Revisionskonferenz gemacht hatte, die zu der erwähnten Späterlegung der zweiten Konferenz geführt hatten: Die Zeit von drei Jahren sollte daher erst laufen vom Tage des Inkrafttretens der Abänderung an.

Das Ergebnis auch dieser Revisionskonferenz wurde in einem Schlußprotokoll niedergelegt, das den Entwurf eines Zusatzübereinkommens in 4 Artikeln enthält und dessen Wirksamkeit (Art. 4) abhängig macht von der möglichst bald vorzunehmenden Ratifikation, die in der gleichen Weise wie beim IÜ und dem ersten Zusatzübereinkommen stattfinden solle — also in Form des feierlichen Staatsvertrages. Der Zeitpunkt des Inkrafttretens war auf drei Monate nach dem Austausch der Ratifikation in Aussicht genommen. Dem Central-Amt wurde wiederum der Wunsch ausgesprochen, eine neue Ausgabe zu veranstalten, in welche die beschlossenen Änderungen hineinzuarbeiten wären. *(Ihr Ergebnis.)*

Der feierliche Staatsvertrag wurde am 19. September 1906 in Bern durch Unterzeichnung des vorgeschlagenen Entwurfs seitens diplomatischer Bevollmächtigter der Regierungen geschlossen. Die Ratifikationsurkunden sind, nachdem die gesetzgebenden Faktoren der einzelnen Staaten ihre Zustimmung zu jenem Vertrage erteilt hatten, am 22. September 1908 ausgetauscht, und am 22. Dezember 1908 ist das II. Zusatzübereinkommen in Kraft getreten [3]). *(Das zweite Zusatzübereinkommen vom 19. Sept. 1906. Die Ratifikation vom 22. Sept. 1908.)*

---

[1]) R **II** S. 83.
[2]) R **II** S. 82.
[3]) von der Leyen Goldschmidts Z **65** 2.

	1893	1896	1899	1902	1905	1906	1907	1908	1909
	Kilometer der Eisenbahnstrecken								
Deutschland	43 200	46 071	49 456	52 648	55 891	56 851	57 631	58 371	59 189
Österreich	14 887	15 919	17 404	18 954	20 025	20 399	21 045	21 140	21 420
Ungarn	11 722	13 706	16 234	17 031	17 594	18 011	18 421	18 587	19 293
Bosnien-Herzegowina	374	105	105	879	879	879	1 045	1 045	1 045
Belgien	4 516	4 555	4 587	4 591	4 598	4 598	4 603	4 603	4 646
Dänemark	—	—	1 958	1 958	2 037	2 037	2 085	2 060	2 098
Frankreich	33 872	35 803	36 919	38 178	39 444	39 549	39 843	40 114	40 215
Italien	11 762	12 931	13 189	13 150	13 358	13 563	13 503	13 853	13 921
Luxemburg	356	356	356	376	376	376	376	376	376
Niederlande	2 475	2 513	2 539	2 576	2 744	2 829	2 853	3 054	3 076
Rumänien	—	—	—	—	3 178	3 180	3 180	3 186	3 187
Rußland	26 351	32 844	40 767	50 175	53 837	54 271	61 762	64 501	64 655
Schweden	—	—	—	—	—	—	—	3 897	4 238
Schweiz	2 995	3 176	3 369	3 532	3 659	3 699	3 747	3 773	3 859
Insgesamt	152 510	167 979	186 900	204 048	217 620	220 242	230 094	238 560	241 218
% Vermehrung	—	10,14	11,25	9,17	6,65	1,20	4,47	3,68	1,12

Es ist der Beitritt noch weiterer Staaten zu erwarten, so dem Vernehmen nach zunächst wohl der von Serbien.

Aus diesem kurzen Abriß der Geschichte des IÜ ergibt sich ein erfreuliches Bild gemeinschaftlichen Zusammenarbeitens in allen Stadien. Sie beweist, wie in kluger Zurückstellung eigener Wünsche, oft unter Verzicht auf erprobte Rechtssätze der Heimat seitens der einzelnen Staaten ein Werk zustande kommen konnte, an dessen Vollendung seine ersten Bearbeiter nicht recht hatten glauben mögen, wie der Vertreter Deutschlands, von der Leyen, der die erste Berner Konferenz von 1878 bereits besucht hatte, gelegentlich der Rede in der Schlußsitzung am 18. Juli 1905, es zum Ausdruck bringt [1]), ein Werk, das ein einzigartiges bis jetzt geblieben ist, das erste internationale Gesetzbuch, wie es mit Stolz von jener Seite bezeichnet werden durfte. Die immer noch im Wachsen begriffene Bedeutung des IÜ mag durch die Zahlen auf S. 24 veranschaulicht werden, die der Dezembernummer der IZ 1909 S. 472/473 entnommen sind. Aus ihnen erhellt die kilometrische Länge der dem IÜ unterstellten Eisenbahnstrecken.

Überblick über den Gebietsumfang des IÜ.

— — — —

„Mit dem rastlosen Lauf des geflügelten Rades und dem ewigen Wechsel der Bedürfnisse des von ihm bedienten Verkehrs muß auch seine Gesetzgebung, wenn sie nicht hinter ihrer Aufgabe zurückbleiben will, fortwährend gleichen Schritt halten." [2]) Diese Worte eines um die Schaffung des IÜ so außerordentlich verdienten Mannes wie Gerstner weisen dem Eisenbahnrechte überhaupt wie dem IÜ insbesondere den weiteren Weg seiner Entwickelung. Wenn es auch die Revisionskonferenzen als ihre Aufgabe betrachten müssen und bisher betrachtet haben, nur solchen Anträgen nachzugehen, welche die nach Artikel 59 (1) ihnen zugewiesenen für notwendig erachteten Abänderungen und Verbesserungen des Übereinkommens zum Gegenstande haben, so daß sie davon Abstand genommen haben, an den Grundbestimmungen des Übereinkommens zu rütteln, so kann es doch nur eine Frage der Zeit sein, bis das jetzt ausschließlich dem Eisenbahnfrachtverkehr dienende Gesetz einen Ausbau erfahren muß, der auch die einheitliche Regelung des Personen- und Gepäckverkehrs bezweckt [3]). Wenn auch, wie von der Leyen

Ausblick. Nächste Aufgaben.

---

[1]) R **II** S. 146.
[2]) Gerstner IZ **1900** 46.
[3]) Mitteilung des Central-Amts in der IZ **1909** S. 63: Der schweiz. Bundesrat hat unter Bezugnahme auf die Verhandlungen der Berner Rev.-Konf. von 1905 am 9. Februar beschlossen, den Regierungen der am IÜ beteiligten Staaten einen

sagte [1]), einzelne Vertreter von Staaten, die an der Spitze des
Fortschritts marschierten, deshalb noch etwas Geduld haben
mußten, so ist es doch zu erwarten, daß viele ihrer fortschritt-
lichen Ideen entsprechend den Ansprüchen des Verkehrs mit
der Zeit werden Berücksichtigung finden müssen.

Eine neue Hauptaufgabe wird in dieser Hinsicht die Um-
arbeitung der Anlage 1 sein müssen, die von der in systematischer
wie praktischer Bedeutung als entschiedener Fortschritt zu bezeichnenden Anlage C der neuen deutschen Eisenbahnverkehrsordnung nicht unbeeinflußt bleiben kann [2]).

II. Rechtliche Natur des IÜ.

Das IÜ ist in erster Linie ein Staatsvertrag und als solcher für
das Verhältnis der an ihm beteiligten Staaten untereinander gültig.
In den einzelnen Staaten selbst, besonders auch in Deutschland,
ist es als Gesetz veröffentlicht und enthält als deutsches Recht
revisible Normen [3]). Ebenso wie in der EVO die Bestimmungen
des Güterbeförderungsrechts tragen auch die des IÜ einen absoluten
zwingenden Charakter [wenn auch dort aus einem anderen Grunde
(§ 471 II HGB) wie hier (Art. 4 IÜ)]. Sie haben innerhalb ihres
Geltungsgebietes unbedingte Geltung, die weder durch entgegenstehende noch durch abändernde reglementarische Vorschriften
rechtswirksam aufgehoben, abgeschwächt oder verstärkt werden
kann [4]). Nur in den wenigen Fällen, in denen das IÜ ausdrücklich
auf die Landesrechte, auf reglementarische und tarifarische Bestimmungen verweist, können solche in Frage kommen. Das Central-
Amt in Bern hat eine „Zusammenstellung der Bestimmungen,
welche im Internationalen Übereinkommen über den Eisenbahnfrachtverkehr den Gesetzen und Reglementen in den Vertrags-

---

vom Central-Amt ausgearbeiteten motivierten Entwurf zu einem IÜ über den
Transport von Personen und Reisegepäck zur Prüfung mit dem Ersuchen um eine
Rückäußerung darüber mitzuteilen, ob sie geneigt seien, auf eine konferenzielle Behandlung der Angelegenheit einzutreten. Dieser Anregung haben die Regierungen
sämtlich zugestimmt. Es schweben zwischen ihnen die notwendigen Vorverhandlungen. Dazu Denis de Leeuw, Le transport international des voyageurs et de
bagages par chemins de fer. 's Gravenhage 1908 (Diss.). Bespr. IZ **1909** 75. Ferner
(R) Internationale Regelung des Personen- und Gepäckverkehrs IZ **1909** 90.
   [1]) R II 146.
   [2]) von der Leyen Goldschmidts Z **65** 14.
   [3]) Vgl. Art. 1 III 2.
   [4]) Rosenthal 37 ff. A. A. Eger zu Art. 4.

staaten überlassen sind", herausgegeben, in 2. Ausgabe Luzern Oktober 1904. Eine neue Ausgabe steht zu erwarten.

Ebensowenig wie durch landesrechtliche oder reglementarische Vorschriften können durch besondere Verabredungen zwischen den Eisenbahnen und ihren Verfrachtern die Bestimmungen des IÜ beeinflußt werden.

III. Verhältnis zu den Bestimmungen des VDEV und ITK.

In diesem Zusammenhange bedarf es noch einiger kurzer Bemerkungen über den Verein Deutscher Eisenbahnverwaltungen und das Internationale Transport-Komitee.

Einfluß des IÜ auf die Bestimmungen des Vereins Deutscher Eisenbahnverwaltungen.

Wie bereits oben hervorgehoben, hatte der Verein Deutscher Eisenbahnverwaltungen schon lange vor dem Inkrafttreten des IÜ für den internationalen Güterverkehr Bestimmungen für seinen großen Bereich getroffen. Getreu seinem Grundsatz: „Durch gemeinsame Beratungen und einmütiges Handeln das eigene Interesse und das des Publikums zu fördern" (§ 1 der Satzungen) ging er rechtzeitig an die Aufgabe, seine Bestimmungen den gesetzlichen Vorschriften des IÜ anzupassen[1], so daß sie gleichzeitig mit dessen Inkrafttreten am 1. Januar 1893 in entsprechend geänderter Form (auch unter Berücksichtigung der Bestimmungen der am gleichen Tage in Kraft tretenden „Verkehrsordnung für die Eisenbahnen Deutschlands" und des neuen „Betriebsreglements für die Eisenbahnen in Österreich und Ungarn") vorlagen. Als solche Bestimmungen kommen für den vorliegenden Zweck in Betracht das Vereins-Betriebs-Reglement (VBR) und das Übereinkommen dazu (Übk zum VBR)[2].

Das Vereins-Betriebs-Reglement enthält außer den Bestimmungen über den Personen- und Gepäckverkehr vor allem einen Abschnitt über „Beförderung von Gütern". Dieser gibt den Wortlaut der Artikel des IÜ nebst den Ausführungsbestimmungen unverändert wieder und schließt daran besonders kenntlich gemachte zusätzliche Vereinsbestimmungen (ZusV) — neben weiteren

---

[1] Vgl. Festschrift S. 212 ff.

[2] Die letzten Ausgaben hiervon, die bei dieser Arbeit Berücksichtigung gefunden haben, sind VBR und Übk zum VBR vom 1. Januar 1910 (Berlin Dezember 1909).

Zusatzbestimmungen, welche das Internationale Transport-Komitee (ZusI) herausgegeben hat. Die zusätzlichen Bestimmungen des Vereins entstammen meist den innerdeutschen und innerösterreichisch-ungarischen Gesetzen, der Verkehrsordnung und dem Betriebsreglement [1]). Sie enthalten aber auch mehrere Vorschriften des Vereins selbst, „die zur Klarstellung von Zweifelsfragen und zur Ausfüllung von Lücken dienen sollten". Hierbei ist zu bemerken, daß das Vereins-Betriebs-Reglement, das übrigens entsprechend den Zusatzübereinkommen usw. zum IÜ sowie den Änderungen zur Verkehrsordnung wiederholte Neuausgaben durchgemacht hat, als solches keinerlei gesetzliche Kraft hat. Es ist eine Dienstvorschrift und als solche dem Publikum gegenüber bedeutungslos, obwohl es das Verhältnis zwischen Eisenbahn und Publikum regelt. Gerade deshalb aber ist es zur Grundlage der nach Artikel 4 IÜ vorgeschriebenen Tarife gemacht worden, welche die Vereinsverwaltungen miteinander abgeschlossen haben. Als Tarifbestimmungen sind auch seine Vorschriften bedeutungsvoll — a b e r n u r , s o w e i t s i e m i t d e m G e s e t z e , jetzt der EVO, den Betriebs-Reglements Österreichs und Ungarns und dem IÜ nebst Ausführungsbestimmungen ü b e r e i n s t i m m e n .

Das Übereinkommen zum Vereins-Betriebs-Reglement. Reine Dienstvorschrift ist das Übereinkommen zum Vereins-Betriebs-Reglement, in dem das Verhältnis der Eisenbahnen untereinander hinsichtlich der aus dem Vereins-Betriebs-Reglement entspringenden Rechte und Pflichten geregelt werden soll, neben einheitlicher und gleichmäßiger Behandlung und Erledigung des Abfertigungsgeschäfts [seine Anlage I, gemeins. Abfertigungsvorschriften (GAV)] und der Reklamationen aus dem Beförderungsgeschäft.

Die einheitlichen Zusatzbestimmungen des Internationalen Transport-Komitees. Das Internationale Übereinkommen selbst bildet nun in der Praxis nie die Grundlage des einzelnen internationalen Frachtvertrages, sondern diese ist immer in einem besonderen Tarife zu suchen, der aus dem IÜ und den zu ihm auf Grund der besonderen Verhältnisse des betreffenden Verkehrs erlassenen zusätzlichen Bestimmungen besteht. Während ursprünglich die abweichenden gesetzlichen Vorschriften den Wunsch nach Schaffung eines einheitlichen Verkehrsrechts hatten erwachen lassen, das im IÜ nunmehr vorlag, tauchte bereits 1894 das Verlangen auf,

---

[1]) Über das Verhältnis dieser Zusatzbestimmungen des Vereins zu denen des ITK siehe unten auf d i e s e r Seite.

auch diese zusätzlichen Bestimmungen, wie sie in den Tarifen der verschiedenen Verbände sich fanden, möglichst einheitlich zu gestalten. [1] Das Ergebnis dieser Bestrebungen, die auch die oben erwähnten Zusätzlichen Bestimmungen des Vereins Deutscher Eisenbahnverwaltungen mit verarbeitet haben, ist in den vom Internationalen Transport-Komitee herausgegebenen sog. „einheitlichen" Zusatzbestimmungen zum IÜ niedergelegt. Auch diese Zusatzbestimmungen als solche sind für das Verhältnis zwischen Eisenbahnen und Publikum rechtlich wirkungslos. Sie bekommen Bedeutung — ebenso wie die Bestimmungen des Vereins-Betriebs-Reglements und die Zusatzbestimmungen des Vereins — erst durch ihre Aufnahme in einen Tarif, sie sind gültig ebenfalls nur unter der Bedingung, daß sie dem Gesetz nicht widersprechen [2].

Von einem Abdruck aller dieser z. T. recht wandelbaren Zusatzbestimmungen wird in der vorliegenden Ausgabe abgesehen, die allein die Aufgabe verfolgt, der Bedeutung des Gesetzestextes gerecht zu werden [3] [4].

---

[1] Die Geschichte des Internationalen Transport - Komitees siehe: IZ **1903** 116: Einheitliche reglementarische Bestimmungen für den internationalen Eisenbahntransport. Dem Komitee gehören an: Belgien, Dänemark, Deutschland, Frankreich, Italien, Luxemburg, Niederlande, Österreich-Ungarn einschließlich Bosniens und der Herzegowina, Rumänien und Schweiz mit Eisenbahnen, welche in einer besonderen Liste aufgeführt sind.

[2] Ihre rechtliche Gültigkeit vgl. namentlich L. Calmar im Bulletin des internationalen Eisenbahn-Kongreß-Verbandes **1909** S. 635. Dieser Aufsatz verdient wie auch die anderen des Verfassers in gleicher Zeitschrift **1908** S. 609, 1329 wegen der darin gebrachten Kritik des IÜ gewisser Beachtung. Der letzterwähnte enthält eine wertvolle Zusammenstellung der über die Auslegung des IÜ bestehenden Streitfragen. Leider fehlt bei den angeführten Entscheidungen die Angabe der Stellen, wo man sie nachlesen könnte.

[3] Es ist aber bei jedem Artikel nachgewiesen, wo die zugehörigen Stellen im VBR und Übk zum VBR bzw. den GAV zu finden sind, und ob Zusatzbestimmungen des Vereins (ZusV) oder des Internationalen Transport-Komitees (ZusI) vorhanden sind, die dann im VBR eingesehen werden müssen.

[4] Von einer Kritik der Vorschriften des IÜ ist dem Zweck der Arbeit entsprechend abgesehen worden.

Internationales Übereinkommen

über den

Eisenbahn-Frachtverkehr

vom 14. Oktober 1890 (RGBl 1892 793)

mit den

Änderungen und Ergänzungen in der Zusatzvereinbarung vom 16. Juli 1895 (RGBl **1895** 465) und in den Zusatzübereinkommen vom 16. Juni 1898 (RGBl **1901** 295) und vom 19. September 1906 (RGBl **1908** 515)

zwischen

Belgien, Dänemark, Deutschland, Frankreich, Italien, Luxemburg, den Niederlanden, Österreich und Ungarn, Rumänien, Rußland, Schweden und der Schweiz.

Seine Majestät der Deutsche Kaiser, König von Preußen, im Namen des Deutschen Reichs, Seine Majestät der Kaiser von Österreich, König von Böhmen usw. und Apostolischer König von Ungarn, gleichzeitig im Namen seiner Durchlaucht des Fürsten von Liechtenstein handelnd, Seine Majestät der König der Belgier, (Seine Majestät der König von Dänemark) [1]), der Präsident der Französischen Republik, Seine Majestät der König von Italien, Seine Königliche Hoheit der Großherzog von Luxemburg, Ihre Majestät die Königin der Niederlande, (Seine Majestät der König von Rumänien) [1]), Seine Majestät der Kaiser aller Reußen, (Seine Majestät der König von Schweden) [1]) und der Schweizerische Bundesrat haben sich entschlossen, auf Grund des in ihrem Auftrage ausgearbeiteten und in den Protokollen[2]) d. d. Bern, den 17. Juli 1887 niedergelegten Entwurfes ein internationales Übereinkommen über den Eisenbahn-Frachtverkehr abzuschließen, und zu diesem Zwecke als ihre Bevollmächtigten ernannt:

(folgen die Namen der Bevollmächtigten),
welche nach gegenseitiger Mitteilung ihrer in guter und gehöriger Form befundenen Vollmachten über nachstehende Artikel[3]) übereingekommen sind[4]).

1. Diese sind dem ursprünglichen feierlichen Staatsvertrage erst später beigetreten: Art. 1 unter I am Ende. Über die Möglichkeit des Anschlusses weiterer Staaten siehe die Zusatzerklärung vom 20. September 1893 (RGBl **1896** 707) ebenfalls unten bei Artikel 1 unter I. (Vgl. auch oben Einleitung S. 14 ff.)

2. Bedeutung der Protokolle als Auslegungsmaterial siehe Gerstner NSt 14 III.

3. Die im folgenden abgedruckten Artikel sind in dem durch die nachträglichen Änderungen und Ergänzungen gebotenen Wortlaut auf Grund des offiziellen Textes des Central-Amtes wiedergegeben bis auf die zum Teil geänderten Artikelüberschriften.

4. Das Internationale Übereinkommen ist ebenso wie die beiden Zusatzübereinkommen in deutscher und in französischer Sprache abgefaßt. Während aber bei Abschluß des Übereinkommens selbst sowohl der deutsche als der französische Text dadurch, daß jeder von ihnen beiden von den Bevollmächtigten der den Vertrag schließenden Staaten unterzeichnet wurde, entsprechend den Beschlüssen der Berner Vorkonferenzen, als Originaltexte anerkannt wurden (Gerstner IÜ 35; NSt 14; weitere Literatur oben S. 18), ist gelegentlich der beiden Zusatzübereinkommen in den dazu gehörigen diplomatischen Vollziehungsprotokollen bezüglich des deutschen Textes der Vorbehalt gemacht worden: „Man ist darüber einverstanden, daß dieser (dem Vollziehungsprotokoll beigefügte deutsche) Text den gleichen Wert haben soll wie der französische Text, sofern es sich um den Eisenbahnverkehr handelt, bei welchem ein Staat, wo das Deutsche ausschließlich oder neben anderen Sprachen als Geschäftssprache gilt, beteiligt ist." Bei dieser Sachlage läßt sich Calmars Ansicht in Bulletin **1909** 629 nicht beipflichten, daß der deutsche Text in der Pariser Revisionskonferenz „mit Unrecht" von einer Seite (Droz) als „Original" bezeichnet sei. Vgl. dazu auch von der Leyen Goldschmidts Z 49 400. Wegen der im Frachtbrief zu verwendenden Sprache siehe Ausf.Best. § 2 (2) (3) zu Artikel 6.

Vorbemerkung zu Artikel 1—4.

Die Artikel 1—4 enthalten die Eingangsbestimmungen. Sie regeln den Geltungsbereich des IÜ [1 (1)] sowie die rechtliche Wirkung der Ausführungsbestimmungen [1 (2)], sagen, welche Gegenstände von der Beförderung nach IÜ ausgeschlossen oder zu ihr nur bedingungsweise zugelassen sind (2, 3), und verbieten dem IÜ widersprechende Bestimmungen der Tarife.

Artikel 1.

Geltungsbereich des Internationalen Übereinkommens.

(1) Das gegenwärtige Internationale Übereinkommen findet Anwendung auf alle Sendungen von Gütern, welche auf Grund eines durchgehenden Frachtbriefes aus dem Gebiete eines der vertragschließenden Staaten in das Gebiet eines andern vertrag-

schließenden Staates auf denjenigen Eisenbahnstrecken befördert
werden, welche zu diesem Zwecke in der anliegenden Liste, vorbehaltlich der in Artikel 58 vorgesehenen Änderungen, bezeichnet
sind.

(2) Die Bestimmungen, welche zur Ausführung des gegenwärtigen Übereinkommens von den vertragschließenden Staaten
vereinbart werden, sollen dieselbe rechtliche Wirkung haben
wie das Übereinkommen selbst.

1.) In betreff des Artikels 1 besteht darüber allseitiges Einverständnis, daß Sendungen, deren Abgangs- und Endstation in
dem Gebiete desselben Staates liegen, nicht als internationale
Transporte zu betrachten sind, wenn dieselben auf einer Linie,
deren Betrieb einer Verwaltung dieses Staates angehört, das Gebiet
eines fremden Staates nur transitieren. Wenn die Transitstrecken
nicht dem Betrieb einer Verwaltung dieses Staates angehören, so
können die beteiligten Regierungen durch Sonderabkommen vereinbaren, daß solche Transporte gleichwohl nicht als internationale
zu betrachten sind.*

*Im weitern ist man darüber einverstanden, daß die Be-
stimmungen dieses Übereinkommens keine Anwendung finden,
wenn eine Sendung von irgendeiner Station eines Staatsgebietes
entweder nach dem Grenzbahnhofe des Nachbarstaates, in welchem
die Zollbehandlung erfolgt, oder nach einer Station stattfindet,
welche zwischen diesem Bahnhofe und der Grenze liegt; es sei
denn, daß der Absender für eine solche Sendung die Anwendung
des gegenwärtigen Übereinkommens verlangt. Diese Bestimmung
gilt auch für Transporte von dem genannten Grenzbahnhofe oder
einer der genannten Zwischenstationen nach Stationen des andern
Staates.*

2. ... (siehe bei Artikel 11).

*3. Es wird ferner anerkannt, daß durch das Übereinkommen
das Verhältnis der Eisenbahnen zu dem Staate, welchem sie angehören, in keiner Weise geändert wird, und daß dieses Verhältnis
auch in Zukunft durch die Gesetzgebung jedes einzelnen Staates
geregelt werden wird, sowie daß insbesondere durch das Übereinkommen die in jedem Staate in Geltung stehenden Bestimmungen
über die staatliche Genehmigung der Tarife und Transportbedingungen nicht berührt werden.*

---

*) Dieser Zusatz ist dem (Schluß-) Protokoll zum IÜ entnommen, das einen
integrierenden Teil des IÜ bildet und, wie es in seinem Absatz 4 sagt, dieselbe
Kraft und Dauer hat, wie dieses selbst. Vgl. auch Artikel 11 und 60 und RGBl
1892 919. Der Behauptung Calmars im Bulletin des Internationalen Eisen-
bahnkongreßverbandes 1909 627, die Erklärung im Protokoll habe keine Gesetzeskraft, kann daher nicht gefolgt werden. Das Schlußprotokoll ist in
Deutschland als Bestandteil des geschlossenen Staatsvertrages, der als Gesetz
veröffentlicht ist, anzusehen. (Vgl. auch oben S. 13.)

4. Es wird anerkannt, daß das Reglement betreffend die Errichtung eines Central-Amtes sowie die Ausführungsbestimmungen zu dem internationalen Übereinkommen über den Eisenbahn-Frachtverkehr und die Anlagen 1, 2, 3, 3a und 4 dieselbe Kraft und Dauer haben sollen wie das Übereinkommen selbst.

Bemerkungen.

IÜ 2, 3.   EVO 1.   HGB 453, 454, 471, 473.   VBR §§ 1, 38. — SVE I.   MSVE 31.   DVE I.   DDVE XLIX, LI.   P I 5—7, 64 (1a); 94 (5); 40, 41 (20).   P II 7, 74, 139.   P III 19, 20, 21. R I 35, 83, 143.   — Gerstner IÜ 37, 40.   Gerstner NSt 16. Rosenthal IÜ 15.   Fritsch IÜ 621.   Eger IÜ 3.   Reindl EE **16** 1.   von der Leyen Goldschmidts Z **49** 415.   Calmar 1. Hilscher 8.   Schwab 50.   v. Rinaldini 5.   Marchesini 1 134.   IZ **1893** 203 Das IÜ mit Bezug auf den Güterverkehr mit den Nichtvertragsstaaten.   IZ **1906** 89 Zum Art. 1 des IÜ Durchgehender Frachtbrief.   Gerstner, Einfluß der Zollverwaltung auf die Anwendbarkeit des IÜ.   VerZtg **1892** 273.   Staub: § 454². Düringer-Hachenburg **III** 638.

I. **Allgemeines.** Unter der Bezeichnung „gegenwärtiges" internationales Übereinkommen ist zu verstehen das IÜ vom 14.Oktober 1890 mit seinen späteren Änderungen und Ergänzungen in der Zusatzvereinbarung vom 16. Juli 1895, in den Zusatzübereinkommen vom 16. Juni 1898 und 19. September 1906 und der Zusatzerklärung vom 20. September 1893. So auch Gerstner NSt 16 Anm. 1 gegen Eger, der in dem Worte die Geltungsdauer des IÜ festgelegt zu sehen meint (Bemerkung 2). Es ist auch anderen Staaten, welche das ursprüngliche Übereinkommen nicht mit unterzeichnet haben, ermöglicht, die Aufnahme in den Staatenvertrag zu erstreben. Darüber sind folgende Vorschriften getroffen in der Zusatzerklärung vom 20. September 1893: „Die Staaten, die an dem Übereinkommen vom „14. Oktober 1890 über den Eisenbahnfrachtverkehr nicht teilge- „nommen haben, können um ihre Aufnahme in dieses Überein- „kommen nachsuchen.

„Sie haben sich zu diesem Zwecke an die schweizerische Re- „gierung zu wenden.

„Diese Regierung unterbreitet das Gesuch dem Central-Amte „zur Prüfung und teilt hierauf den zur Union gehörenden Staaten „die Vorschläge dieses Amtes mit.

„Kommt eine Übereinstimmung zustande, so teilt die schweize- „rische Regierung dem betreffenden Staate die Annahme seiner „Beitrittserklärung mit und gibt auch den zur Union gehörenden „Staaten Kenntnis hiervon.

„Der Beitritt wird einen Monat nach dem Tage rechtskräftig, „an welchem die schweizerische Regierung diese Anzeige erlassen „hat, und schließt ohne weiteres die volle Annahme aller Bestim- „mungen des Übereinkommens in sich."

Dementsprechend sind dann auch 3 Staaten dem Übereinkommen nachträglich beigetreten: Dänemark am 21. Juli 1897, RGBl S. 773, Rumänien am 14./27. April 1904, RGBl S. 218, und Schweden am 11. Oktober 1907, RGBl S. 755. Von diesen Beitritten hat die schweizerische Regierung am 27. Juli 1897 bezüglich Dänemarks, am 24. Mai 1904 hinsichtlich Rumäniens und am 1. November 1907 hinsichtlich Schwedens, den andern Staaten Kenntnis gegeben.

Die übrigen Staaten haben dem Übereinkommen seit dessen Bestehen angehört. Monaco gehört ihm noch nicht an, wie im Gegensatz zu einer dahin gehenden Äußerung Calmars (IÜ S. 4) zu bemerken ist.

II. **Geltungsbereich des IÜ.** Der Artikel umschreibt in seinem Absatz (1) den Geltungsbereich des IÜ nach sachlichen und örtlichen Grenzen.

1. Sachlich findet es Anwendung auf alle Sendungen von Gütern mit durchgehendem Frachtbrief. Nur Sendungen von Gütern unterliegen ihm, nicht auch die Beförderung von (Personen und) Reisegepäck. (IÜ kommt nicht zur Anwendung bei Beraubung von Reisegepäck IZOe 1908 74.) Güter im Sinne des IÜ sind auch lebende Tiere (z. B. Art. 31 (1) Ziff. 5 und 6), Fahrzeuge, Leichen (aber Bedingungen § 1 (2) 3. Ausf. Best. zu Art. 3). Ausgeschlossene oder sonstige nur bedingungsweise zugelassene Güter siehe Artikel 2 und 3. „Güter‘‘ steht im Gegensatz zu „Personen‘‘ OLG Hamburg Goldschmidts Z **36** 271. — Die Güter müssen auf durchgehenden Frachtbrief abgefertigt sein, der strikte Voraussetzung der Anwendung des IÜ ist. Es ist unzulässig, IÜ anzuwenden, wenn nicht das im Artikel 6 vorgesehene Formular verwendet ist. Dem Absender ist die Wahl überlassen, ob er nach IÜ befördern will. A. A. zum Teil C A in IZ **1906** 89.

2. Örtlich: Es muß sich um sogenannte internationale Gütersendungen handeln. Nicht kommen in Frage die „internen‘‘ Sendungen, welche das Gebiet eines Vertragsstaates nicht verlassen, ebensowenig aber diejenigen „externen‘‘, aus dem Gebiet eines Vertragsstaates in das eines anderen eintretenden Sendungen, welche nicht ausschließlich auf denjenigen Eisenbahnstrecken befördert werden, die in der in Artikel 58 vorgesehenen Liste aufgeführt sind, endlich nicht diejenigen, die aus einem Vertragsstaat in einen Nichtvertragsstaat oder aus einem Nichtvertragsstaat in einen Vertragsstaat eintreten. (Aus der Voraussetzung zu 1 folgt, daß diejenigen Sendungen, die aus einem Vertragsstaat in einen anderen Vertragsstaat reisen und für die von Grenze zu Grenze je ein besonderer Frachtbrief verwendet wird, als internationale im Sinne des IÜ nicht anzusehen sind.) — Sendungen, die sich teilweise innerhalb, teilweise außerhalb des Gebietes des IÜ bewegen, können nicht nach IÜ befördert werden (Gerstner IÜ 48/49; NSt 19), soweit es sich um die nicht dem IÜ unterworfenen Strecken handelt. Auf den dem IÜ unterworfenen Strecken können sie nach IÜ befördert werden, und zwar auch, wenn sie während der Dauer dieser Beförderung von einem besonderen internationalen Frachtbrief nicht begleitet werden (R I 149), wenn ihnen nur für den ganzen Transport ein besonderer direkter Frachtbrief nach Maßgabe der unter den beteiligten Eisenbahnen getroffenen und in den Verbandstarifen veröffentlichten Vereinbarungen beigegeben ist. (Gerstner NSt 19; IZ **1893** 208; P I LI (III).) Das Recht des IÜ findet dann nicht Anwendung auf Grund des Berner Staatsvertrages. sondern weil es durch besondere Abmachung der betreffenden Staaten zur lex contractus gemacht ist. Hierbei ist jedoch zu beachten, daß derartige Vereinbarungen, wie im Bericht der Pariser Revisionskonferenz

bereits hervorgehoben ist, sich nicht auf die Bestimmungen erstrecken, welche, weil sie öffentlich rechtliche Fragen regeln, einer Privatabmachung entzogen sind, so nicht auf die Zuständigkeit der Gerichte, die Vollstreckbarkeit der Urteile (Art. 53, 55, 56) u. a. m. Die Pariser Resvisionskonferenz hat eine diesen Punkt regelnde Textänderung des Artikels 1 abgelehnt.

3. Über den Verkehr in den Grenzgebieten gelten die besonderen, den Artikel 1 (1) ergänzenden Bestimmungen des (Schluß-) Protokolls Ziffer 1, durch welche an sich dem IÜ unterstehende Sendungen diesem entzogen werden. Es sind zwei Arten des Grenzverkehrs zu unterscheiden:

a) Sendungen, deren Abgangs- und Endstation in demselben Staate liegen, die aber auf ihrem Wege das Gebiet eines anderen Vertragsstaates transitieren, unterstehen dem IÜ nur dann, wenn der Durchgang durch diesen Staat auf Linien erfolgt, welche von einer Verwaltung betrieben werden, die einem anderen Staate als dem angehört, in welchem Abgangs- und Endstation liegen. Jedoch können die beteiligten Staaten im Wege des Sonderabkommens auch hier die Anwendung des IÜ ausschließen, ebenso wie sie ausgeschlossen ist, wenn die Transitlinie einer Verwaltung des Staates untersteht, in dem Abgangs- und Endstation liegen.

b) Im reinen Grenzverkehr von einer Station des einen Vertragsstaates nach dem Grenzbahnhof des Nachbarstaates (nicht aber desselben Staates: C A IZ 1894 288; EE 11 160), auf welchem die Zollbehandlung stattfinden soll, oder nach einer diesem Grenzzollbahnhof vorgelegenen Station — ebenso bei Transporten in umgekehrter Richtung — findet IÜ nur dann Anwendung, wenn der Absender es durch Verwendung eines internationalen Frachtbriefs ausdrücklich verlangt. Wird ein solcher von ihm nicht gewählt, so ist von Fall zu Fall zu entscheiden, welches Recht Anwendung findet (besondere Staatsverträge über den Grenzverkehr, internationales Privatrecht). Jedenfalls trifft das (Schluß-) Protokoll, kann und will es auch nicht, darüber keine Bestimmung (P III 23 Nr. 2; Gerstner IÜ 54; IZ S 1908 10; EE 24 232; von der Leyen Goldschmidts Z 49 415; Rosenthal 18).

4. Besondere Anwendungsfälle: IÜ regelt den Eisenbahnfrachtvertrag, daher kann es nicht angewendet werden bei „dazwischen tretendem Seetransport" (P I 6; III 23). Nicht ausgeschlossen sollte jedoch werden die Beförderung mittels Trajektanstalt (DDVE LI). Wenn auch die unmittelbare Schienenverbindung unterbrochen ist, ebenso wie beim Übergang auf andere Spur — so bleibt es doch ein Eisenbahntransport. — Ein mit internationalem Frachtbrief nach IÜ aufgegebener Transport unterliegt auch weiter der Beurteilung nach internationalem Recht, wenn ihn der Absender anhält, ehe er das Land der Aufgabe verläßt (von der Leyen Archiv 1891 397; Gerstner IÜ 56 gegen Schwab 412). Eisenbahn haftet für die Folgen irrtümlicher Verwendung eines internationalen Frachtbriefs nach nicht dem IÜ angehörenden Staaten: IZ Oe 1899 522.

III. Rechtlicher Charakter des IÜ und der Ausführungsbestimmungen. (Siehe auch Art. 4.)

1. Auf alle die unter II bezeichneten Gütersendungen findet IÜ Anwendung, d. h. es ist die Anwendung anderen Rechtes ausgeschlossen (P I 41; II 74; EERG 23 388; Stenographische Berichte 1890/91 Anlage 3 2027; Rosenthal 37; Gerstner NSt 22). Das im

IÜ niedergelegte Recht ist zwingendes Recht, das innerhalb seines im Artikel 1 näher bestimmten Geltungsgebietes unbedingte Anwendung verlangt. IÜ tritt an die Stelle der Landesrechte und sonstigen Staatsverträge hinsichtlich aller von ihm geregelten Rechtsverhältnisse, es duldet nicht neben sich oder gar gegen sich andere Bestimmungen. Im Interesse der Einheitlichkeit des Rechts hat man die Vorschrift des Artikels 1 gegeben, nach der auf alle internationalen Sendungen IÜ Anwendung zu finden hat.

Diese Einheitlichkeit ist indes nach zwei Richtungen hin nicht innegehalten:

a) Manche Verhältnisse regelt IÜ ausdrücklich nicht selbst, sondern weist sie der Regelung durch die Vertragsstaaten zu. Hierher gehören die Verweisungen in Artikel 5 (2) (5), 6 (1) m (4) und (5), 7 (3), 14 (2), 19, 22, 24 (2), 25 (3), 31 (1) 1. 3. 6., 45 (3), 55. IZ **1894** 52.

In diesen Fällen gilt aber das Landesrecht auch für den internationalen Güterverkehr nicht auf Grund Landesrechts, sondern auf Grund der ausdrücklichen Bestimmung des IÜ. (Vgl. Gerstner NSt 22.)

b) Weiterhin gibt es naturgemäß Materien, die vom IÜ überhaupt nicht erwähnt werden, nicht einmal durch Hinweis auf das Landesrecht. Hierüber das Nähere bei Artikel 4.

2. Revisibilität der Bestimmungen des IÜ: Die durch IÜ geschaffene Einheitlichkeit ist nur eine materielle Rechtsgleichheit, keine formelle Rechtseinheit. Das IÜ ist lediglich Landesgesetz in jedem der Vertragsstaaten. Seine Vorschriften sind bei einem in Deutschland geführten Rechtsstreite revisible Normen, wenn sie als deutsches Recht Anwendung finden, nicht dagegen, wenn der Rechtsstreit nach ausländischem Recht zu entscheiden und IÜ als ausländisches Recht zur Anwendung kommt. RGZ **57** 142; JW **1904** 217.

3. Die Ausführungsbestimmungen sind (vgl. Einleitung S. 4) auf Anregung des Entwurfs deutscher Kommissarien aus Zweckmäßigkeitsgründen von denen des IÜ selbst getrennt. Sie enthalten „mehr oder weniger vorübergehende, den verschiedenen Bedürfnissen des Verkehrs anzupassende Vorschriften reglementärer Natur". Diese Trennung ist jedoch nicht in der Absicht eingeführt, um die Abänderung dieser Vorschriften vornehmen zu können, ohne an die Zustimmung der gesetzgebenden Faktoren gebunden zu sein (Eger IÜ Bem. 2 am Ende), sondern es sollte nur die Genehmigung etwaiger Änderungen der Ausf. Best. für den Fall erleichtert werden, daß nach dem inneren Rechte des einen oder anderen Vertragsstaates dazu nicht der Weg der Gesetzgebung nötig wäre (wie bei Änderung eines Staatsvertrages regelmäßig), sondern die Zustimmung der Exekutive genügen würde (Gerstner IÜ 38 Anm. 4; NSt 24 II gegen Eger, der seine Ansicht jedoch beibehalten hat, ohne die abweichende Ansicht Gerstners zu erwähnen. Vgl. auch von der Leyen Goldschmidts Z **39** 55 bezüglich der Form des Austausches des Einverständnisses zwischen den beteiligten Vertragsstaaten). Die von Eger behauptete Wirkung der Abtrennung von Ausf. Best. müßte im Staatsvertrage selbst zum Ausdruck gelangt sein; denn sie bedeutet einen tiefgehenden Eingriff in die Gesetzgebungsgewalt der Vertragsstaaten, denen damit u. U. ein Teil ihrer Befugnisse genommen wäre. Daraus, daß hiervon keine Erwähnung geschehen, folgt die Haltlosigkeit der Egerschen Anschauung, die durch die Verweisung auf zwei Zusatzvereinbarungen in der IZ nicht gebessert

wird. Übrigens ist in Beratungen des IÜ ein dahin gehendes allseitiges Einverständnis **nicht** ausgedrückt worden, sondern, wie der Wortlaut ergibt, das Gegenteil (P **III** S. 26); endlich widerspricht sie der Ziffer 3 des (Schluß-) Protokolls.

4. Die Ausf.Best. haben dieselbe ausschließliche und Gesetzeskraft wie das IÜ selbst: 1 (2) und (Schluß-) Protokoll Ziff. 4. Sie sind im folgenden abgedruckt bei den Artikeln, zu denen sie gehören, nämlich bei Artikel 3 (§ 1), 6 (§ 2), 7 (§ 3), 9 (§ 4), 12 (§ 5), 14 (§ 6), 15 (§ 7), 32 (§ 8), 38 (§ 9 und § 11), 48 (§ 10).

5. Die Materialien und Quellen zum IÜ: Als solche sind namentlich anzusehen der „vorläufige Entwurf des Schweizer Bundesrats für eine Vereinbarung über den internationalen Eisenbahnfrachtverkehr" (SVE) und das „Memorial" dazu (MSVE), abgedruckt bei Eger Kritik (wo das Memorial als „Motive" bezeichnet wird); der Entwurf aufgestellt von deutschen Kommissarien (DVE) und Denkschrift dazu (DDVE), abgedruckt in den Protokollen der ersten Berner Konferenz (P I), worin auch der Schweizer Vorentwurf, aber ohne Memorial enthalten ist. Dann namentlich die Sitzungsprotokolle der drei Berner Konferenzen (P I II III) und der Pariser (R I) und Berner (R II) Revisionskonferenzen. Über ihre Bedeutung für die Auslegung und die Notwendigkeit vorsichtigster Heranziehung siehe u. a. Gerstner NSt 14.

IV. **Abänderungen des IÜ.** Das IÜ als Staatsvertrag bindet die Vertragsstaaten dergestalt, daß Abänderungen nur auf Grund neuen Staatsvertrages möglich sind, d. h. der allseitigen Zustimmung bedürfen. Hiervon macht IÜ selbst zwei Ausnahmen, nämlich bezüglich Streichungen in der Liste der Eisenbahnen (Art. 1 und 58) und bezüglich der Vereinbarung leichterer Bedingungen im wechselseitigen Verkehr aller oder einzelner Vertragsstaaten hinsichtlich der ausgeschlossenen oder nur bedingungsweise zugelassenen Güter (§ 1 (3) Ausf.Best.).

Artikel 2.

Ausschluß der Anwendung der Bestimmungen des Internationalen Übereinkommens auf bestimmte Gegenstände.

Die Bestimmungen des gegenwärtigen Übereinkommens finden keine Anwendung auf die Beförderung folgender Gegenstände:

1. derjenigen Gegenstände, welche auch nur in einem der am Transporte beteiligten Gebiete dem Postzwange unterworfen sind;

2. derjenigen Gegenstände, welche wegen ihres Umfangs, ihres Gewichts oder ihrer sonstigen Beschaffenheit, nach der Anlage und dem Betriebe auch nur einer der Bahnen, welche an der Ausführung des Transportes teilzunehmen haben, sich zur Beförderung nicht eignen;

3. derjenigen Gegenstände, deren Beförderung auch nur auf einem der am Transporte beteiligten Gebiete aus Gründen der öffentlichen Ordnung verboten ist.

Bemerkungen.

IÜ 3, 5.   EVO 54, 3.   HGB 453.   VBR 39.   (Zus. I) *) — DVE VIII (1b, 4 und 5).   P I 7, 64.   P II 10, 75—77.   P III 13, 14 (65).   R I 41.   — Gerstner IÜ 56, 59.   Gerstner NSt 25. Rosenthal IÜ 25.   Fritsch IÜ 622.   Eger IÜ 18.   von der Leyen Goldschmidts Z **39** 69.   Calmar: 5.   Hilscher 24.   Schwab 53. Marchesini 1 138.   Staub §§ 426[3], 453[12], 472[8].

I. Allgemeines. Der Satz des Artikels 1, daß dem IÜ alle „internationalen" Sendungen unter den oben erörterten näheren Bedingungen unterworfen sein sollen, hat zur Voraussetzung daß das Gut auf der ganzen Strecke, die es zu durchlaufen hat, transportfähig ist.   Diese Eigenschaft kann einem Gute aus verschiedenen Gründen mangeln.   Artikel 2 faßt Gegenstände zusammen, denen sie auf Grund „territorialer oder lokaler Anordnungen oder Einrichtungen" fehlt, so daß ihre Beförderung teils aus rechtlichen Gründen, teils wegen tatsächlicher Hindernisse nicht möglich ist. Gemeinsam ist den Fällen des Artikels 2 das Moment, daß es genügt, wenn auch nur in einem Teil der ganzen Beförderungsstrecke ein derartiges Hindernis besteht; dann ist eben die Beförderung auf dem ganzen Wege auf einen durchgehenden Frachtbrief unmöglich. Dagegen ist es für den konkreten Fall belanglos, ob ein solches Hindernis auf einer Strecke besteht, die gerade dieser Transport nicht zu passieren hat.   Durch diese Berücksichtigung örtlicher und technischer Momente in Artikel 2 ist ein Beweis dafür gegeben, daß das IÜ nicht unnötig in die Befugnisse der Vertragsstaaten einzugreifen beabsichtigt. — Eger bezeichnet die in Artikel 2 genannten Güter als absolut ausgeschlossene im Gegensatz zu den in Artikel 3 aufgeführten, die er als relativ ausgeschlossene ansieht (u. a. S. 10 und 26).   Tatsächlich sind aber die in Artikel 2 genannten Gegenstände nicht absolut von jedem internationalen Transport ausgeschlossen, sondern nur dann, wenn im einzelnen Falle ihnen auf ihrem Wege in concreto ein Hindernis entgegensteht. Anders bei den in Artikel 3 von der Beförderung ausgeschlossenen Gegenständen.   Gerade sie sind schlechthin von jedem internationalen Eisenbahntransport ferngehalten, nicht nur von einzelnen.   Will man also jene Scheidung anwenden, so kann man logisch nur die in Artikel 2, ebenso wie die als bedingungsweise zur Beförderung zugelassenen in Artikel 3 genannten Gegenstände als relativ ausgeschlossen, die übrigen in Artikel 3 genannten aber als absolut ausgeschlossen charakterisieren (Vgl. auch Rosenthal 27, 29, 33.)

II. Verzeichnisse der in Frage kommenden Gegenstände sind namentlich für die Güterabfertigungen von großer praktischer Bedeutung.   Der Artikel II (2) und (3) des Reglements betreffend die Errichtung eines Central-Amtes (s. Art. 57) macht es diesem Amte

---

*) Zus. d. h. es gibt dazu Zusatzbestimmungen, und zwar V, des Vereins Deutscher Eisenbahnverwaltungen, I. des Intern. Transport-Komitees.

zur Pflicht, Verzeichnisse der Hindernisse anzulegen und auf dem laufenden zu erhalten:

(2). „Das Verzeichnis der einzelnen im Artikel 2 des Über- „einkommens unter Ziffer 1 und 3 bezeichneten Gegenstände, sowie „allfällige Abänderungen dieses Verzeichnisses, welche später von „einzelnen der vertragschließenden Staaten vorgenommen werden, „sind mit tunlichster Beschleunigung dem Central-Amte zur Kenntnis „zu bringen, welches dieselben sofort allen vertragschließenden „Staaten mitteilen wird.

(3). „Was die im Artikel 2 des Übereinkommens unter Ziffer 2 „bezeichneten Gegenstände betrifft, so wird das Central-Amt von „jedem der vertragschließenden Staaten die erforderlichen Angaben „begehren und den anderen Staaten mitteilen."

Zuletzt hat das CA in IZ **1909** 291—375 (September 1909) ein diesen Anforderungen entsprechendes „Verzeichnis der Gegenstände, auf welche das Internationale Übereinkommen über den Eisenbahnfrachtverkehr keine Anwendung findet", veröffentlicht. Es zerfällt entsprechend der Gliederung des Artikels 2 in 3 Hauptteile.

1. Gegenstände, welche auch nur in einem der am Transporte beteiligten Gebiete dem Postzwange unterworfen sind (S. 291).

2. Gegenstände, welche wegen ihres Umfanges, ihres Gewichtes oder ihrer sonstigen Beschaffenheit nach der Anlage und dem Betrieb auch nur einer der Bahnen, welche an der Ausführung des Transports teilzunehmen haben, sich zur Beförderung nicht eignen (S. 297). Hierzu ist zweierlei für die praktische Handhabung zu bemerken:

a) Aus dem ebenfalls vom CA herausgegebenen Stationsverzeichnis der Stationen, auf welche das IÜ Anwendung findet, sind die Beschränkungen in den Abfertigungsbefugnissen zu ersehen, die auf Grund der Anlage und des Betriebes der Bahnen bei einzelnen Stationen vorkommen.

b) Da die Vertragsstaaten des IÜ auch den Berner Vereinbarungen vom 18. Mai 1907 betreffend die technische Einheit im Eisenbahnwesen beigetreten sind (Rußland allerdings nur mit den auf dem linken Weichselufer gelegenen 520 km Normalspurbahnen), so finden auf sie die Bestimmungen des Schlußprotokolls betreffend die technische Einheit (IZ **1908** Beilage 102 ff.) seit dem 1. Juli 1908 Anwendung. Danach sind alle Fahrzeuge und Wagenladungen ausgeschlossen, die den Bedingungen der Artikel II § 2 und 22, IV § 5 und 6 des Schlußprotokolls nicht entsprechen. Durch diese Vereinbarungen ist der Kreis der nach Artikel 2 Ziffer 2 nicht beförderbaren Gegenstände verkleinert. Nach gleicher Richtung arbeiten förderlich auch die Vereinbarungen zwischen den beteiligten Staaten über gegenseitige Wagenbenutzung.

3. Gegenstände, deren Beförderung auch nur auf einem der am Transporte beteiligten Gebiete aus Gründen der öffentlichen Ordnung verboten ist (S. 306). Diese Gründe können mannigfachsten Ursprungs sein. Namentlich aber denkt man dabei an solche sicherheits- oder gesundheitspolizeilicher, auch volkswirtschaftlicher Natur; auch Fragen der auswärtigen Politik können in Betracht kommen. (Einfuhr- und Ausfuhrverbote. Beispiele u. a. Rosenthal 27.)

III. **Haftung für dennoch zur Beförderung angenommenes Gut.** Über den Fall der Annahme infolge unrichtiger oder ungenauer

Deklaration siehe Artikel 43. Der Fall der versehentlichen Annahme durch die Eisenbahn bei richtiger Deklaration ist im IÜ nicht geregelt. Es sind also die Gesetze des einzelnen Falles anzuwenden. (Gerstner IÜ 392; NSt 30, gegen Rosenthal 28.) Jedenfalls trägt die Eisenbahn nicht unter allen Umständen die Folgen. (Vgl. hierzu Art. 43.)

———

Artikel 3.

Von der Beförderung ausgeschlossene oder nur bedingungsweise zugelassene Gegenstände.

Die Ausführungsbestimmungen werden diejenigen Güter bezeichnen, welche wegen ihres großen Wertes, wegen ihrer besonderen Beschaffenheit oder wegen der Gefahren, welche sie für die Ordnung und Sicherheit des Eisenbahnbetriebes bieten, vom internationalen Transporte nach Maßgabe dieses Übereinkommens ausgeschlossen oder zu diesem Transporte nur bedingungsweise zugelassen sind.

§ 1 der Ausführungsbestimmungen zum IÜ.

(Zu Art. 3 des Übereinkommens.)

(1) Von der Beförderung ausgeschlossen sind, soweit nicht die Bestimmungen der Anlage 1 Anwendung finden:

1. alle der Selbstentzündung oder Explosion unterworfenen Gegenstände, wie

a) Nitroglyzerin (Sprengöl), Dynamit,

b) andere Spreng- und Schießmittel aller Art,

c) geladene Schußwaffen,

d) Knallquecksilber, Knallsilber und Knallgold sowie die damit hergestellten Präparate,

e) Feuerwerkskörper,

f) Pyropapier,

g) pikrinsaure Salze;

2. ekelerregende oder übelriechende Erzeugnisse.

(2) Bedingungsweise werden zur Beförderung zugelassen:

1. Die in Anlage 1 verzeichneten Gegenstände unter den daselbst aufgeführten Bedingungen. Ihnen sind besondere, andere Gegenstände nicht umfassende Frachtbriefe beizugeben.

2. Gold- und Silberbarren, Platina, Geld, geldwerte Münzen und Papiere, Dokumente, Edelsteine, echte Perlen, Pretiosen und andere Kostbarkeiten, ferner Kunstgegenstände, wie Gemälde, Statuen, Gegenstände aus Erzguß, Antiquitäten. Zu den Kostbarkeiten sind beispielsweise auch besonders wertvolle Spitzen und besonders wertvolle Stickereien zu rechnen.

Diese Gegenstände werden im internationalen Verkehr auf Grund des internationalen Frachtbriefes, und zwar entweder nach

Maßgabe von Vereinbarungen zwischen den Regierungen der beteiligten Staaten oder von Tarifbestimmungen, welche von den dazu ermächtigten Bahnverwaltungen aufgestellt und von allen zuständigen Aufsichtsbehörden genehmigt sind, zugelassen.

3. Leichen.

Sie werden zum internationalen Transport mit dem internationalen Frachtbrief unter folgenden Bedingungen zugelassen:

> *a) die Beförderung erfolgt als Eilgut;*
>
> *b) die Transportgebühren sind bei der Aufgabe zu entrichten;*
>
> *c) die Leiche muß während der Beförderung von einer dazu beauftragten Person begleitet sein;*
>
> *d) die Beförderung unterliegt im Gebiete jedes einzelnen Staates den daselbst in polizeilicher Beziehung geltenden Gesetzen und Verordnungen, soweit nicht unter den beteiligten Staaten besondere Abmachungen getroffen sind.*

(3) Einzelne oder alle Vertragsstaaten können für ihren wechselseitigen Verkehr vereinbaren, daß die nach dem gegenwertigen Übereinkommen vom internationalen Verkehr ausgeschlossenen Gegenstände unter gewissen Bedingunpen, oder daß die in der Anlage 1 aufgeführten Gegenstände unter leichteren Bedingungen zur Beförderung zugelassen werden. Solche Vereinbarungen können — erforderlichen Falles unter Vermittlung des Central-Amtes für den internationalen Eisenbahntransport in Bern — auf schriftlichem Wege oder auf einer zu diesem Zwecke einzuberufenden fachmäninschen Konferenz getroffen werden. Auch die beteiligten Eisenbahnen können durch Tarifbestimmungen von der Beförderung ausgeschlossene Gegenstände zulassen oder für bedingungsweise zugelassene Gegenstände leichtere Bedingungen zugestehen, wenn

> *a) die Beförderung der betreffenden Gegenstände oder die hierfür in Aussicht genommenen Bedingungen nach den inneren Reglementen zulässig sind, und*
>
> *b) die Tarifbestimmungen von allen zuständigen Aufsichtsbehörden genehmigt werden.*

Bemerkungen.

IÜ 2.   EVO 54.   HGB 453.   VBR 40.   (Zus. I und V.) — DVE VIII, XXXV.   DDVE LII.   P I 7, 77.   P II 10, 75—77, 66/67, 74, 143, 152 ff.   P III 26, 37—45.   Protokoll der fachmännischen Konferenz.   R I 41, 83, 85.   R II 14, 86, 132. 139. — Gerstner IÜ 56, 73.   Gerstner NSt 30.   Rosenthal IÜ 28.   Fritsch IÜ 622.   Eger IÜ 23.   von der Leyen Goldschmidts Z **49** 388. Calmar 6.   Hilscher 24.   Schwab 54.   v. Rinaldini 109.   Marchesini 1 139.   Staub §§ 429[20], 453[12], 456[17].   Düringer-Hachenburg **III** 674.

I. **Allgemeines.** Während Artikel 2 diejenigen Güter behandelt, die auf Grund von Hindernissen auch nur auf einem Teile der zu durchlaufenden Strecken „durch landesrechtliche Bestimmung oder wegen lokaler Bahneinrichtungen" vom Transport auf durchgehenden

Frachtbrief in concreto ausgeschlossen werden müssen, und zwar dergestalt, daß die Güter nicht schlechthin von jedem internationalen Transport ausgeschlossen zu sein brauchen, sondern stets nur von einem solchen, in dessen Verlauf, und sei es nur auf einer Strecke, ihnen gerade ein solches Hindernis entgegentritt, behandelt Artikel 3 diejenigen Güter, die vom Transport im ganzen Gebiet des IÜ entweder überhaupt ausgeschlossen oder doch zu einem solchen nur unter Beobachtung gewisser Bedingungen zugelassen sind. Auch über sie bestimmt aber nicht das IÜ selbst, vielmehr enthalten bezüglich ihrer die Ausf.-Best. die näheren Vorschriften.

Der Artikel 3 unterscheidet drei Arten von Gütern: solche von großem Wert, solche von besonderer Beschaffenheit und endlich Güter, welche für die Ordnung und Sicherheit des Eisenbahnbetriebes Gefahren in sich schließen.

Die Gründe dieser Bestimmungen liegen in Rücksichten, die man notgedrungen auf den Verkehr wie den Betrieb der Eisenbahnen nehmen muß. So ist es bei den Gütern von großem Wert verständlich, wenn die Eisenbahnen ihre Beförderung von der Erfüllung gewisser Bedingungen abhängig machen, um Schadensersatzansprüche möglichst zu verhüten, oder wenn feuergefährliche und explosible Gegenstände, ekelerregende oder übelriechende Erzeugnisse teils ganz ausgeschlossen, teils nur bedingungsweise zum Verkehr auf der Eisenbahn zugelassen werden.

Die Ausf.-Best. treffen im § 1 ihre Anordnungen nun dahin, daß sie die einzelnen Güter teils selbst aufzählen, teils in die Anlage 1 verweisen. Siehe diese hinten im Anhang.

II. 1.| Zu Ausf.-Best. § 1 (2) 2. Kostbarkeiten sind Gegenstände, die im Verhältnis zu ihrem Umfang und Gewicht einen im Vergleich mit anderen Waren das gewöhnliche Maß übersteigenden Wert haben. Teuere. wertvolle Kaufmannsgüter gehören nicht dazu (z. B. Pelzwaren) IZF **1906** 104. „Altertümlicher Teppich" darf nicht schlechthin als Teppich deklariert werden IZF **1907** 261. — Die Unterlassung der Deklaration von bedingungsweise zur Beförderung zugelassenen Gütern ist einer ungenauen Inhaltsangabe im Frachtbrief gleichzuachten, welche Verwirkung das Schadensersatzanspruchs zur Folge hat. EEOe **25** 120. Vgl. Artikel 2 Bem. III.

2. Zu Ausf.-Best. § 1 (2) 2 Abs. II. Auf Grund dieser Vorschrift sind in den Verbandstarifen der einzelnen Verbände Zusatzbestimmungen über die Zulassung derartiger Gegenstände getroffen. Vgl. „Zusammenstellung" S. 11.

3. Zu § 1 (3). Erleichternde Sondervereinbarungen gelten:

a) Zwischen Deutschland und Luxemburg vom 29. Mai 1893 (IZ **1893** 213).

b) Zwischen Frankreich, Belgien, Luxemburg und den Niederlanden vom 24. Oktober 1898 (IZ **1899** 141).

c) Zwischen Deutschland und der Schweiz vom 22. September 1908 (seit 22. Dezember 1908 in Kraft) (IZ **1908** a 182).

d) Deutschland und Österreich-Ungarn vom 25. Februar 1902 (IZ **1902** a 182).

Die zu c) und d) sind an Stelle früherer Sondervereinbarungen getreten.

Artikel 4.

Geltung der Tarifbedingungen.

Die Bedingungen der gemeinsamen Tarife der Eisenbahnvereine oder Verbände sowie die Bedingungen der besonderen
Tarife der Eisenbahnen haben, sofern diese Tarife auf den internationalen Transport Anwendung finden sollen, insoweit Geltung,
als sie diesem Übereinkommen nicht widersprechen; andernfalls
sind sie nichtig.

Bemerkungen.

HGB 471. VBR 41. — SVE —. MSVE —. DVE VIII.
DDVE LII. P I 7, 64. P II 77. P III 26, 27. R I 45.
— Gerstner IÜ 54, 79. Gerstner NSt 22, 35. Rosenthal IÜ 37.
Fritsch IÜ 624. Eger IÜ 31. von der Leyen Goldschmidts Z 39
63. Calmar 11. Hilscher 8. Schwab 62. Marchesini 1 141.
— Ulrich, Das Eisenbahntarifwesen, Berlin und Leipzig 1886.
Rank, Eisenbahntarifwesen, Wien 1895. Rank, Grundzüge des
Eisenbahntarifwesens, Wien 1900. Burmester, Geschichtliche Ent-
wicklung des Gütertarifwesens der Eisenbahnen Deutschlands, Leipzig
1899. Pauer, Lehrbuch des Eisenbahntarifwesens mit besonderer
Berücksichtigung des Tarifwesens der österreich-ungarischen Eisenbahnen, Wien 1900. Cauer, Betrieb und Verkehr, 2. Band, Berlin
1903. Die Entwicklung der Gütertarife der preußisch-hessischen
Staatsbahnen, Berlin 1904. Bernhardt, Darstellungen aus dem Gebiete des Eisenbahnwesens, Bern 1908. — Bering, Veröffentlichung
der Eisenbahntarife, EE 12 353. — Vgl. namentlich auch die vor-
züglich instruktiven Leitfaden IV: „Verkehrsdienst" der Eisenbahnschule der preußisch-hessischen Staatsbahnen, Breslau 1910, und Leitfaden IV: „Tarifwesen" der Eisenbahnschule der Großh. Badischen
Staatseisenbahnen, Karlsruhe 1908.

I. **Unabänderlichkeit der Bestimmungen des IÜ durch Tarife.**
Artikel 4 „ist dazu bestimmt, das Verhältnis der reglementarischen
und tarifarischen Vorschriften der am Transport beteiligten Bahnen
und Verbände zu dem Vertrage (IÜ!) und dessen Ausf.-Best. im Sinne
der Wahrung der Einheitlichkeit des internationalen Transportrechts
zu regeln" (DDVE LII).
Während Artikel 1 den Geltungsbereich des IÜ umschreibt
und alle „internationalen" Sendungen dem IÜ unterstellt, schließt
Artikel 4 in Ergänzung dieser Vorschrift Tarife und Tarifverein-
barungen völlig aus, soweit sie dem IÜ widersprechen, d. h. die
Rechtssätze des IÜ haben absoluten, öffentlich-rechtlichen, vom
Willen der Parteien unabänderbaren Charakter. Was in ihnen gesagt
ist, erträgt keine andere Abänderung als durch Staatsvertrag. d. h.
bedarf der Zustimmung aller Kontrahenten des IÜ in der umständlichen, feierlichen Form. Tarifarische Bestimmungen gelten auch
nicht neben dem IÜ in der Weise, daß sie etwa, obwohl IÜ eine
Regelung getroffen, Geltung hätten, soweit sie ihm nicht widersprechen. (So meines Erachtens auch Rosenthal 37 [a. a. Gerstner
NSt 22 Anm. 12], ferner Gerstner NSt 22 gegen Eger S. 8, 35).

Namentlich entspricht nicht dem in Artikel 4 ausgesprochenen Grundsatze der Einheitlichkeit des internationalen Transportrechts Egers Ansicht von der Zulässigkeit der Einführung für das Publikum — gegenüber den Bestimmungen des IÜ — günstigerer Bedingungen (so auch Rosenthal 38; Schwab 64; Gerstner VerZtg 1891 741; IÜ 83; NSt 22 Anm. 12, 36 Anm. 3; Staub 6/7 S. 1578 Anm. 4 zu § 368). Der Begründung Egers, durch derartige Vergünstigungen werde nichts dem IÜ Widersprechendes, sondern nur ein Mehr hinzugefügt, kann man nicht folgen. Hat IÜ eine Bestimmung getroffen, und wird sie nach einer, sei es auch dem Publikum günstigeren Richtung hin geändert, so widerspricht eben diese neue Bestimmung dem Wortlaut des IÜ. (So auch die Besprechung der 2. Aufl. von Egers Kommentar in IZ 1902 411.) Ebensowenig kann Egers weitere Behauptung einleuchten, die Einheitlichkeit der vom IÜ getroffenen Bestimmungen werde dadurch nicht beeinträchtigt, wenn eine Eisenbahn oder ein Eisenbahnverband im internationalen Verkehr für ihre Strecken der Verwaltung größere Pflichten auferlege, als durch das IÜ geschehen sei. Ob der Kreis, dem die Vergünstigung gewährt wird, ein engerer oder ein weiterer ist, kann doch unmöglich an der Tatsache etwas ändern, daß durch derartige Abänderungen einzelner Bestimmungen des IÜ der durch das IÜ für seinen Gesamtbereich getroffene Rechtszustand in gewissen Kreisen abgeändert wird. Dann aber ist er eben für diesen Gesamtbereich kein einheitlicher mehr, und auch das spricht gegen Egers Ansicht. Den Ausführungen Gerstners NSt 36 Anm. 3, die Eger nicht erwähnt, ist durchaus zu folgen.

Wenn Eger sich auf die Tatsache beruft, daß der Verein deutscher Eisenbahnverwaltungen in seinen auf Grund des IÜ beschlossenen Betriebsreglements zugunsten des Publikums den Vereinsbahnen Verpflichtungen auferlegt, um die Richtigkeit der von ihm vertretenen Ansicht zu bekräftigen, so trifft dieser Einwand den Kern der Frage nicht. Das Vereinsbetriebsreglement schafft, wie oben S. 28 erwähnt, nicht Grundsätze, auf deren Gewährung das Publikum deshalb, weil sie in ihm enthalten sind, einen klagbaren Anspruch hätte. Mögen diese Verwaltungen sich selbst größere Pflichten auferlegen, einmal stellen sie nicht das ganze Gebiet des IÜ dar — das bringt Eger zu der Folgerung, daß ihre Vereinbarungen nicht die Rechtseinheit in diesem Gebiet alterieren — dann aber vor allem stellen sie interne Abmachungen zwischen den Eisenbahnverwaltungen dar, denen gesetzliche Kraft fehlt. Es handelt sich da um Dienstvorschriften, auf deren Befolgung das Publikum keinen Anspruch hat.

Sollten sich aber derartige Vergünstigungen in tarifarischen Bestimmungen vorfinden, die sich auf das Vereinsbetriebsreglement gründen, so kann es gegenüber dem Artikel 4 IÜ, der doch Mißverständnisse gar nicht aufkommen läßt, keineswegs zweifelhaft sein, daß diese Tarife soweit nichtig sind.

Inwieweit Abweichungen von den Bestimmungen des IÜ zulässig sind, ergibt auch folgende Betrachtung:

Den Artikel 1 ergänzen insbesondere Ziffer 1 des (Schluß-) Protokolls vom 14. Oktober 1890 und § 1 (3) der Ausf.-Best., aus denen sich das Verhältnis des IÜ zu den Landesrechten der Vertragsstaaten ergibt. Namentlich aus dieser letzten Bestimmung läßt sich ersehen, inwieweit nach eigner Absicht des IÜ Abweichungen zulässig sind. Andere Abweichungen, Erleichterungen auch zugunsten des Publikums, sind eben nicht zugelassen — trotz entgegengesetzter Ansicht Egers, der aus § 1 (3) Ausf.-Best. nur folgern will, daß diese Bestimmung eine Ausnahme statuieren wolle von der Regel, daß die polizeilichen Bestimmungen des IÜ nicht abgeändert werden dürften. Vgl. hiergegen Rosenthal, der mit Recht darauf hinweist, daß die Ausschließung der wertvollen Güter nicht polizeilichen Charakter trage, insofern sie nicht im Interesse der Ordnung und Sicherheit des internationalen Eisenbahnbetriebes erfolgt ist (a. a. O. 39), ein Grund, der Eger nicht abhält, auch in seiner neuesten Auflage S. 66 jene Ansicht zu wiederholen.

Und schließlich sei noch auf die Stelle aus der Denkschrift zum IÜ an den deutschen Reichstag verwiesen (Stenographische Berichte über die Verhandlungen des Reichstags. 8. Legislaturperiode. 1. Session 1890/91. Dritter Anlageband (Berlin 1891) S. 2027): „Für das durch die Bestimmungen des Artikels 1 umgrenzte Geltungsgebiet des Übereinkommens ist das darin festgesetzte Recht, soweit nicht aus den einzelnen Bestimmungen etwas anderes hervorgeht, ein absolutes, der Willkür der Eisenbahnen wie des Publikums entzogenes, derart, daß auch Abweichungen zum Vorteile des Publikums ausgeschlossen bleiben. Die bezüglichen Bestimmungen des Artikels 4 sind im Interesse der Einheitlichkeit des Rechts notwendig."

II. **Tarife.** Mit dem (aus dem Arabischen stammenden) Worte Tarif verbindet man einen zweifachen Sinn. Einmal versteht man darunter ganz allgemein ein Verzeichnis von Preisen — z. B. Gepäckträgertarif, Droschkentarif — für einzeln aufgeführte Leistungen, auch wohl für Waren. In diesem Sinne sagt Ulrich 27: „Unter Eisenbahntarif versteht man . . . ein Verzeichnis der Taxen oder Preise der Transportleistungen."

Daneben aber verbindet man im Eisenbahnwesen mit dem Worte den weiteren Sinn, daß es eine Zusammenstellung der Beförderungsgrundsätze und Beförderungsbedingungen umfasse. Den klarsten Ausdruck hat dieser Gedanke in EVO § 6 (1) gefunden: „Die Eisenbahn hat Tarife aufzustellen, die über alle für den Beförderungsvertrag maßgebenden Bestimmungen, über die Beförderungspreise und die Nebengebühren Auskunft geben." In dieser letzteren Bedeutung spricht der vorliegende Artikel von Bedingungen der Tarife.

III. **Eisenbahnvereine oder Verbände.** Der Artikel unterscheidet zwischen den gemeinsamen Tarifen der Eisenbahnvereine oder Verbände und den besonderen Tarifen der Eisenbahnen. Damit sollen die Verbandstarife, auch direkte Tarife genannt, die sich über die Linien mehrerer Eisenbahnen erstrecken, von den Binnentarifen (Lokaltarifen) der einzelnen Eisenbahnen für ihren Binnenverkehr abgegrenzt werden. Wenn bei den direkten Tarifen solche der Eisenbahnvereine oder Verbände einander gegenübergestellt werden, so hat man damit einen eigentlichen Gegensatz wohl nicht zum Ausdruck bringen wollen, sondern, wie es scheint, einerseits bei Eisenbahnvereinen wesentlich an den Verein Deutscher Eisenbahnverwaltungen gedacht und etwaige weitere Vereinigungen, die sich nach seinem Vorbilde zusammenschließen könnten, andrerseits die „Verbände", auch „direkte Verkehre" genannt, nicht unerwähnt lassen wollen. Eisenbahnvereine sind auf dem Gebiete des Tarifwesens weniger tätig, das gilt namentlich auch vom Verein Deutscher Eisenbahnverwaltungen, dessen wesentlicher Zweck nicht in der Vereinbarung gemeinsamer Tarife zu suchen ist. Von den Verbänden aber

kommen nur die sogenannten „Eisenbahntarifverbände" in Frage
(also z. B. nicht die Wagenverbände oder der Deutsche Eisenbahn-
verkehrsverband, die sich ebenfalls mit Tarifen nicht befassen),
welche — wenigstens bei uns seit der Verstaatlichung der Eisenbahnen — an die Stelle der ehemaligen Eisenbahnverbände getreten
sind, deren Aufgabe es einst war, „den Verkehr über verschiedene
Bahnen so zu leiten, daß der ganze Beförderungsweg dem Reisenden
oder Versender gegenüber als ein einheitliches Ganzes erschien."
Leitfaden IV Pr. Hess. S. 17; Ulrich 215, 221. — Ein Verband, der
ähnliche Ziele verfolgt, ist das oben S. 28 erwähnte Internationale
Eisenbahn-Transportkomitee (s. auch Gerstner NSt 38).

Vorbemerkung zu Artikel 5—14.

Den zweiten Abschnitt des IÜ bilden die Artikel 5—14, welche
von dem Abschluß des internationalen Eisenbahnfrachtvertrages und dessen Inhalt handeln.   Artikel 5 begründet
die Beförderungspflicht der Eisenbahnen, ihre Verpflichtung, mit
jedem Interessenten Frachtverträge abzuschließen.   Im Artikel 6
(Ausf.-Best. § 2) wird Inhalt und Form des Frachtbriefes festgelegt
und im Artikel 7 (Ausf.-Best. § 3) die Haftung des Absenders für
seine Angaben im Frachtbrief (Frachtzuschläge).   Dann wird beschrieben, in welcher Weise der Vertragsabschluß erfolgt (Art. 8),
wie das Gut verpackt und äußerlich beschaffen sein muß (Art. 9
Ausf.-Best. § 4), und wie die Zoll-, Steuer- und polizeilichen Vorschriften zu beachten sind (Art. 10).   Artikel 11 und 12 beschäftigen
sich mit den Grundsätzen der Frachtberechnung und der Erhebung
der Fracht, Artikel 13 (Ausf.-Best. § 5) mit Nachnahme und Barvorschuß.   Artikel 14 (Ausf.-Best. § 6) endlich setzt die Verpflichtung
der Eisenbahn fest, die Ausführung der Beförderung innerhalb ange-
messener Lieferfristen zu beendigen.

Artikel 5.
Beförderungspflicht der Eisenbahnen.

(1) Jede nach Maßgabe des Artikels 1 bezeichnete Eisenbahn
ist verpflichtet, nach den Festsetzungen und unter den Bedingungen dieses Übereinkommens die Beförderung von Gütern
im internationalen Verkehr zu übernehmen, sofern

1. der Absender den Anordnungen dieses Übereinkommens
   sich unterwirft;
2. die Beförderung mit den regelmäßigen Transportmitteln
   möglich ist;
3. nicht Umstände, welche als höhere Gewalt zu betrachten
   sind, die Beförderung verhindern.

(2) Die Eisenbahnen sind nur verpflichtet, die Güter zum
Transport anzunehmen, soweit die Beförderung derselben sofort

erfolgen kann. Die für die Versandstation geltenden besonderen Vorschriften bestimmen, ob dieselbe verpflichtet ist, die Güter, deren Beförderung nicht sofort erfolgen kann, vorläufig in Verwahrung zu nehmen.

(3) Die Beförderung der Güter findet in der Reihenfolge statt, in welcher sie zum Transport angenommen worden sind, sofern die Eisenbahn nicht zwingende Gründe des Eisenbahnbetriebes oder das öffentliche Interesse für eine Ausnahme geltend machen kann.

(4) Jede Zuwiderhandlung gegen die Bestimmungen dieses Artikels begründet den Anspruch auf Ersatz des dadurch entstandenen Schadens.

(5) Die Auflieferung und die Verladung der Güter richten sich nach den für die Versandbahn geltenden gesetzlichen und reglementarischen Bestimmungen.

Bemerkungen.

IÜ 2, 6. EVO 3, 53, 54, 63, 64, 67. HGB 453, 471. VBR 42. (Zus. I und V.) Übk zum VBR GAV § 41. Landesrecht zu Art. 5 (2) s. Zusammenstellung S. 18. — SVE VII. MSVE 32. DVE VIII. DDDVE LII. P I 8, 65, 94. P II 11—13, 77. 78. P III 27, 28, 66. R I 45, 89. R II 17, 20, 151. — Gerstner IÜ 96. Gerstner NSt 39. Rosenthal IÜ 40. 48. Fritsch IÜ 624. Eger IÜ 37. Reindl EE **25** 4. von der Leyen Goldschmidts Z **39** 62; **65** 19. Calmar 18. Hilscher 42. Schwab 47. v. Rinaldini 9. Marchesini 1 75, 275. Staub § 453. Düringer-Hachenburg 6 60, 642. VerZtg **1907** 263 Teubner, Der Artikel 5 IÜ. VerZtg **1908** 1331, 1347 Halke, Bedürfen die gesetzlichen Bestimmungen über die Transportpflicht der Eisenbahnen einer Änderung? Coermann, Beförderungszwang der Eisenbahnen EE **22** 204; Senckpiehl, Die Lagergeld-Forderungen der Eisenbahn EE **21** 323; **22** 107; Gerstner in Archiv **1896** 171 ff.

I. **Beförderungspflicht und Beförderungsgemeinschaft.** 1. Allgemeines. Artikel 5 enthält eine der Grundbestimmungen des IÜ. Er stellt den Beförderungszwang, die „Transportpflicht" der in die Liste aufgenommenen Eisenbahnen fest als Äquivalent gegenüber dem tatsächlichen Beförderungsmonopol, das ihnen als schnellstem und billigstem Frachtführer eigen ist, „aus Gründen des öffentlichen Rechts und der gemeinen Wohlfahrt" (Entwurf eines Reichs-Eisenbahngesetzes S. 71. Düringer-Hachenburg § 453 II 1. Vgl. Rosenthal 40; Schott bei Endemann III 477; Coermann a. a. O.; Teubner a. a. O.; Halke a. a. O.; Ulrich 8; Denkschrift 2027; Meili Int. Eisenbahnverträge 43). Sie lastet auf dem Unternehmer bzw. der Verwaltung der betreffenden Eisenbahn. Die Verpflichtung ist gerichtlich erzwingbar, ihre schuldhafte Nichterfüllung verpflichtet zu Schadensersatz 5 (4). Sie ist aber an die näher bezeichneten Bedingungen geknüpft. Gerichtet ist sie einmal

auf Annahme des Gutes durch die Versandbahn — dann aber
auch: „Jede . . . Eisenbahn ist verpflichtet . . . die Beförderung
von Gütern im intern. Verkehr zu übernehmen" — auf Übernahme
eines zur Beförderung durch eine Versandbahn angenommenen Gutes
durch die Anschlußbahn bzw. Anschlußbahnen. Nach dieser Hinsicht
besteht also neben der Beförderungspflicht noch eine gesetzliche
Gemeinschaft sämtlicher beteiligten Eisenbahnen (vgl. Art. 27), die
gelegentlich als „Zwangsgemeinschaft" bezeichnet worden ist (z. B.
von der Leyen Goldschmidts Z **39** 62), eine Beförderungsgemeinschaft, welche in einer gemeinsamen Haftung der beteiligten Bahnen
für die ganze Strecke ihren Ausdruck findet (vgl. Gerstner NSt 40
und Archiv **1896** 171 ff.). Eine Ergänzung dieser Bestimmung ist
auch zu erkennen in der einheitlichen Berechnung der Lieferfrist
für den ganzen Transport.

2. Einzelnes: a) Ziffer 1. Diese Unterwerfung erfolgt durch
die unterschriftliche Vollziehung des vorgeschriebenen Frachtbriefformulars, in welchem ausdrücklich gesagt ist: „Sie empfangen die
nachstehend verzeichneten Güter auf Grund der in dem internationalen Übereinkommen über den Eisenbahnfrachtverkehr, sowie in
den Reglementen und Tarifen der betreffenden Bahnen, beziehungsweise Verkehre enthaltenen Festsetzungen, welche für diese Sendung
in Anwendung kommen". Man hat im IÜ Artikel 5 (1) 1 einen Hinweis
auf die „sonstigen allgemeinen Anordnungen der Eisenbahn" vermißt,
wie er u. a. in EVO und HGB an den entsprechenden Stellen enthalten ist (vgl. dazu Gerstner IÜ 102; Rosenthal 42; Eger 43). Dieser
Hinweis erscheint mit Rücksicht auf den Wortlaut des Frachtbriefs
und nach den Bestimmungen des Artikels 4 nicht nötig. Was Rosenthal gegen die Gültigkeit der — übrigens auch in den Zusatzbestimmungen des ITK zu Artikel 5 unter 2 enthaltenen — tarifarischen
Anordnung in gewissen Tarifverbänden sagt, daß für Gegenstände,
deren Verladung oder Transport nach dem Ermessen der Versandbahn besondere Schwierigkeiten macht, die Beförderung von jedesmal
zu vereinbarenden besonderen Bedingungen abhängig gemacht werden
soll, erscheint anfechtbar. Es handelt sich da um Güter, deren Beförderung mit den regelmäßigen Transportmitteln nur möglich ist, wenn der
Absender nach Lage des besonderen Falles, z. B. durch besondere
Sicherheitsmaßregeln oder sonstiges Eingreifen bei der Verladung
behilflich ist. Die Frage erscheint auf Grund des Artikels 5 neuer
Absatz 5 im Sinne Gerstners entschieden.

b) Regelmäßige Transportmittel (moyens ordinaires de
transport), nicht wie es ursprünglich in den deutschen Betriebs-
reglements hieß, „vorhandene" Transportmittel. Nicht was tatsächlich auf einer Station vorhanden ist, sondern was bei richtiger
Disposition, z. B. über das verfügbare Material an Wagen, Lade-
geräten, Personal, vorhanden sein kann (vgl. Gerstner IÜ 104).
Transportmittel umfaßt außer dem rollenden Material alle Einrichtungen, die zur Bewältigung der Ansprüche erforderlich sind
(Gerstner ebenda; Düringer-Hachenburg § 453 II 1 Ziff. 7). Regelmäßige T. sind die zur Bewältigung des regelmäßigen Verkehrs zur
Verfügung stehenden Mittel (Gerstner NSt 40). Regelmäßig ist auch
der in bestimmten Perioden wiederkehrende stärkere Verkehr (so
auch Gerstner IÜ 104, außerdem Staub § 453 Anm. 10; Düringer-
Hachenburg a. a. O.). Namentlich ist keine Eisenbahn verpflichtet,
sich für Ausnahmefälle einen besonderen Park an rollendem Material

oder gar Reserven an Personal zu halten. Auch eine Verpflichtung zur Vorhaltung sog. Spezialwagen kann nicht schlechthin anerkannt werden. Es besteht kein Anspruch auf Stellung von Wagen von bestimmter Größe und Art und zu bestimmter Zeit (vgl. IZF **1906** 248; I **1907** 216. Die Eisenbahn ist aber verpflichtet, dem Besteller auf seine Wagenbestellung hin Tag und Stunde mitzuteilen, zu welcher er den Wagen bekommen kann. Unterlassung der Mitteilung verpflichtet zum Schadensersatz. IZF **1907** 106; **1904** 347.)

α) **Entscheidung über ihr Vorhandensein.** Sache der Verwaltung ist es, zu entscheiden, wie viele „Transportmittel" sie nötig hat zur Erfüllung der ihr obliegenden Verpflichtung. Es gibt keinen zivilrechtlichen Anspruch auf das Vorhandensein der regelmäßigen Transportmittel in dem Sinne, daß jemand, dessen Transport zurückgewiesen ist, auf Schadensersatz klagen könnte, weil es an den regelmäßigen T. gefehlt habe (Gerstner IÜ 104; NSt 40; Marchesini 1 81; Reindl VerZtg 1897 1045): nur die Aufsichtsbehörde kann einschreiten (a. A. Eger 44; Staub § 453 Anm. 10; Rosenthal 43; wohl auch Wehrmann 81). Die regelmäßigen Transportmittel sind eben nicht die zur Beförderung nötigen, sondern es sind die moyens ordinaires, die tatsächlich auf Grund der praktischen Erfahrungen der Eisenbahnen zur Verfügung gehaltenen gewöhnlichen Mittel. Ein Schadensersatz kann wegen Nichtbeförderung nur damit begründet werden, daß eine Eisenbahn, obwohl die in diesem Sinne regelmäßigen Transportmittel vorhanden waren, die Beförderung abgelehnt habe (vgl. IZ B 1897 651 und 1898 322; I 1894 64 und 158; 1903 241.) Beweislast unten IV.

β) **Mangelhafte Disposition** über das Wagenmaterial schließt die Beförderungspflicht nicht aus. Erstere liegt aber nicht vor, wenn die Eisenbahn bei starkem Verkehr zur möglichst gleichmäßigen Befriedigung aller Interessenten Wagen von einer Versandstelle trotz eignen Bedarfs wegnimmt, um sie auf einer anderen zu verwenden. Auch die Anordnung der Teildeckung (nur ein bestimmter Prozentsatz der bestellten Wagen darf gestellt werden) verstößt nicht gegen die Beförderungspflicht. Halke VerZtg 1908 1331, 1347. Vgl. auch Marchesini 1 112 ff.

γ) **Ferner ist eine Annahmepflicht** nur begründet, soweit die Annahmestation und die Empfangsstation für Verladung von Gütern der betreffenden Art die erforderlichen Einrichtungen besitzt (Gerstner IÜ 103; Art. 5 (5) und 19 IÜ).

c) **Höhere Gewalt** (siehe Art. 18 und 30), namentlich Pfändungen, Arreste auf das Gut. Dabei ist aber zu beachten, gegen wen sich diese Anträge richten. Sie können, von allem anderen abgesehen, nur in Frage kommen, wenn sie sich gegen Absender oder Empfänger richten. Handelt es sich aber um den von diesen Personen verschiedenen Eigentümer, so kommen derartige Verfügungen nicht in Frage. Vgl. z. B. IZ F 1906 175.

II. Beschränkung der Beförderungspflicht. Die Verpflichtung der Eisenbahn zum Abschluß des Frachtvertrages tritt nach IÜ ein mit dem Augenblick, wo sie in der Lage ist, die Beförderung unmittelbar daran anschließend vorzunehmen. So ist sie berechtigt, die Annahme von Gütern abzulehnen, deren Beförderung sich mit Sicherheit Schwierigkeiten in den Weg stellen werden (z. B. Verkehrsstörungen, die zu erwarten sind). Auch ist die Eisenbahn nicht zur Beförderung von Gegenständen, die auf der Versandstation

beschlagnahmt sind, vor Aufhebung der Beschlagnahme verpflichtet. EE F **22** 354. Das ist von Bedeutung für den Beginn der
Lieferfristen. EVO 64 (1) verpflichtet die Eisenbahn, Güter, die
sie nicht sofort befördern kann, soweit es die Räumlichkeiten gestatten, gegen Empfangsbescheinigung einstweilen in Verwahrung
zu nehmen. Sie kann sich dabei vorbehalten, daß die Annahme
zur Beförderung erst erfolgt, wenn die Beförderung möglich ist.
Der Absender hat sein Einverständnis auf dem Frachtbrief und dem
eventuellen Duplikate zu erklären. Bis zum Abschluß des Frachtvertrages haftet die Eisenbahn als Verwahrer. Bei Wagenladungs-
gütern, die nicht .sofort befördert werden können, aber gleichwohl
zur Beförderung angenommen werden, kann sie mit dem Absender
vereinbaren — ebenfalls durch Einverständniserklärung auf dem
Frachtbrief —, daß die Lieferfrist erst vom Tage der Absendung an
laufen soll. Diesen Zeitpunkt muß sie bei der Absendung durch besonderen Stempel auf dem Frachtbrief erkenntlich machen und dem
Absender ohne Verzug mitteilen (Janzer VerZtg **1904** 704; Senckpiehl EE **21** 323; **22** 107; OLG (Marienwerder) EE **23** 391; Zusammenstellung S. 18).

Die Eisenbahn haftet nicht einmal als Verwahrer, wenn eine
Annahme zur vorläufigen Aufbewahrung nicht erfolgt ist, z. B.
nicht für den Schaden, welcher während der der Verladung vorausgehenden Lagerung entsteht (IZU **1898** 654). Die Eisenbahn kann
aber nicht eigenmächtig das Gut in vorläufige Verwahrung nehmen
und dadurch den Beginn der Lieferfrist hinausschieben IZ **Oe 1904** 53.

IZ F **1895** 262: Es muß auch die tarifarische Aufgabefrist
gewahrt werden (z. B. Rennpferd drei Stunden vor Abgang des Zuges).
Ebenso IZ F **1905** 103.

Die Otscheredlagerung in Rußland ist nicht Annahme zur
Beförderung, sondern zur Lagerung.

III. **Reihenfolge der Beförderung.** Die Vorschrift bezieht sich
nicht auf die Übernahme zur Beförderung, sondern, wie ihr Wortlaut ergibt, auf die Beförderung nach erfolgter Annahme (so Gerstner
IÜ 107 Anm. 32; Rosenthal 46; Schwab 71; a. A. Eger 46). Artikel 5
unterscheidet zwischen „Annahme" und „Beförderung" und zwar
„findet nach Abs. (3) die „Beförderung" der Güter in der Reihenfolge statt, in welcher sie „zum Transport angenommen sind". Hiernach wird vorausgesetzt, daß die „Annahme" der „Beförderung"
vorausgeht, was widersinnig wäre, wenn die „Annahme" einen Teil
der „Beförderung" bildete" (IZCA **1907** 292/293).

Zur Beförderung gehört auch die Ablieferung am Bestimmungsorte, die ebenfalls der Reihenfolge nach zu erfolgen hat. Vgl. **Oe**
in dem Aufsatz IZCA **1908** 357.

Zwingende Gründe des Eisenbahnbetriebes: z. B. die Sammlung
von Gütern bis zur Bildung eines Kurswagens, Beförderung gewisser
Arten von Gütern in besonderen Zügen (Kohlen, Kalk, Steine).

Das öffentliche Interesse: Mobilmachung, Feuers-, Wassersnot
oder sonstige allgemeine Notlagen.

IV. **Schadensersatzpflicht bei Zuwiderhandlungen.** Die Klage
auf Schadensersatz entspringt nicht aus dem Frachtvertrage, der ja
noch gar nicht geschlossen ist, sondern sie beruht auf Verletzung der
Transportpflicht, die auf diese Weise zu einer vermögensrechtlich
geschützten Einrichtung erhoben wird. Zweifel bestehen über die
Beweispflicht des Geschädigten (vgl. Gerstner IÜ 110, NSt 41, Rosen-

thal 48. dagegen Eger 49). Eger legt dem Kläger den Beweis der Zuwiderhandlung gegen Artikel 5 auf, d. h. nicht nur den der Verweigerung des Transports, sondern auch den Nachweis, daß diese unberechtigt sei (Vorhandensein der regelmäßigen Beförderungsmittel, Fehlen der höheren Gewalt), während jene nach Analogie des Artikels 5 (3) der Eisenbahn die Beweislast dafür auferlegen, daß sie die Transportpflicht nicht verletzt habe. (So auch Schott bei Endemann § 354 Anm. 55 gegen Hahn.)

Der Anspruch auf Schadensersatz wegen Verletzung der Transportpflicht ist eine deliktsähnliche Obligation, ein gesetzlicher Tatbestand, der ein Schuldverhältnis begründet, und auf den wie auf die unerlaubte Handlung nach dem in Deutschland geltenden internationalen Privatrecht — da EGBGB Artikel 12 diesen Gegenstand nur unvollständig geregelt hat — das Recht des Staates anzuwenden ist, in dem sich der zum Schadensersatz verpflichtende Tatbestand verwirklichte. RGZ 57 145; EE 21 47 ff.

V. Gesetzliche und reglementarische Vorschriften der Versandstation. Diese Bestimmung ist infolge eines Antrags der Schweiz bei der 2. Revisionskonferenz aufgenommen. „Sie will die Vorschriften betreffend die Aufgabe des Gutes mit denen des Artikel; 19 für die Ablieferung in vollen Einklang bringen" und bringt damit einen aus Artikel 5 sich ohnehin ergebenden Rechtszustand einwandsfrei zum Ausdruck. Für Deutschland gilt also u. a. EVO § 63: Innehaltung der Dienststunden, Beachtung der Sonn- und Festtage bei Frachtgut, der Vorschriften über die Wagenbestellung, über rechtzeitiges Verladen, über Anfuhr von Gütern u. a. m. (Vgl. Reindl EE 25 Anl. IÜ 5).

Artikel 6.

Inhalt und Form des Frachtbriefes.

(1) Jede internationale Sendung (Art. 1) muß von einem Frachtbrief begleitet sein, welcher folgende Angaben enthält:

a) Ort und Tag der Ausstellung;

b) die Bezeichnung der Versandstation sowie der Versandbahn;

c) die Bezeichnung der Bestimmungsstation, den Namen und den Wohnort des Empfängers sowie die etwaige Angabe, daß das Gut bahnlagernd zu stellen ist;

d) die Bezeichnung der Sendung nach ihrem Inhalt, die Angabe des Gewichtes oder statt dessen eine den besonderen Vorschriften der Versandbahn entsprechende Angabe; ferner bei Stückgut die Anzahl, Art der Verpackung, Zeichen und Nummer der Frachtstücke;

e) das Verlangen des Absenders, Spezialtarife unter den in den Artikeln 14 und 35 für zulässig erklärten Bedingungen zur Anwendung zu bringen;

f) die Angabe des deklarierten Interesses an der Lieferung (Art. 38 und 40);

g) die Angabe, ob das Gut in Eilfracht oder in gewöhnlicher Fracht zu befördern sei;

h) das genaue Verzeichnis der für die zoll- oder steueramtliche Behandlung oder für die polizeiliche Prüfung nötigen Begleitpapiere und den aus Artikel 10 Absatz (4) sich ergebenden Vorbehalt;

i) den Frankaturvermerk im Falle der Vorausbezahlung der Fracht oder der Hinterlegung eines Frankaturvorschusses [Art. 12, Abs. (3)];

k) die auf dem Gute haftenden Nachnahmen, und zwar sowohl die erst nach Eingang auszuzahlenden als auch die von der Eisenbahn geleisteten Barvorschüsse (Art. 13);

l) die Angabe des einzuhaltenden Transportweges unter Bezeichnung der Stationen, wo die Zollabfertigung sowie eine etwa nötige polizeiliche Prüfung stattfinden soll.

In Ermangelung dieser Angabe hat die Eisenbahn denjenigen Weg zu wählen, welcher ihr für den Absender am zweckmäßigsten scheint. Für die Folgen dieser Wahl haftet die Eisenbahn nur, wenn ihr hierbei ein grobes Verschulden zur Last fällt.

Wenn der Absender den Transportweg angegeben hat, ist die Eisenbahn nur unter den nachstehenden Bedingungen berechtigt, für die Beförderung der Sendung einen andern Weg zu benutzen:

1. daß die zoll- oder steueramtliche Abfertigung sowie eine etwa nötige polizeiliche Prüfung immer in den vom Absender bezeichneten Stationen stattfindet;

2. daß keine höhere Fracht gefordert wird, als diejenige, welche hätte bezahlt werden müssen, wenn die Eisenbahn den im Frachtbrief bezeichneten Weg benutzt hätte;

3. daß die Lieferfrist der Ware nicht länger ist, als sie gewesen wäre, wenn die Sendung auf dem im

Frachtbriefe bezeichneten Weg befördert worden wäre.

Hat die Versandstation einen andern Transportweg gewählt, so hat sie davon dem Absender Nachricht zu geben;

m) die Unterschrift des Absenders mit seinem Namen oder seiner Firma sowie die Angabe seiner Wohnung. Die Unterschrift kann durch eine gedruckte oder gestempelte Zeichnung des Absenders ersetzt werden, wenn die Gesetze oder Reglemente des Versandortes es gestatten.

(2) Die näheren Festsetzungen über die Ausstellung und den Inhalt des Frachtbriefes, insbesondere das zur Anwendung kommende Formular, bleiben den Ausführungsbestimmungen vorbehalten.

(3) Die Aufnahme weiterer Erklärungen in den Frachtbrief, die Ausstellung anderer Urkunden anstatt des Frachtbriefes sowie die Beifügung anderer Schriftstücke zum Frachtbriefe ist unzulässig, sofern dieselben nicht durch dieses Übereinkommen für statthaft erklärt sind.

(4) Die Eisenbahn kann indes, wenn es die Gesetze oder Reglemente des Versandortes vorschreiben, vom Absender außer dem Frachtbrief die Ausstellung einer Urkunde verlangen, welche dazu bestimmt ist, in den Händen der Verwaltung zu bleiben, um ihr als Beweis über den Frachtvertrag zu dienen.

(5) Jede Eisenbahnverwaltung ist berechtigt, für den internen Dienst ein Stammheft zu erstellen, welches in der Versandstation bleibt und mit derselben Nummer versehen wird wie der Frachtbrief und das Duplikat.

§ 2 der Ausführungsbestimmungen zum IÜ.
(Zu Art. 6 des Übereinkommens.)

(1) Zur Ausstellung der internationalen Frachtbriefe sind Formulare nach Maßgabe der Anlage 2 zu verwenden. Dieselben müssen für gewöhnliche Fracht auf weißes Papier, für Eilfracht gleichfalls auf weißes Papier, mit einem auf der Vorder- und Rückseite oben und unten am Rande anzubringenden roten Streifen, gedruckt sein. Die Frachtbriefe müssen zur Beurkundung ihrer Übereinstimmung mit den diesfallsigen Vorschriften den Kontrollstempel einer Bahn oder eines Bahnkomplexes des Versandlandes tragen.

Die roten Streifen auf den Eilgutfrachtbriefen müssen mindestens 1 Zentimeter breit sein. Diese Bestimmung wird indessen erst nach einer Maximalfrist von einem Jahre seit dem Inkrafttreten des abgeänderten Übereinkommens obligatorisch.

(2) Der Frachtbrief — und zwar sowohl der Vordruck als die geschriebene Ausfüllung — soll entweder in deutscher oder in französischer Sprache ausgestellt werden.

(3) Im Falle, daß die amtliche Geschäftssprache des Landes der Versandstation eine andere ist, kann der Frachtbrief in dieser amtlichen Geschäftssprache ausgestellt werden, muß aber alsdann eine genaue Übersetzung in deutscher oder französischer Sprache enthalten.

(4) Die stark umrahmten Teile des Formulars sind durch die Eisenbahnen, die übrigen durch den Absender auszufüllen. Bei Aufgabe von Gütern, welche der Absender zu verladen hat, sind von diesem auch die Nummer und die Eigentumsmerkmale des Wagens an der vorgeschriebenen Stelle einzutragen.

(5) Bei Sendungen nach Orten mit Bahnhöfen verschiedener Bahnverwaltungen oder nach Orten, deren Namensbezeichnung derjenigen anderer Orte gleich oder ähnlich lautet, ist auch die Bezeichnung der Empfangsbahn an der hierfür vorgesehenen Stelle der Frachtbriefspalte einzutragen.

(6) Mehrere Gegenstände dürfen nur dann in einen und denselben Frachtbrief aufgenommen werden, wenn das Zusammenladen derselben nach ihrer Beschaffenheit ohne Nachteil erfolgen kann, und Zoll-, Steuer- oder Polizeivorschriften nicht entgegenstehen.

(7) Den nach den Bestimmungen der geltenden Reglemente vom Absender beziehungsweise Empfänger auf- und abzuladenden Gütern sind besondere, andere Gegenstände nicht umfassende Frachtbriefe beizugeben.

(8) Auch kann die Versandstation verlangen, daß für jeden Wagen ein besonderer Frachtbrief beigegeben wird.

(9) Es ist — jedoch ohne jede Verbindlichkeit und Verantwortlichkeit für die Eisenbahn — gestattet, auf dem Frachtbriefe folgende nachrichtliche Vermerke anzubringen:

„von Sendung des NN“,

„im Auftrage des NN“,

„zur Verfügung des NN“,

„zur Weiterbeförderung an NN“,

„versichert bei NN“.

(10) Diese Vermerke können sich nur auf die ganze Sendung beziehen und müssen auf dem untern Teile der Rückseite des Frachtbriefs eingetragen werden.

Bemerkungen.

IÜ 35, 37, 38, 41. EVO 55, 56, 67. HGB 426, 455, 453, 471. VBR 43. (Zus. I und V.) Übk zum VBR 6, 16. Landesrecht zu 6 (1) m und 6 (4). Zusammenstellung S. 25. — SVE IX. MSVE 32. DVE IX. DDVE LII. P I 8, 10, 55, 59, 61, 65, 90, 93. P II 13—15, 78—80, 143—145, 159—161. P III 28—31,

61—63. R I 45, 83, 89, 119, 193, 267.   R II 16, 17, 66, 117,
118, 122—124, 137, 151. — Gerstner IÜ 110.   Gerstner NSt 42.
Rosenthal IÜ 52, 57.   Fritsch IÜ 626.   Eger IÜ 49.   Reindl
EE **16** 4; EE **25** 5.   von der Leyen Goldschmidts Z **39** 72;
49 408; **65** 8, 19.   Calmar 28.   Hilscher 35.   Schwab 78.
v. Rinaldini 114.   Marchesini 1 179.   Staub § 426.

I. Bedeutung des Frachtbriefs. Beim internationalen Eisenbahnfrachtvertrag ist der Frachtbrief zwingendes Erfordernis (vgl. auch
Art. 1 II, aber HGB 426), und es gibt keine Ausnahme, in der von seiner
Ausstellung Abstand genommen werden könnte, wie es etwa in
EVO 55 (5) für den inneren deutschen Verkehr vorgesehen ist.   Er
hat eine doppelte Bedeutung: Einmal stellt er sich dar als eine Mitteilung des Absenders an den Empfänger, in der diesem das Gut
beschrieben und die Bedingungen des Frachtvertrages bekannt
gegeben werden.   Er ist also ein das Gut begleitender offener Brief,
ein sog. **Begleitpapier.**   Hierin hat geschichtlich seine ursprüngliche Bedeutung bestanden.   Dadurch jedoch, daß die Eisenbahn
vom Inhalt dieses offenen Briefes Kenntnis nimmt und gegen ihn
Einwendungen nicht erhebt, ihr Einverständnis vielmehr äußerlich
in ihm dadurch zu erkennen gibt, daß ihm ihr Abfertigungspersonal
den Datumstempel der Versandabfertigung aufdrückt [Art. 8 (1)], und
daß sie ihn (zusammen mit dem Gute) in ihren Besitz übernimmt,
auch ihrerseits noch weitere Eintragungen in ihm vornimmt, wird
das ursprünglich vom Absender allein unterschriebene Begleitpapier
zur **Beweisurkunde** über den erfolgten Abschluß des Eisenbahnfrachtvertrages, zur Vertragsurkunde (Art. 8 (3) IÜ).
Der Frachtbrief ist Urkunde (§ 267 StGB; RGS **3** 169; RGEE
23 181).   Er ist Beweisurkunde (OLG **6** 96; RGEE **7** 397, **18** 343),
und zwar schon nach Unterzeichnung durch den Absender und vor
Abstempelung durch die Eisenbahn!   In diesem Zeitpunkte aber
noch nicht über den Vertragsabschluß, sondern erst über den Antrag
des Absenders auf Beförderung (Garantieschein!).   Wie gegen jede
Urkunde ist auch gegen den unterstempelten Frachtbrief Gegenbeweis möglich, daß trotzdem ein Frachtvertrag nicht geschlossen
sei, ferner daß die Angaben des Absenders nicht richtig seien, schon
um diesen aus Artikel 7 für die Unrichtigkeit haftbar zu machen
(Gerstner IÜ 154 14 a.)
II. Angaben, die der Frachtbrief enthalten soll. (Frachtbriefformular vgl. Anlage 2.) a) Für den Zeitpunkt und Ort des Fracht-
vertragsabschlusses ist aber nicht diese Angabe maßgebend, sondern
im allgemeinen der Datumstempel der Versandabfertigung (Art. 8 (1)).
(Vgl. aber unten Art. 8 I 4 und II).
b) Versandstation braucht nicht mit dem Ort der Ausstellung
identisch zu sein.   Das Formular enthält keine besondere Stelle,
in welcher die Station eingetragen werden könnte.   Nach Ziffer 1
der Zusatzbestimmungen des ITK wird der Vorschrift auch dadurch
genügt, daß der stets aufzudrückende Datumstempel der Versandabfertigung diese Angabe enthält. — Tatsächlich freilich kommt es
in der Praxis vor, daß dieser Datumstempel fehlt oder unleserlich
ist. — Nach Eger kann man damit jedoch nicht die im Artikel 6
und 8 statuierte Pflicht des Absenders als aufgehoben ansehen, den
Frachtbrief vollständig auszufüllen. Die Eintragung hätte nach seine
Ansicht bei der Stelle „Versandbahn" zu erfolgen (Rosenthal 5[r]

Anm. 8; Eger 58 Anm. 34). Die Vorschrift ist praktisch bedeutungslos (Gerstner IÜ 114; Schwab 86), weil von ihrer Nichtbeachtung durch den Absender kaum für das einzelne Frachtgeschäft etwas Nachteiliges entstehen kann.

c) α) Auch Bestimmungsstation und Wohnort brauchen nicht identisch zu sein, so z. B. schon nicht, wenn der Wohnort nicht Eisenbahnstation ist (Art. 19). Diese Bestimmungsstation, welche den Endpunkt des Eisenbahntransports darstellt (Zus.-Best. 2), wird im Frachtbriefformular „Empfangsstation" genannt. (Auch der französisce Text: — Art. 6 l c spricht von: la gare de destination, das Formular sagt: Station destinataire — hat nicht die absolute Übereinstimmung.)

β) Durch die Ausfüllung des Vordrucks „Empfangsstation" bestimmt der Absender den Ablieferungsbahnhof; die Angabe des Namens des Adressaten und seines Wohnortes soll ausschließlich die Empfangsbahn instand setzen, dem Empfänger die Ankunft der Sendung richtig anzumelden beziehungsweise, wo bahnamtliche Rollfuhr besteht, sie ihm zuzuführen. IZ **VDEV 1895** 30 (s. auch 513 ebenda). Als Bahnhofsvorschrift ist nur die Eintragung anzusehen, die in der mit „Empfangsstation" oder mit „Empfangsbahn" überschriebenen Frachtbriefrubrik enthalten ist. IZ **VDEV 1896** 268.

γ) Trotz des Fehlens einer Vorschrift im IÜ selbst kann die Eisenbahn Ausfüllung auch der Rubrik: „Empfangsbahn" vom Absender auf Grund des § 2 (1) (4) der Ausf.-Best. fordern, der Verwendung des in Anlage 2 enthaltenen Frachtbriefformulars verlangt (so IZ **CA 1893** 201) und vorschreibt, daß nur dessen stark umrahmte Teile durch die Eisenbahnen auszufüllen sind. Indes ist das Verlangen (§ 2 (5) der Ausf.-Best.) nur gerechtfertigt, wenn es sich um Sendungen nach Orten mit Bahnhöfen verschiedener Bahnverwaltungen oder nach Orten handelt, die mit anderen gleichen Namens verwechselt werden können.

Gerade bezüglich dieses Punktes wird von den Absendern oft nicht peinlich genug verfahren. Sie tragen aber nach Artikel 7 die Folgen, welche aus unrichtigen und ungenügenden Erklärungen entspringen, so namentlich die Folgen der Fehlleitung (IZ **CA 1894** 220). Fehlt die Angabe der Empfangsbahn bei richtiger Angabe der Empfangsstation, die zu Zweifeln keinen Anlaß geben kann, so kann die Eisenbahn aus dem Fehlen für Folgen von Fehlleitungen infolge von Unachtsamkeit des Abfertigungspersonals den Absender nicht aus dem Gesichtspunkte verantwortlich machen, daß bei Bezeichnung der Empfangsbahn die Fehlleitung sicherlich vermieden worden wäre (IZ **U 1899** 232).

δ) Namen und Wohnort des Empfängers (im Formular ist dazu bemerkt: „Name und Adresse des Empfängers (Stadt, Station, Straße und Hausnummer, Land). Bei Sendungen nach Frankreich und Italien ist anzugeben, ob sie auf den Bahnhof oder ins Haus zu liefern sind") sind einzutragen hinter dem Wörtchen: „An" . . . Diese Angaben bilden die Adresse, an welche das Gut abzuliefern ist. Es darf nur eine Person oder Firma angegeben werden (s. a. Zus.-Best. 4 ITK); an die Güterabfertigungsstelle, den Stationsvorstand und ähnlich adressierte Frachtbriefe können danach zurückgewiesen werden, es sei denn, daß ein in Frage kommender Tarif ausdrücklich etwas Abweichendes bestimmte (s. a. Zus.-Best. 5 ITK). Ob das Gut dem Empfänger, dem Adressaten über die Bestiumnmgsstation hinaus nach seinem Wohnort und in sein Haus abzuliefern ist, richtet sich gemäß Artikel 19 nach den für die abliefernde Bahn geltenden gesetzlichen und reglementarischen Bestimmungen. Hierbei ist besonders bei Sendungen nach Italien und Frankreich zu beachten, wo je nach der Angabe, daß das Gut „auf den Bahnhof" oder „ins Haus" zu liefern sei, daß der Eisenbahntransport auf dem Bahnhof oder am Hause des Adressaten endet (Rosenthal 59; Gerstner IU 116; Eger 60). Sonst gilt nach Artikel 16 (3) als Ort der Ablieferung die vom Absender bezeichnete Bestimmungsstation.

ε) Die Nichtangabe der Straße und Hausnummer berechtigt die Eisenbahn nicht zur Zurückweisung des Frachtbriefes, legt aber dem Absender die aus diesem Mangel entstehenden Folgen auf (Art. 7 (1); vgl. Rosenthal 59 Anm. 3).

ζ) Die Angabe, daß das Gut „bahnlagernd" zu stellen ist, ist auf dem für die Adresse bestimmten Raume auffällig zu vermerken (Zus.-Best. 3 ITK). Sie ist für den internationalen Verkehr erst durch die 2. Revisionskonferenz zugelassen (Antrag Österreichs und Ungarns R II Verz. der Verhandlungsgegenstände 7 und R II 66, 151).

d) Bezeichnung der Sendung nach ihrem Inhalt (la désignation de la nature de la marchandise) ist nötig zur Unterscheidung von anderen Gütern und zur Vermeidung von Verwechslungen mit solchen, dann zur Beurteilung der Tarifierung und endlich wegen der etwa daraus sich ergebenden Notwendigkeit einer individuelleren Behandlung, sei es z. B. der gesonderten Verladung, sei es des Ausschlusses vom Transporte. Die Bezeichnung muß eine zur Erreichung dieser Zwecke hinreichend genaue sein. Sie ist, je nachdem es sich um Wagenladungs- oder Stückgut handelt, eine weniger oder mehr ausführliche. Absichtliche Verstöße gegen diese Vorschrift siehe Artikel 7 (4).

Auch die Angabe des Gewichts ist Pflicht des Absenders, ebenso die etwa vorgeschriebene Angabe des Maßes oder der Stückzahl des Gutes. Auch hier greift Artikel 7 (4) ein. Die weitere Berechtigung oder Verpflichtung der Eisenbahn zur Gewichtskontrolle siehe Artikel 7 (3).

Bei Wagenladungen und anderen Gütern, welche der Absender zu verladen hat, hat dieser auch die Nummer und die Eigentumsmerkmale des Wagens im Frachtbrief links oben einzutragen. § 2 (4) Ausf.-Best.

e) Gibt der Versender solche Tarife nicht an, so gilt Artikel 11, Berechnung nach dem allgemeinen Tarif (über den für den Absender vorteilhaftesten Weg, vgl. auch unten l). IZ Oe 1905 210: Eine Verpflichtung, die Anwendung bestimmter Tarife vorzuschreiben, besteht für den Absender nicht. EE Oe 25 128: Der Absender braucht die Anwendung von Ausnahmetarifen nicht dem Wortlaut nach zu verlangen. Diese sind vielmehr auch dann anzuwenden, wenn die Partei die Voraussetzungen für ihre Anwendung tatsächlich erfüllt. Vgl. das Nähere Artikel 11 III.

f) Interessedeklaration ist möglich sowohl für die Fälle von Verlust, Minderung oder Beschädigung (Art. 38) als auch für Lieferfristüberschreitung (Art. 40).

g) Diese Angabe folgt aus der Unterzeichnung des betr. Formulars (§ 2 (1) Ausf.-Best.), in dem der Vordruck „Gewöhnliche Fracht" oder „Eilfracht" enthalten ist.

h) Dieses Verzeichnis ist in der Spalte „Erklärung" usw. einzutragen.   Polizeiliche, auch sanitätspolizeiliche Prüfung (R **II** 123).

Vorbehalt des Artikels 10 (4), d. h. daß der im Frachtbrief bezeichnete Bevollmächtigte der Zollbehandlung beiwohnen werde; daß er selbst der Zollbehandlung beiwohnen wolle, braucht sich der Absender augenscheinlich nicht vorzubehalten (so auch Reindl EE **25** Anl. S. 7), wie sich aus dem beibehaltenen Wortlaut des Artikels 10 (4) ergibt.

i) In den Tarifen ist näheres über den Wortlaut der Frankaturbezeichnung gesagt. Für die dem ITK angehörenden Staaten (siehe oben S. 29[1]) gelten folgende Normen der Zusatzbestimmungen:

„Der Frankaturvermerk ist in der mit den Worten „Frankaturvermerk des Absenders" überschriebenen Spalte des Frachtbriefes anzubringen und hat zu lauten:

α) Im Falle der Absender die Fracht einschließlich des allfälligen Zuschlages für die Deklaration des Interesses an der Lieferung sowie alle Nebenkosten, welche nach Maßgabe des Reglements und Tarifs auf der Versandstation zur Berechnung kommen, die etwa zu erhebende Nachnahmegebühr (Nachnahmeprovision) inbegriffen, frankieren will: „Franko".

β) Im Falle der Absender die durch die Zollbehörden und die für die Zollbehandlung seitens der Eisenbahnen zur Erhebung kommenden Gebühren und Spesen frankieren will: „Franko Zoll"."

γ) Im Falle der Absender die unter α) und β) angeführten Kosten frankieren will: „Franko einschließlich Zoll".

δ) Im Falle der Absender alle irgendwie erwachsenden Gebühren frankieren will: „Franko einschließlich aller Gebühren"."

Aus dem völligen Fehlen des Freivermerks ergibt sich, daß die Frachtgelder als zur Zahlung durch den Empfänger angewiesen anzusehen sind, sog. Überweisungsfracht (Art. 12 (1)).

k) Diese Eintragungen — ebenso die zu f — haben an der im Frachtbrief vorgesehenen Stelle und, wie dort vorgeschrieben, in Buchstaben zu erfolgen.   Die Folgen anderer Eintragung trägt Absender (Art. 7 (1)).

l) Diese Vorschrift ist wiederholt Gegenstand der Erörterungen in den Konferenzen gewesen.

α) Der Absender hat beim internationalen Eisenbahntransport das Recht, den Beförderungsweg und namentlich die Stationen vorzuschreiben, an denen die Zollabfertigung oder eine etwa nötige polizeiliche Prüfung stattfinden soll.   Im internen deutschen Recht hat er nur das Recht, bei Sendungen, die einer zoll- oder steueramtlichen Abfertigung unterliegen, die von ihm gewünschte Abfertigungsstelle zu bezeichnen (§ 56 (1) mEVO); bei Tiersendungen (§ 49 (1)) und Eilgütern (§ 67 (2)) darf er auch den Beförderungsweg vorschreiben.   Im internationalen Verkehre kann er das bei jeder Art von Sendung.   Er darf auch den zu wählenden Tarif vorschreiben. RGIZ **1898** 744; Gerstner IÜ 212, NSt 47; Rosenthal 98.   Vgl. auch IZ **Oe** 1898 404: Recht des Absenders, vorzuschreiben, daß zur Erzielung der Anwendung eines billigeren Tarifs eine Strecke zweimal gefahren werde (Sendung nach einer vor Wien gelegenen Station über diese hinaus nach Wien und zurück).   Macht der Absender von dem ihm zustehenden Rechte Gebrauch, die Zollstationen vorzuschreiben, so kann er das in rechtsgültiger Weise nur, wenn er die Eintragung in der im Frachtbrief für „etwaige" Erklärung vorgesehene Spalte vornimmt. **VDEV IZ 1900 251.** — **IZ F 1897 223:** Abweichung wegen Verlust des Frachtbriefes: Haftung der Eisenbahn. — Weicht die Eisenbahn von einer Wegevorschrift ab, so daß die Sendung den Anspruch auf eine ihr bei Beachtung der Wegevorschrift zustehende Refaktie verliert, so ist die Eisenbahn zur Erstattung des dadurch entstehenden Frachtunterschiedes verpflichtet. **IZ Oe 1908 169.** — Die Eisenbahn ist nicht berechtigt, die Abänderung einer zulässigen Wegevorschrift vom Absender zu verlangen. Für Abweichung von der Wegevorschrift und daraus entstehende Lieferfristüberschreitung haftet die Eisenbahn. **IZ Oe 1905 406.**

β) Schreibt der Absender den Weg nicht vor, so ist die Eisenbahn verpflichtet, den ihr für ihn am zweckmäßigsten erscheinenden Weg zu wählen. Hierbei hat sie für grobes Verschulden einzustehen. Nun ist es für die Eisenbahn nicht immer einfach, darüber klar zu werden, welcher Weg der zweckmäßigste ist. Sie kennt die Absichten des Absenders nicht, diese können sehr verschiedene sein. Dem einen liegt an einer möglichst billigen Verfrachtung, dem anderen kommt es auf die Schnelligkeit in erster Linie an, auf kurze Lieferfristen, weniger auf die billigste Route, einem anderen wieder liegt an Benutzung eines Weges, der eine schonende Behandlung des Gutes, möglichst seltenes Umladen, vorsichtige Zollmanipulationen mit sich bringt. Die Vorschrift der EVO § 67 (2) wird hierbei die Richtschnur geben. Der billigste Weg ist zu verwenden, bei mehreren gleich billigen der Weg, der die günstigsten Beförderungsbedingungen bietet. Die Wahl bezieht sich nicht nur auf den eigentlichen Weg, sondern auch auf den zu wählenden günstigsten Tarif! **IZ Oe 1899 24.** Vgl. **EE Oe 23 352:** Der zweckmäßigste Weg wird der billigste sein, wenn der Absender das Interesse an der Lieferung nicht angegeben hat, und die Gattung des Gutes keine beschleunigte Beförderung benötigt. **EE Oe 23 362:** Bei Tiertransport ist Beschleunigung die Hauptsache. Die Bahn darf daher den teureren direkten Tarif statt des billigeren mit Umkartierung arbeitenden wählen, der voraussichtlich mit Verzögerung verbunden wäre. — Bei Eilgut kommt es nicht auf den kürzesten und billigsten, sondern auf den schnellsten Weg an **IZ F 1894 329; 1898 747; Calmar 106** und **IZ Oe 1896 268.**

Bei der Prüfung der Frage, ob die Eisenbahn ein grobes Verschulden trifft, sind auch die Verhältnisse bei der betreffenden Abfertigung zu berücksichtigen. Es kann keiner Eisenbahnverwaltung zugemutet werden, daß sie auf jeder kleinen, unbedeutenden Station in den internationalen Tarifen gleichmäßig gewandte Leute anstellt und sie mit allen Tarifen ausrüstet. So **IZ Oe 1896 268,** wo aber immerhin die Verpflichtung der Eisenbahn konstatiert wird, die zuviel gezahlte Fracht zu erstatten, wenn ihr nachher eine noch günstigere Tarifkombination nachgewiesen wird.

Es ist wiederholt versucht worden, sowohl in der Pariser wie in der Berner Revisionskonferenz, die Haftung der Eisenbahn zu verschärfen, sie nicht nur für „grobes" Verschulden, sondern schlechthin für jedes Verschulden, ja für die Sorgfalt eines ordentlichen Frachtführers haftbar zu machen. Beide Konferenzen haben sich nach langen eingehenden Debatten gegen eine Änderung der Vorschrift ausgesprochen.

Vgl. IZ **Oe 1907** 436: Grobes Verschulden, wenn ein Weg mit Zuschlagsfrist gewählt wird, wo ein solcher ohne Zuschlagsfrist zur Verfügung stand. — Desgl. IZ **F 1895** 464: Wahl eines besonders weiten Weges, obwohl sonst stets der nähere gewählt wurde. — EE **Oe 21** 185: Wahl des wenig kürzeren, aber mit erheblich höherer Fracht belasteten Weges. — Vgl. auch IZ **CA 1896** 266.

γ) Trotz Angabe des Transportweges durch den Absender ist die Eisenbahn berechtigt, von der Vorschrift abzuweichen, wenn den aufgeführten Bedingungen dadurch nicht widersprochen wird. Dabei ist zu beachten, daß eine Abweichung von der vorgeschriebenen Stelle, an der die zoll- oder steueramtliche Abfertigung oder die polizeiliche Prüfung nach Angabe des Absenders stattfinden soll, nicht nachgelassen ist. Diese Vorschrift des Absenders ist also stets zu beachten, auch wenn sonst die Eisenbahn vom Transportwege abweicht.

Die Wahl einer längeren als der im Frachtbriefe vorgeschriebenen Route berechtigt nicht zur Forderung von Schadensersatz, wenn die Sendung innerhalb der nach der vorgeschriebenen Route sich ergebenden Lieferfrist eintrifft. IZ **I 1903** 270; **Oe 1903** 178. Ebensowenig wenn sie wegen Hochwassers gewählt werden mußte, selbst wenn dadurch Lieferfristüberschreitung nötig wurde: IZ **Oe 1905** 381. Vgl. aber **KG** IZ **1904** 351 (vgl. dazu Art. 39).

Weicht die Versandstation vom vorgeschriebenen Transportwege ab, so hat sie dem Absender davon Nachricht zu geben, um ihm die Möglichkeit der Verfügung über das rollende Gut zu erhalten.

m) Die **Unterschrift** des Absenders mit **seinem** Namen, also „eigenhändige" Unterschrift, wobei die Unterschrift des Prokuristen für die von ihm vertretene Firma genügt. Es genügt aber auch Unterdrucken oder Unterstempeln (EVO 56 (1) m und (10)). Vgl. auch Zus.-Best. 15.

III. **Vorschriften der Ausführungsbestimmungen.** Dazu siehe Ausf.-Best. § 2 (1)—(10). Hiervon ist namentlich wichtig die Bestimmung zu (2) und (3). Danach ist entweder die deutsche oder die französische Sprache im Frachtbrief zu verwenden. Wird eine andere verwendet, weil keine der beiden die Geschäftssprache des betr. Landes ist, so ist dennoch eine Übersetzung in einer der beiden Sprachen in den Frachtbrief aufzunehmen. Frachtbriefe, denen diese Voraussetzungen fehlen, sind zurückzuweisen. Werden sie dennoch angenommen, so treffen den Absender die aus dem Mangel der Übersetzung entstehenden Folgen gemäß Artikel 7 (1), weil es dann an den genügenden Erklärungen im Frachtbriefe fehlt. — (4) Wenn für den Absender aus Gefälligkeit ein Eisenbahnbediensteter den Frachtbrief ausstellt, so haftet dennoch für die vom Absender zu machenden Angaben dieser (Art. 7).

(6) Ein Frachtbrief für mehrere Gegenstände. — (8) Ein Frachtbrief für **jeden** Wagen. (IZ **Oe 1899** 598).

IV. **Weitere Erklärungen** sind nicht zugelassen. Vgl. IZ **CA 1908** 194/195: Der Absender ist berechtigt, die Vermerke anzubringen, welche nach irgendeinem Artikel des IÜ als Bedingung für die Ausnutzung des dem Absender zustehenden Rechts vorausgesetzt sind. Siehe namentlich IZ **1895** 162—170; **1896** 50. — Die Eisenbahn ist berechtigt, einen Frachtbrief zurückzuweisen, der unzulässige Erklärungen des Absenders enthält. IZ **F 1906** 249.

Artikel 7.

Haftung für die Angaben und Erklärungen im Frachtbrief. Bahnseitige Ermittelungen. Frachtzuschläge.

(1) Der Absender haftet für die Richtigkeit der in den Frachtbrief aufgenommenen Angaben und Erklärungen und trägt alle Folgen, welche aus unrichtigen, ungenauen oder ungenügenden Erklärungen entspringen.

(2) Die Eisenbahn ist jederzeit berechtigt, die Übereinstimmung des Inhalts der Sendungen mit den Angaben des Frachtbriefes zu prüfen. Die Feststellung erfolgt nach Maßgabe der am Orte des Vorganges bestehenden Gesetze oder Reglemente. Der Berechtigte soll gehörig eingeladen werden, bei der Prüfung zugegen zu sein, vorbehaltlich des Falles, wenn die letztere auf Grund polizeilicher Maßregeln, die der Staat im Interesse der öffentlichen Sicherheit oder der öffentlichen Ordnung zu ergreifen berechtigt ist, stattfindet.

(3) Hinsichtlich des Rechts und der Verpflichtung der Bahnen, das Gewicht oder die Stückzahl des Gutes zu ermitteln oder zu kontrollieren, sind die Gesetze und Reglemente des betreffenden Staates maßgebend.

(4) Bei unrichtiger Angabe des Inhalts einer Sendung oder bei zu niedriger Angabe des Gewichts sowie bei Überlastung eines vom Absender beladenen Wagens, ist — abgesehen von der Nachzahlung des etwaigen Frachtunterschiedes und dem Ersatze des entstandenen Schadens sowie den durch strafgesetzliche oder polizeiliche Bestimmungen vorgesehenen Strafen — ein Frachtzuschlag an die am Transporte beteiligten Eisenbahnen nach Maßgabe der Ausführungsbestimmungen zu zahlen.

(5) Ein Frachtzuschlag wird nicht erhoben:

a) bei unrichtiger Gewichtsangabe von Gütern, zu deren Verwiegung die Eisenbahn nach den für die Versandstation geltenden Bestimmungen verpflichtet ist;

b) bei unrichtiger Gewichtsangabe oder bei Überlastung, wenn der Absender im Frachtbriefe die Verwiegung durch die Eisenbahn verlangt hat;

c) bei einer während des Transports infolge von Witterungseinflüssen eingetretenen Überlastnug, wenn der Absender nachweist, daß er bei der Beladung des Wagens die für

die Versandstation geltenden Bestimmungen eingehalten
hat;

d) bei einer während des Transports eingetretenen Gewichts-
zunahme, welche eine Überlastung nicht herbeiführt,
insofern der Absender nachweist, daß die Gewichtszu-
nahme auf Witterungseinflüsse zurückzuführen ist.

(6) Der Anspruch auf Zahlung oder Rückzahlung von Frachtzuschlägen (§ 3, Abs. (1) bis (5), und § 9, Abs. (2), der Ausführungsbestimmungen) verjährt in einem Jahre, sofern er nicht unter den
Parteien durch Anerkenntnis, Vergleich oder gerichtliches Urteil
festgestellt ist. Die Verjährung beginnt bei den Ansprüchen auf
Zahlung von Frachtzuschlägen mit der Zahlung der Fracht
oder, falls eine Fracht nicht zu zahlen war, mit der Auflieferung
der Güter; bei den Ansprüchen auf Rückzahlung von Frachtzuschlägen beginnt sie mit der Zahlung der Zuschläge. Auf die
Verjährung finden die Bestimmungen des Artikels 45, Absätze (3)
und (4), Anwendung. Die Bestimmung des Artikels 44, Absatz (1),
findet keine Anwendung.

§ 3 der Ausführungsbestimmungen zum IÜ.
(Zu Art. 7 des Übereinkommens.)

*(1) Wenn die im § 1, Absatz (1), und in der Anlage 1 auf-
geführten Gegenstände unter unrichtiger oder ungenauer Deklaration
zur Beförderung aufgegeben oder wenn die in Anlage 1 gegebenen
Sicherheitsvorschriften bei der Aufgabe außer acht gelassen werden,
beträgt der Frachtzuschlag 15 Franken für jedes Brutto-Kilogramm
des ganzen Versandstückes.*

*(2) In allen andern Fällen beträgt der in Artikel 7 des Über-
einkommens vorgesehene Frachtzuschlag für unrichtige Inhaltsangabe, sofern diese eine Frachtverkürzung herbeizuführen nicht
geeignet ist, einen Franken für den Frachtbrief, sonst das Doppelte
des Unterschiedes der Fracht von der Aufgabe- bis zur Bestimmungsstation für den angegebenen und der für den ermittelten Inhalt,
mindestens aber einen Franken.*

*(3) Im Falle zu niedriger Angabe des Gewichtes beträgt der
Frachtzuschlag das Doppelte des Unterschiedes zwischen der Fracht
von der Aufgabe- bis zur Bestimmungsstation für das angegebene
und der für das ermittelte Gewicht.*

*(4) Im Falle der Überlastung eines vom Absender beladenen
Wagens beträgt der Frachtzuschlag das Sechsfache der Fracht von
der Aufgabe- bis zur Bestimmungsstation für dasjenige Gewicht, das
die in Absatz (5) festgesetzten äußersten Belastungsgrenzen übersteigt. Wenn gleichzeitig eine zu niedrige Gewichtsangabe und eine*

Überlastung vorliegt, so wird sowohl der Frachtzuschlag für zu niedrige Gewichtsangabe als auch der Frachtzuschlag für Überlastung erhoben.

(5) Der Frachtzuschlag für Überlastung [Absatz (4)] wird erhoben:

a) bei Verwendung von Wagen, die nur eine die zulässige Belastung kennzeichnende Anschrift tragen: wenn das angeschriebene Ladegewicht oder die angeschriebene Tragfähigkeit bei der Beladung um mehr als 5 % überschritten ist;

b) bei Verwendung von Wagen, welche zwei Anschriften tragen, und zwar Ladegewicht (Normalbelastung) und Tragfähigkeit (Maximalbelastung): wenn die Belastung diese Tragfähigkeit überhaupt übersteigt.

Bemerkungen.

EVO 57, 58, 60.   HGB 426 III.   VBR 44.   (ZusI und V). Übk zum VBR 7 Anhang A S. 117 ff und GAV § 23, 24, 25. Landesrecht zu 7 (2). Zusammenstellung S. 26. 7 (3) S. 31. — SVE XI.   DVE XI.   DDVE LII.   P I 10, 65.   P II 17—19, 81—83, 142.   P III 31—33.   R I 47, 83, 125, 199, 267.   R II 17, 21—23, 151. — Gerstner IÜ 137.   Gerstner NSt 49.   Rosenthal IÜ 72.   Fritsch IÜ 630.   Eger IÜ 77.   Reindl EE **16** 6. EE **25** 9.   von der Leyen Goldschmidts Z **39** 73; **49** 410; **65** 19. Calmar 65.   Hilscher 64.   Schwab 100.   v. Rinaldini 122, 124, 129, 191.   Marchesini 1 238.   Rundnagel 83.   Staub §§ 426, 470. Düringer-Hachenburg III 542. — Schmitt, Der Eisenbahn-Frachtzuschlag (nach § 53 der Deutschen Eisenbahn-Verkehrsordnung vom 26. Oktober 1899) EE **22** 195, 328, 423.

I. **Haftung des Absenders.** Die Verantwortlichkeit des Absenders für die Richtigkeit, Genauigkeit und Vollständigkeit seiner Frachtbriefangaben ergibt sich aus seiner Verpflichtung zur Ausstellung des Frachtbriefes.   Es kommt nicht darauf an, ob ihn bezüglich eines Fehlers in dieser Hinsicht ein Verschulden trifft (vgl. Düringer-Hachenburg § 426 Note V; Eger IÜ 84; Lehmann-Ring § 426 Nr. 17); denn er trägt alle Folgen, die aus einem solchen Fehler entspringen, d. h. durch ihn verursacht sind.

Zwischen dem Wortlaut des IÜ und der EVO (HGB) ist insofern ein Unterschied, als letzterer noch die Worte „der Eisenbahn" hinzugefügt sind.   Daraus ergibt sich aber kein weiterer Unterschied etwa hinsichtlich der Bedeutung der Vorschrift, wenn auch die Fassung des IÜ die dem Sinne nach weitere zu sein scheint. Der Absender trägt die Folgen, auch wenn sie unmittelbar ihn selbst treffen (vgl. dazu aber bez. EVO Rundnagel S. 86 Anm. 14), auch nach EVO.

Der Absender trägt auf Grund dieser Vorschrift, die den Frachtbrief hinsichtlich der Eintragungen des Absenders zu einem Garantieschein (Düringer-Hachenburg a. a. O.) gegenüber der Eisenbahn erhebt, alle Folgen, die sich aus Unrichtigkeit, Ungenauigkeit, Unvollständigkeit ergeben, z. B. steht ihm kein Ersatzanspruch gegen die Eisenbahn zu für den Schaden, der ihm aus jenen Eintragungen entsteht (Verlust oder Beschädigung des Gutes, Lieferfristüberschreitung, Fehlleitungen, Strafen z. B. für unerlaubten Import), ferner haftet er für den Schaden, der einem anderen aus ihnen erwächst (z. B. Beschädigung beigeladener Güter durch falsch deklarierte Güter), und für solche Ansprüche, die der andere naturgemäß gegen die Eisenbahn richten wird, ist er ihr schadensersatzpflichtig, endlich für Ansprüche, die der Eisenbahn selbst aus jenen entstehen, z. B. für Frachtkürzung, Beschädigung der Beförderungsmittel, Zoll-, Steuer-, polizeiliche Strafen. (A. A. zum Teil Rundnagel 86 Anm. 14, der aus § 57 EVO nur folgern will, daß der Absender der Eisenbahn den aus unrichtigen Eintragungen entstehenden Schaden ersetzen muß. M. E. zu eng. Der Absender muß — auch nach EVO, ebenso aber nach IÜ Art. 7 — alle Folgen tragen, die aus unrichtigen Eintragungen entspringen, d. h. also auch die, welche ihm selbst entstehen. Daß in einer derartigen Eintragung gleichzeitig eine nicht durch die Eisenbahn verschuldete Anweisung des Absenders liegen kann (Art. 30), ist zuzugestehen, hat aber für die Frage, wer die Folgen zu tragen hat, mit Rücksicht auf den Wortlaut des Art. 7 (1) keine Bedeutung, ganz abgesehen davon, daß der etwa von der Eisenbahn zu tragende Schaden ja auch eine Folge der falschen Eintragung wäre, bei der die Schuldfrage ganz außer Betracht bleiben müßte.)

Der Absender haftet für die von ihm zu machenden Angaben im Frachtbrief, auch wenn er sie durch Eisenbahnpersonal machen läßt. Er übernimmt diese Haftung durch seine Unterschrift (IZ Oe 1905 408). Jedenfalls geht sie damit nicht auf die Eisenbahn über. Frage des besonderen Falles ist es, ob sich der Absender an die betr. Person selbst halten kann. Einige Beispiele: IZ F 1897 366: Die Eisenbahn haftet nicht für Beschädigung eines Gegenstandes, der anstatt unter der Bezeichnung „Kunstgegenstand" als „Fayence" deklariert ist. IZ Oe 1905 306: Für die Tarifierung ist die vom Absender im Frachtbriefe angegebene Bezeichnung des Inhalts der Sendung maßgebend. Vgl. ebenso EE Oe 21 376; 360; 352. IZ B 1906 408: Der Absender ist verantwortlich für die Eintragung falscher Wagennummern im Frachtbrief. IZ Oe 1900 30: Die Eisenbahn ist nicht verpflichtet, sondern nur berechtigt, einen nicht vorschriftsmäßig ausgefüllten Frachtbrief zurückzuweisen. Ebenso IZ Oe 1902 49. Siehe auch IZ F 1906 249 (vgl. Art. 6 (3)) und IZ F 1898 329: Wenn der Frachtbrief eine Vorschrift enthält, die dem Tarife widerspricht (Art. 6 und 8).

II. **Prüfung des Inhalts der Sendungen.** Die Eisenbahn ist berechtigt, zu prüfen, ob der Absender seiner Pflicht nachgekommen ist. Sie kann deshalb während der Dauer der Beförderung jederzeit sich von dem Inhalt der Sendung — auch der verpackten Stückgüter! — überzeugen, dabei wird sie naturgemäß mit größter Vorsicht verfahren und nur nach vorheriger „gehöriger" Benachrichtigung des „Berechtigten", d. h. des „Verfügungsberechtigten", vorgehen. Es gelten im übrigen die am Orte der Prüfung bestehenden Vorschriften, vgl. IZ Oe 1899 320. Berechtigter ist der Absender oder der Empfänger (Art. 15 (4), 16; Gerstner IÜ 140; Rosenthal 73). Auch nach Übergabe des Frachtbriefs an diesen kann die Eisenbahn vor Auslieferung des Gutes „jederzeit" noch die Prüfung vornehmen. „Gehörige" Benachrichtigung, d. h. namentlich rechtzeitige unter Mitteilung des Zweckes (Gerstner IÜ 140). Die Form richtet sich nach etwaigen örtlichen Vorschriften, fehlen solche, so genügt formlose, auch mündliche, telephonische Benachrichtigung. Diese Benachrichtigung ist aber nur vorgeschrieben, wenn die Prüfung zu dem Zwecke erfolgt, die Interessen der Eisenbahn wahrzunehmen. Handelt es sich dagegen um eine Inhaltsprüfung auf Grund polizeilicher, im Interesse der öffentlichen Sicherheit und Ordnung gebotener und zulässiger Maßregeln, so ist die Zuziehung des Berechtigten nicht vorgeschrieben. Hierbei handelt es sich aber nicht um Prüfungen auf Grund bahnpolizeilicher Vorschriften (P III 31), gerade zu diesen ist der Berechtigte zu laden. Dagegen kann es sich handeln um Prüfungen durch die Organe der Eisenbahn im Auftrage, als Delegierte der Polizei. (So auch Rosenthal 74 gegen Eger 87.) Die Eisenbahn kann zu solchen Prüfungen verpflichtet sein, und es würde geradezu dem durch sie beabsichtigten Zwecke widersprechen, wollte man bei den oft besonders eiligen Prüfungen die Zuziehung des Berechtigten verlangen, nur weil die Eisenbahn prüft und nicht die Polizei.

Änderung der Deklaration während der Beförderung durch den Empfänger (!) zugelassen (?) IZ Oe 1900 239; nach Abschluß der Beförderung abgewiesen IZ Oe 1900 241. Offensichtliche Nichtübereinstimmung der Deklaration mit dem Gute (Kiste statt Kanne) kein Frachtvertrag RG IZ 1896 366. Der Umstand, daß ein Gut in offenem Wagen befördert wird, schließt nicht falsche Inhaltsangabe aus IZ F 1906 393.

III. **Prüfung von Gewicht und Stückzahl.** Während auf Grund des IÜ die Eisenbahn jederzeit berechtigt ist, den Inhalt einer Sendung zu prüfen, entscheidet sich die Frage, inwieweit sie berechtigt oder gar verpflichtet ist, Gewicht und Stückzahl nachzuprüfen, nach den Gesetzen und Reglementen desjenigen Staates, in welchem die Frage auftaucht, ob geprüft werden soll. Für Deutschland EVO 58 (2) bis (4), d. h. obligatorisch ist die Verwägung nur noch, wenn sie vom Absender im Frachtbrief verlangt wird, oder wenn er im Frachtbrief kein Gewicht angegeben hat (sowohl bei Stückgut, das von der Eisenbahn verladen wird, als auch bei allen anderen Sendungen, d. h. von dem Absender verladenen; für letztere jedoch ist tarifmäßige Wägegebühr zu zahlen).

Für den internationalen Verkehr ist noch von Bedeutung Artikel 8 (4). Danach bedürfen die Angaben des Frachtbriefs über Gewicht und Anzahl vom Absender selbst verladener Güter zur Beweiskräftigkeit gegen die Eisenbahn der bahnamtlichen Bescheinigung, daß Nachwägung bzw. Nachzählung durch die Eisenbahn erfolgt sei.

Die Eisenbahn ist zur unentgeltlichen Feststellung des Gewichts auf Antrag des Absenders, ebenso der Stückzahl (auch bei Wagenladungsgut) verpflichtet IZ F 1903 6, 272, 341; 1905 303; siehe auch AG Mülhausen IZ 1902 87 und vgl. Artikel 30.

IV. **Unrichtige Inhaltsangabe, zu niedrige Gewichtsangabe, Wagenüberlastung.** Diese drei Verstöße des Absenders bei Ausfüllung des Frachtbriefs sind mit besonderen Folgen bedroht: mit Frachtzuschlag neben den sonstigen Folgen: Nachzahlung des etwaigen Frachtunterschiedes, Ersatz des entstandenen Schadens und durch Strafgesetz oder polizeiliche Bestimmungen vorgesehenen Strafen:

1. Unrichtige Inhaltsangabe liegt vor bei objektiv falscher, wahrheitswidriger Deklaration: EE Oe 21 9; IZ Oe 1905 101: Unrichtige Deklaration der Verpackung kann als ungenaue, muß aber nicht als unrichtige Inhaltsangabe angesehen werden; das ist sie nur, wenn sie wahrheitswidrig. So IZ Oe 1899 344: „Bestandteile von

Maschinen" statt „zerlegte Maschinen". Sie liegt auch vor, wenn die Bezeichnung des Gutes zwar im Frachtbrief nicht vorschriftsmäßig erfolgte, wohl aber in den Zollbegleitpapieren; denn die Eisenbahn ist nicht verpflichtet, die Richtigkeit dieser, sie hat nur die Richtigkeit der im Frachtbriefe enthaltenen Angaben zu prüfen EE Oe 22 378. Daß unrichtige Deklaration der Verpackung nicht unrichtige Inhaltsangabe sei, hat entschieden IZ U 1904 348 (?). — Es ist zu berücksichtigen § 3 (1) Ausf.-Best., der auch die ungenaue Inhaltsangabe als verboten bezeichnet. Unrichtige Inhaltsangabe ist auch denkbar bei Gütern, die unverpackt aufgegeben werden. Erwähnenswert ist

RG Z 67 276; JW 1908 117; VerZtg 1908 1450: Eine Deklaration ist nicht schon deshalb als unrichtig im Sinne des Artikel 7 (4) anzusehen, weil sie mit Rücksicht auf die Anwendung des Tarifs — insbesondere wenn dessen wahre Bedeutung nicht ohne weiteres klar ist, sondern erst mit den technischen Mitteln der Auslegung festgestellt werden kann — unzutreffend erscheint. Das Merkmal der Unrichtigkeit liegt vielmehr der Regel nach nur dann vor, wenn die Bezeichnung auch ohne Rücksicht auf den Tarif nach der allgemeinen Verkehrsauffassung als falsch erscheinen muß. Nur dann wird man die Beziehung auf den Tarif allein für entscheidend ansehen dürfen, wenn sich der Deklarant der wahren Bedeutung des Tarifs wohl bewußt war und die hiernach unzutreffende Bezeichnung zu dem Zwecke gewählt hatte, um eine Frachtberechnung nach einer in Wahrheit nicht anwendbaren, ihm günstigeren Tarifposition herbeizuführen. Das Urteil erscheint nicht unanfechtbar und läßt die Bedeutung des Verbots für die Betriebssicherheit unberücksichtigt. Es bezieht sich augenscheinlich nur auf den Fall der Frachthinterziehung — es kommen aber auch Fälle unrichtiger Inhaltsangabe vor, wo davon keine Rede ist. Auf „ungenaue" Inhaltsangabe nimmt es keine Rücksicht (§ 3 (1) A. B.). Auf die subjektive Seite kommt es bei der falschen Inhaltsangabe nicht an.

2. Zu niedrige Gewichtsangabe ist nicht anzunehmen, wenn der Absender die Verwiegung beantragt, und die Eisenbahn dem — wenn auch nicht formgerechten — Antrage folgt. IZ Oe 1904 169. Offensichtliche Schreibfehler bei der Gewichtsangabe können nach allgemeinen Rechtsgrundsätzen wegen Irrtums in der Erklärung angefochten werden. Schmitt EE 22 330.

3. Der Fall der Wagenüberlastung liegt vor, auch wenn das richtige Gewicht im Frachtbrief vom Absender eingetragen ist. Das Urteil des OLG Hamm IZ 1905 214 (bezieht sich auf die frühere Verkehrsordnung) ist deshalb anfechtbar; denn es handelt sich bei dem Frachtzuschlag — ebensowenig wie den sonstigen Folgen aus § 7 (4) — nicht um Konventionalstrafe, siehe folgende Nummer.

4. Frachtzuschlag. a) Entstehung. Über die Entstehung des Frachtzuschlages bestimmt § 3 (1) Ausf.-Best., daß er erhoten wird bei unrichtiger oder ungenauer Deklaration von der Beförderung ausgeschlossener Gegenstände (§ 1 (1) der Ausf.-Best.) oder nur bedingungsweise zur Beförderung zugelassener Gegenstände (Anlage 1), wenn bei der „Aufgabe" der betreffende Fehler besteht.

In der Praxis wird eine Feststellung des Fehlers regelmäßig erfolgen frühestens bei der auf die „Aufgabe" folgenden „Annahme". Diese wird ebenfalls regelmäßig Zug um Zug vor sich gehen. In den Fällen aber, wo gemäß Artikel 6 (2) IÜ eine vorläufige Verwahrung eintritt, ist es wohl denkbar, daß bei der Übernahme zur vorläufigen Verwahrung die unrichtigen Frachtbriefangaben sich bereits herausstellen. Gegenüber dem ganzen Zweck der Bestimmung erscheint es daher willkürlich, wenn man die Verwirkung des Frachtzuschlages vom Abschluß des Frachtvertrages allein abhängig macht. Der Wortlaut des § 3 (1) Ausf.-Best. zwingt dazu nicht, und diese Ansicht würde jene Fälle von der scharfen Maßregel zu Unrecht ausschließen. Es findet sich im internationalen Frachtrecht nicht die klare deutsche Bestimmung der EVO, daß es zur Verwirkung des Frachtzuschlages des Abschlusses des Frachtvertrages bedarf (§ 60 (4) EVO). Bei dieser Sachlage erscheint die Auffassung Gerstners NSt 57 doch gegenüber der Egers und der von ihm Angeführten (S. 92), auch gegenüber IZ U **1899** 594: Beginn der Verfrachtung, Aufgabe und Übernahme der Sendung genüge noch nicht (?), als die im internationalen Recht begründetere. Der Moment der Aufgabe entscheidet hier, nicht der möglicherweise viel später gelegene Moment der Annahme zur Beförderung, in dem es schon zu Schädigungen der Eisenbahn, namentlich z. B. zu Gefährdung des „Eisenbahntransports", gekommen sein kann. (Vgl. dementsprechend auch IZ U **1899** 317.)

Auch § 3 (2) — (5) Ausf.-Best. vermeidet es, von einer durch die Eisenbahn erfolgten Annahme zu sprechen, vom Abschluß des Frachtvertrages. Wenn auch dieser in der Regel bei Entdeckung der falschen Angaben schon vorliegen wird, so ist doch nirgends gesagt, daß er vorliegen muß. Gleichgültig ist, ob die unrichtige usw. Angabe auf der Versandstation, einer Unterwegsstation oder der Endstation entdeckt wird (Zus.-Best. 5).

Die Abfertigungsvorschriften des VDE bestimmen, daß der Frachtzuschlag erst mit der Annahme des Gutes und des Frachtbriefes zur Beförderung fällig wird, aber auch dann, wenn die Zuwiderhandlung noch auf der Versandstation entdeckt wird (Übk zum VBR S. 118/119). Diese Anlehnung an EVO muß aber nach dem Dargelegten als der derzeitigen Vorschrift des IÜ nicht entsprechend angesehen werden.

b) Natur. Der Frachtzuschlag ist keine Konventionalstrafe; dazu fehlt es ihm an dem für eine solche notwendigen Rechtsgrunde des „eigenen Willens des zu Bestrafenden" (Rosenthal 75; Wendt Pandekten 198; Dernburg Pandekten 2 132 Anm. 10: „Die Zuwiderhandlung muß eine bewußte, frei gewollte sein". Dernburg Recht der Schuldverhältnisse 2 1 S. 229). Dagegen sagt Schmitt a. a. O. 200, der Absender habe sich ja mit seinem Willen dem Tarif und damit der Strafe unterworfen. Dieser Einwand erscheint nicht richtig. Damit, daß sich jemand dem Tarif unterwirft, würde er sich noch nicht den im Tarif für Zuwiderhandlungen gegen den Tarif vorgesehenen etwaigen Strafen bedingungslos unterwerfen, sondern doch nur unter der nicht ausdrücklich zu erwähnenden weiteren Voraussetzung, daß er den im Tarif aufgestellten Bedingungen zuwiderhandeln werde. Ebenso nun, wie die Konventionalstrafe nur dann fällig wird, wenn jemand mit freiem Willen gegen den Vertrag gehandelt hat, in dem sie für den Fall der Zuwiderhandlung vorgesehen ist, könnte hier der Frachtzuschlag nur erhoben werden, wenn der Verfrachter mit freiem Willen gegen die im Tarife aufgestellten Frachtvertragsbedingungen verstoßen hätte. Ob er das getan hat, kann nicht so sehr davon abhängig sein, daß er sich den Bedingungen freiwillig unterworfen, als vielmehr davon, daß er gegen sie freiwillig verstoßen hat. Darauf kommt es aber eben bei dem Frachtzuschlag nicht an. Er wird erhoben ohne Rücksicht darauf, ob den Verfrachter ein Verschulden beim Verstoß gegen die Tarifbedingungen trifft, so z. B. vom Spediteur, der gutgläubig nach den falschen Angaben des Auftraggebers deklarierte. Deshalb wird der Frachtzuschlag erhoben, nicht, weil sich der Betreffende freiwillig den Tarifbedingungen unterworfen hatte, sondern weil er gegen sie, denen er sich unterworfen hatte, wenn auch unfreiwillig oder unabsichtlich verstoßen hatte. Der Frachtzuschlag ist ein auf dem Gesetz beruhender Anspruch, eine obligatio ex lege rein zivilrechtlichen Charakters, die zur Hebung gelangt, auch wenn kein Verschulden und keine Schädigung vorliegt. (IZ U **1894** 289; F **1895** 91; U **1895** 143; F **1898** 519; Oe **1901** 50 („Umzugsgut" statt „neue Möbel"); F **1905** 305; Oe **1908** 104; EE Oe **25** 119. — Vgl. auch R I 139; Rosenthal 75; Gerstner IÜ 142, NSt 56; Begr. zu EVO § 60; Strauß Wiener Juristische Blätter **1893** 74 (Buße); Hilscher 71; Marchesini 1 257.) A. A. ist namentlich das Reichsgericht in mehreren auf die alte Verkehrsordnung bezüglichen Urteilen, so z. B. **RG** EE **22** 74: Kenntnis der Eisenbahn von der Fehlerhaftigkeit der Inhaltsangabe bei der Annahme.

c) Zahlungspflichtig ist in erster Linie der Absender (7 (1)), nach der Annahme von Gut und Frachtbrief der Empfänger (Art. 17): IZ Oe **1897** 20, weil z. B. der Frachtzuschlag sich aus der aus dem Frachtbrief zu ersehenden Überlastung ergab, ähnlich IZ OLG Frankfurt **1907** 183. Empfänger haftet nicht, wenn er die Annahme ablehnt: IZ Oe **1897** 509; **1900** 101 — oder wenn der Zuschlag erst nach der Ablieferung verlangt wird und aus dem Frachtbriefe nicht hervorgeht: IZ Oe **1897** 836. — Die Zahlungspflicht des Empfängers schließt aber nicht aus, daß trotzdem der Absender die strafrechtlichen und sonstigen zivilrechtlichen Folgen auf Grund seines etwaigen Verschuldens zu tragen hat, so auch, daß er dem Empfänger den Schaden zu ersetzen hat, den dieser durch Zahlung des Frachtzuschlages erlitten hat in dem Falle, daß er zur Zeit der Empfangnahme bösgläubig war (vgl. aber IZ **CA 1901** 108, wonach der Absender in solchem Falle direkt zur Zahlung verpflichtet sein soll). — Es kann auch der Dienstherr u. U. für die falschen Deklarationen seiner Angestellten mit verantwortlich gemacht werden: IZ F **1898** 439.

d) Forderungsberechtigt sind „die am Transport beteiligten Eisenbahnen". „Es ist den Eisenbahnen überlassen, die Art der Verteilung unter sich zu regeln und eventuell auch von einer Verteilung abzusehen und zu vereinbaren, daß der Frachtzuschlag der entdeckenden Bahn allein zu verbleiben habe" R I 134/135. Zur Geltendmachung ist auch die Versandbahn berechtigt, selbst wenn nicht sie, sondern die Empfangsbahn den Fehler entdeckt hat: EE Oe **20** 53.

e) Die Höhe bestimmt Ausf.-Best. § 3 (1)—(4).

Zu (1) ist zu bemerken, daß die drei letzten Worte: „des ganzen Versandstückes" von der Pariser Revisionskonferenz zugefügt sind (R I 201, 273), ebenso wie im französischen Text die Worte: „du colli entier", in der erklärten Absicht, eine Streitfrage zu erledigen, die sich an die Bezeichnung „Brutto-Kilogramm" anknüpfte. Es hatte u. a. Eger behauptet, daß darunter nur das Gewicht des unrichtig angegebenen Gegenstandes zu verstehen sei, nicht aber das Brutto-Gewicht des gesamten Versandstückes einschließlich der Verpackung.

der etwa sonst hinzugepackten Gegenstände u. s. f. (Eger IÜ 1. Aufl.
S. 138): Der Taxzuschlag sei nur nach der Zahl der Bruttokilogramme
des inkriminierten Teiles der Sendung zu berechnen, da nicht anzunehmen sei, daß die Worte: „solcher Versandstücke“, die in dem Vor-
bild zu dem § 3 (1) Ausf.-Best., dem § 48 C des deutschen und österreichisch-ungarischen Betriebsreglements, ständen, unabsichtlich weg-
gelassen seien. Auf jener Ansicht bleibt Eger (IÜ 3. Aufl. S. 98) trotz
der Zusetzung gerade dieser von ihm vermißten Worte durch die Pariser
Revisionskonferenz bestehen, die damit ausdrücklich jenen Grund
ausräumen wollte. Er beruft sich unter stillschweigender Übergehung
der diese Frage klärenden Beratungen der Pariser Konferenz und mit
dem Hinweis: „Unrichtig Gerstner Suppl. 52 und L. F. in Z X 184“
z. T. auf Gewährsmänner, deren Auslegung auf der alten Fassung
beruhte. Vgl. hierzu von der Leyen Goldschmidts Z. Band **66** 3. Heft.

5. Sonstige Folgen.

a) Strafrechtliche: Betrug: Während zur Erhebung des Frachtzuschlags unter Umständen eine irrtümlich falsche Angabe im Frachtbrief genügt, bedarf es zur Bestrafung der falschen Deklaration als
Betrug u. a. des Nachweises der absichtlichen Täuschung: IZ **F 1896**
440. Vgl. auch RG EE 1 199 bei falscher Gewichtsangabe: Die Eisenbahn wendet vermöge des erregten Irrtums eine zu hohe Leistung
— Beförderung des nicht deklarierten Gewichts — auf ihre Kosten
für eine zu geringe Gegenleistung auf; sie bekommt einen Geldbetrag
nicht, auf den sie ein „präsentes“ Recht hat. Ähnlich RGS **15** 267:
Die Irrtumserregung kann nicht dadurch als ausgeräumt bezeichnet
werden, daß die Eisenbahn sich mit zu geringer Gewichtsdeklaration
unter der Bedingung einverstanden erklärt habe, daß sie in solchen
Fällen Frachtzuschlag erhebe. Dann wäre die Eisenbahn verpflichtet,
das Gewicht stets nachzuprüfen, um sich vor Frachtverkürzungen zu
schützen. Das will aber diese Vorschrift ihr eben gerade ersparen
und sie trotzdem gegen unrichtige Gewichtsangaben schützen. Vgl.
auch RGEE **3** 128. IZ U **1895** 143. Eine Überlastung kann sich auch
als „Eisenbahntransportgefährdung“, richtiger „Betriebsgefährdung“
darstellen (§§ 315, 316 RStGB). Ein überlasteter Wagen kann ein
ernstliches Hindernis für den Betrieb werden, die Überlastung kann
auch zu einer Beschädigung der Beförderungsmittel selbst führen.
Es kann aber namentlich in dem Aufgeben von Gegenständen, die
wegen ihrer Gefährlichkeit (Feuergefährliche Sprengstoffe u. ä.)
von der Beförderung ausgeschlossen sind, unter falscher Inhaltsangabe
eine solche Gefährdung liegen.

Auch Bestrafung wegen Körperverletzung kann in Frage kommen
bei Außerachtlassen der in Ausf.-Best. § 3 (1) erwähnten Sicherheitsvorschriften (IZ **Oe 1896** 211: Teilweises Herabfallen einer unvor-
schriftsmäßig verladenen Heusendung).

b) Schadensersatz: Haftung für Beschädigung anderer Güter,
vgl. I.

V. Zu Abs. (6). Artikel 45 (1) (2) finden also keine Anwendung.
— Passiv legitimiert für zu Unrecht erhobenen Frachtzuschlag ist
auch die Versandbahn. IZ **Oe 1908** 104.

Artikel 8.

Abschluß des Frachtvertrages.   Frachtbriefduplikate.

(1) Der Frachtvertrag ist abgeschlossen, sobald das Gut mit dem Frachtbriefe von der Versandstation zur Beförderung angenommen ist. Als Zeichen der Annahme wird dem Frachtbriefe der Datumstempel der Versandexpedition aufgedrückt.

(2) Die Abstempelung hat ohne Verzug nach vollständiger Auflieferung des in demselben Frachtbriefe verzeichneten Gutes und auf Verlangen des Absenders in dessen Gegenwart zu erfolgen.

(3) Der mit dem Stempel versehene Frachtbrief dient als Beweis über den Frachtvertrag.

(4) Jedoch machen bezüglich derjenigen Güter, deren Aufladen nach den Tarifen oder nach besonderer Vereinbarung, soweit eine solche in dem Staatsgebiete, wo sie zur Ausführung gelangt, zulässig ist, von dem Absender besorgt wird, die Angaben des Frachtbriefes über das Gewicht und die Anzahl der Stücke gegen die Eisenbahn keinen Beweis, sofern nicht die Nachwiegung beziehungsweise Nachzählung seitens der Eisenbahn erfolgt, und dies auf dem Frachtbriefe beurkundet ist.

(5) Die Eisenbahn ist verpflichtet, den Empfang des Frachtgutes, unter Angabe des Datums der Annahme zur Beförderung, auf einem ihr mit dem Frachtbriefe vorzulegenden Duplikate desselben zu bescheinigen.

(6) Dieses Duplikat hat nicht die Bedeutung des Originalfrachtbriefes und ebensowenig diejenige eines Konnossements (Ladescheins).

Bemerkungen.

IÜ 15, 26. EVO 61, 99. HGB 455, 471. VBR 45. Übk zum VBR GAV § 21, 26. Landesrecht zu 8 (4) Zusammenstellung S. 41. — SVE XI. MSVE 32. DVE XI. DDVE LII. P I 11, 65. P II 19, 28—31, 83—86, 142. P III 15—17, 33, 34. R I 47, 83, 151. R II 16, 23, 24. — Gerstner IÜ 148. Gerstner NSt 59. Rosenthal IÜ 51, 69. Fritsch IÜ 633. Eger IÜ 100. von der Leyen Goldschmidts Z **39** 73. Calmar 71. Hilscher 35. Schwab 112. v. Rinaldini 134. Marchesini 1 261. Staub §§ 426³, 453⁵, 455. Düringer-Hachenburg III, 640, 650.

I. **Abschluß des Frachtvertrages.** 1. Der Abschluß des Frachtvertrages zerfällt in 2 Stadien: 1. den Antrag, der erfolgt durch Hingabe des Gutes u n d des Frachtbriefes seitens des Absenders an die

Güterabfertigungsstelle; 2. dessen Annahme, die erfolgt durch Besitzergreifung an Gut und Frachtbrief zum Zwecke der Beförderung seitens der Eisenbahn.

Dieser Vertragsabschluß muß als Realvertrag aufgefaßt werden (Dernburg Recht der Schuldverhältnisse (2 1) S. 172); denn er kommt durch Hingabe von Sachen zum Abschluß (Gut und Frachtbrief), und gerade diese Hingabe ist seine innere Voraussetzung. Nur wenn und weil die Hingabe erfolgte, ist die durch Willensübereinstimmung begründete Beförderungs- und Ablieferungspflicht überhaupt denkbar. (Gerstner IÜ 94, 95; Förster-Eccius 1 416).

Diese Eigenschaft als Realvertrag schließt nicht aus, daß der Frachtvertrag seinem Wesen nach ein Werkvertrag ist, gerichtet auf die Erreichung des offenbaren Zweckes der Beförderung, der Ortsveränderung des Gutes.

Gut u n d Frachtbrief müssen übergeben werden, beide zum Zweck der Ablieferung an den Empfänger. Daraus ergibt sich, daß der Frachtbrief nicht die Form des Vertragsabschlusses bilden kann, ist er doch selbst Gegenstand und Inhalt des Vertrages. Dagegen liegt in der Hingabe und Annahme von Gut und Frachtbrief eine gewisse Förmlichkeit.

Der Frachtbrief, ein Essentiale des Frachtvertrages ebenso wie das Gut, ist selbst an gewisse Formen gebunden. Damit aber wird der Frachtvertrag selbst noch nicht zum Formalakt; der Verpflichtungsgrund ist nicht im Frachtbrief zu suchen, sondern in der durch die Annahme des übergebenen Gutes und Frachtbriefes zur Beförderung dokumentierten Willenseinigung zwischen Absender und Eisenbahn, und d e r Verpflichtungsgrund bleibt bestehen, auch wenn im Frachtbrief etwa einige Unrichtigkeiten enthalten sind.

2. Die Annahme des übergebenen Gutes und Frachtbriefes genügt nicht zum Vertragsabschluß, es muß die Einigung des Absenders und der Eisenbahn nebenher gehen, daß das Geschäft auf die Beförderung gerichtet ist. Es ist offensichtlich, daß meist diese Willenseinigung, die Zustimmung der Eisenbahn, der Annahme des Gutes und Frachtbriefes erst folgen wird, und zwar erst dann, nachdem die Abfertigungsstelle die ihr obliegende Prüfung erledigt hat, ob die Beförderung, wie sie im Frachtbrief schriftlich beantragt ist, überhaupt und zur Zeit möglich ist. IZ F 1907 295: Frachtvertrag ist erst abgeschlossen, nachdem die Eisenbahn in der Lage gewesen ist, sich von dem Gegenstand durch Inaugenscheinnahme und Feststellung der Zahl und des Gewichtes der Güter Gewißheit zu verschaffen. Es genügt nicht, daß der Absender das Gut mit einer mehr oder weniger genauen Versanddeklaration auf dem Bahnhof anbringt. (Ähnlich IZ D 1906 251 und 1907 107 Marienwerder und Hamburg.)

Würde sich bei dieser Prüfung herausstellen, daß die sofortige Beförderung nicht möglich, entweder weil sie unzulässig oder weil sie zur Zeit unausführbar, sodaß das Gut gemäß Art. 5 (2) nur zur vorläufigen Verwahrung genommen werden könnte, so wäre trotz der erfolgten Übergabe und Annahme von Gut und Frachtbrief dennoch kein Frachtvertrag zum Abschluß gekommen, weil jene Annahme dann nicht zum Zwecke der Beförderung erfolgt ist. (Annahme zur Beförderung ist nicht der Moment, wo das Gut auf Lager genommen wird (Art. 5 (2)), sondern erst derjenige in welchem es „mit Abwarten auf dem Lager" nach der Abfertigungsreihenfolge (russ. Otschered) zur Beförderung gelangt, was durch Aufdrücken des Stempels zu

dokumentieren ist. IZ OLG Marienwerder (4. Januar 1906) **1907**
402 für russisches Recht.)

3. Das Ergebnis jener Prüfung der Entschluß der Eisenbahn,
daß sie dem Antrage des Absenders folgend befördern kann und will;
die Annahme zur Beförderung soll nach Art. 8 (1) äußerlich
dokumentiert werden, durch ein „Zeichen" kenntlich gemacht werden,
nämlich durch Aufdrücken des Datumstempels der Versandabfertigung auf den Frachtbrief. Es ist ausdrücklich gesagt „als Zeichen",
nicht, wie im SVE zum Ausdruck gekommen, daß der Stempelabdruck
und die Annahme des Gutes zum Vertragsabschluß führt. Der
Stempel „constate l'acception", wie es im französischen Texte heißt.
Es bedarf also zur Vollendung der Annahme des Gutes nicht etwa
des Stempelaufdrucks; diese geht ihm vielmehr voraus (IZ U **1895** 318.
EE **Oe 22** 126). Ist aus Versehen die Beifügung des Stempels unterblieben, so ist deshalb dennoch nicht ausgeschlossen, daß die Annahme
zur Beförderung stattgefunden hat, und daß diese Tatsache auf anderem
Wege bewiesen werden kann. Der Datumstempel soll diesen Beweis
erleichtern. Es ist aber ebenso gegen ihn der Gegenbeweis zugelassen
IZ **Oe 1899** 234. Ebenso RG in Recht **05** 651. Doch ist er nicht dazu
geschaffen, den Frachtvertrag zum Formal-Vertrage zu machen
(Gerstner IÜ 151 und DDVE LII).

4. Der Frachtbrief bestimmt den Zeitpunkt der Annahme zur
Beförderung nicht (namentlich auch nicht durch die Abstempelung,
da sie ja nicht Erfordernis zur Annahme ist). Deshalb ist es **Tatfrage,**
wann das Gut als zur Beförderung angenommen gilt. Für Wagenladungsgüter vgl. das wichtige Urteil des OLG Marienwerder vom
23. Mai 1905 Seuff. Archiv **61** 109, IZ **1906** 251, EE **22** 356: Annahme zur
Beförderung erfolgt nicht mit dem Moment der Überladung vom
Speicher (u. s. f.) auf den Eisenbahnwagen, sondern erst, wenn die
Eisenbahn den beladenen Wagen wieder in ihre Obhut nimmt, also
in dem Augenblick, wo der Bahnbeamte den Wagen plombiert oder
mit Kreide zeichnet. Will jemand die Eisenbahn z. B. für Verlust
von Gut in Anspruch nehmen, so hat er zu beweisen, daß der betr.
Gegenstand zu der Zeit sich im Wagen befand, als jene Annahme
erfolgte. Ebenso IZ OLG Hamburg **1907** 108: Bereitstellen des
Wagens ist auch nicht Abschluß eines stillschweigenden Verwahrungsvertrages.

5. Erst Übernahme des beladenen Wagens durch die Eisenbahn, nicht schon der Transport des Gutes vom Wagen des Spediteurs
bis zur Wage, begründet die Annahme. (Vgl. auch RGZ **66** 402: Absender haftet der Eisenbahn gegenüber für den in seinem Auftrage
ladenden Spediteur). Daher haftet Eisenbahn nicht für eine Beschädigung des Gutes in der Zeit, während welcher es vom Wagen
des Spediteurs durch ihre ihm helfenden Leute zur Wage gebracht
wird. LG Cöln EE **23** 375. Vgl. Art. 30 II 1.

II. **Abstempelung des Frachtbriefes (Beweisregel).** Durch sie
wird der Frachtbrief aus dem einfachen Begleitpapier zur Beweisurkunde für den Vertragsabschluß. Er ist eine Art von Vertragsurkunde (wenn auch nicht im Sinne des § 126 II BGB, denn die
Schriftform ist nicht vorgeschrieben), jedoch mit der Einschränkung,
daß zur Erzielung des Vertragsabschlusses die Unterstempelung nicht
unabänderlich verlangt werden muß. Ist die Unterstempelung seitens
der Versandabfertigung erfolgt, dann bedeutet das — bis zum Beweise
des Gegenteils (RGEE **22** 162) — daß der Frachtvertrag des im Fracht-

brief niedergelegten Inhalts abgeschlossen sei. Aber auch wenn sie nicht erfolgt ist, dagegen nachgewiesen werden kann, daß Gut und Frachtbrief, obgleich nicht unterstempelt, zur Beförderung übernommen sind, beweist der Frachtbrief den Inhalt des Frachtvertrages, weil die Unterstempelung lediglich ein „Zeichen" der Annahme zur Beförderung sein soll. (Vgl. Rosenthal 54, 55; Gerstner IÜ 153, der sich gegen die Auffassung des Frachtbriefes als Vertragsurkunde ausspricht, diese höchstens in zweiter Linie anerkennt. Anm. 11; ferner S. 154 (Frachtbrief ist offenbar nicht Skripturobligation!).)

Die Beweiskraft des Frachtbriefs richtet sich einmal gegen den Absender (Art. 7), später auch gegen den Empfänger (Art. 17).

III. Beweis für Gewicht und Stückzahl. Die Regel, daß die im Frachtbrief niedergelegten Angaben bis zum Beweise des Gegenteils als richtig gelten sollen, erleidet eine Ausnahme hinsichtlich solcher Angaben des Absenders, die von der Eisenbahn nicht nachgeprüft werden konnten oder nachgeprüft sind. Das ist der Fall bezüglich der Angaben des Absenders über Gewicht und Anzahl von ihm zulässigerweise selbst verladener Güter — Wagenladungsgüter — sofern nicht die bahnamtliche Nachzählung oder Nachwägung von ihm verlangt und von der Eisenbahn auch vorgenommen ist, was im Frachtbrief beurkundet werden muß. Beförderung auf neuen Frachtbrief im Wagen des Vorfrachtvertrages: IZ **Oe 1902** 158. Ob die Versandbahn zur Nachwägung und Nachzählung verpflichtet ist, bestimmt sich (Art. 7 (3) IÜ) nach den Gesetzen und Reglementen des betr. Staates. Die Eisenbahn haftet auch nicht für die amtlich nicht bestätigte Stückzahl vom Absender verladenen Gutes, wenn sie Gut ohne Zuziehung des Empfängers ausladet. Darin liegt kein Verschulden: IZ **F 1899** 21. Es bedarf des Vermerkes über die erfolgte Prüfung auf dem Frachtbriefe: IZ **F 1900** 397 und **Oe** ebenda **398**; **S 1909** 65 (selbst wenn die parteiseitige Verladung unter gebührenpflichtiger Aufsicht durch die Bahn erfolgte).

Trotz der amtlich bescheinigten Nachwiegung h a f t e t d i e E i s e n b a h n f ü r M i n d e r g e w'i c h t nur unter der Voraussetzung, daß dieses auch tatsächlich auf Fehlen von Gut zurückzuführen ist. Kommt der Wagen mit unverletzten Plomben an, fehlt auch kein Stück, so kann das etwaige Mindergewicht — von den in Artikel 32 erwähnten Gewichtsverlusten abgesehen — nur auf Wiegedifferenzen beruhen. Da dann eine Minderung am Gut nicht besteht, kann dafür die Eisenbahn auch nicht entschädigungspflichtig sein. Entspricht das im Frachtbrief festgestellte Gewicht nicht dem am Empfangsorte ermittelten, so bleibt es der Eisenbahn unbenommen, gegen den Wortlaut des Frachtbriefes einen Gegenbeweis zu führen oder sonst nachzuweisen, daß vom Gute nichts fehlen kann. IZ **F 1905** 68; **D** AG Mülhausen i. E. IZ **1902** 87; IZ **Oe 1898** 321; IZ **Oe 1900** 239; vgl. auch IZ **U 1906** 218. Vgl. auch Artikel 30 B I 2. — Die Nachzählung muß durch ein dazu berufenes Organ der Eisenbahn erfolgen. IZ **Oe 1903** 140. Zählgebühr darf nur erhoben werden, wenn die amtliche Zählung vom Absender im Frachtbrief ausdrücklich beantragt ist: IZ **Oe 1898** 591.

IV. **Das Frachtbrief-Duplikat** ist eine Abschrift des Frachtbriefs, der in den Händen der Eisenbahn bleibt bis zur Beendigung des Transports. Es unterscheidet sich jetzt vom Frachtbrief nur durch seine Bezeichnung als „Frachtbrief-Duplikat". Sein ursprünglicher Zweck ist der einer Quittung über den Empfang des Gutes zu der im Frachtbrief näher bezeichneten Beförderung. Das Duplikat muß der Absender selbst fertig ausgefüllt mit dem Frachtbrief vorlegen. Die Eisenbahn quittiert unter Angabe des Datums — durch den Datumstempel. — Es ist obligatorisch für den internationalen Verkehr wie der Frachtbrief selbst.

Das Frachtbrief-Duplikat ist aber nicht nur Empfangsbescheinigung, es dient auch dem Absender als Legitimationsurkunde, insofern als er nur unter Vorlegung desselben das ihm nach Artikel 15 zustehende Verfügungsrecht über das rollende Gut ausüben kann (Art. 15 (2)). Auch sonst ist sein Besitz für den Absender von Bedeutung, so § 5 (2) Ausf.-Best. zu Artikel 12 (4) ist es genügend zur Geltendmachung von Frachtreklamationen in dem Falle, wenn es sich um Frankatursendungen handelt; ferner darf der Absender bei Anweisungen über das Gut infolge von Transporthindernissen nur dann die Person des Empfängers und den Bestimmungsort ändern, wenn er im Besitze des Duplikats ist (Art. 18 (4)). Endlich gehört hierher noch Artikel 26 (2), die Geltendmachung von anderen Ansprüchen gegen die Eisenbahn aus dem Frachtvertrage ist geknüpft für den Absender an die Vorlegung des Duplikats oder den Nachweis, daß der Empfänger zustimmt oder die Annahme des Gutes verweigert hat. Es hat nicht die rechtliche Bedeutung eines handelsrechtlichen Dispositionspapiers. RGEE **25** 164; IZ D **1894** 325. Vgl. Artikel 29. Haftung der Eisenbahn für fälschlich ausgefertigtes Duplikat (Tatfrage) IZ Oe **1905** 134.

Gegen eine Nachnahmeangabe im Frachtbrief-Duplikat ist Gegenbeweis zulässig, daß der Frachtbrief diese Angabe nicht enthält. Für den Inhalt des Frachtvertrages ist nur der Frachtbrief maßgebend. An dem durch die Nichtübereinstimmung von Frachtbrief und Frachtbrief-Duplikat begründeten Schaden trägt sowohl der Absender, der die beiden voneinander abweichenden Schriftstücke übergab, als auch die Eisenbahn, deren Beamte die Schriftstücke nicht miteinander verglichen haben, die Schuld, so das der Schaden zu verteilen ist. KG vom 9. Juni 1909. SpedSchiffZ **1910** 86.

Artikel 9.

Verpackung der Güter.

(1) Soweit die Natur des Frachtgutes zum Schutze gegen Verlust oder Beschädigung auf dem Transporte eine Verpackung nötig macht, liegt die gehörige Besorgung derselben dem Absender ob.

(2) Ist der Absender dieser Verpflichtung nicht nachgekommen, so ist die Eisenbahn, falls sie nicht die Annahme des Gutes verweigert, berechtigt, zu verlangen, daß der Absender auf dem Frachtbriefe das Fehlen oder die Mängel der Verpackung unter spezieller Bezeichnung anerkennt und der Versandstation hierüber außerdem eine besondere Erklärung, nach Maßgabe eines durch

die Ausführungsbestimmungen festzusetzenden Formulars, ausstellt.

(3) Für derartig bescheinigte sowie für solche Mängel der Verpackung, welche äußerlich nicht erkennbar sind, hat der Absender zu haften und jeden daraus entstehenden Schaden zu tragen beziehungsweise der Bahnverwaltung zu ersetzen. Ist die Ausstellung der gedachten Erklärung nicht erfolgt, so haftet der Absender für äußerlich erkennbare Mängel der Verpackung nur, wenn ihm ein arglistiges Verfahren zur Last fällt.

§ 4 der Ausführungsbestimmungen zum IÜ.
(Zu Art. 9 des Übereinkommens.)

(1) Für die im Artikel 9 des Übereinkommens vorgesehene Erklärung ist das Formular in Anlage 3 zu gebrauchen.

(2) Sofern ein Absender gleichartige der Verpackung bedürftige Güter unverpackt oder mit denselben Mängeln der Verpackung auf der gleichen Station aufzugeben pflegt, kann er an Stelle der besonderen Erklärung für jede Sendung ein für allemal eine allgemeine Erklärung nach dem in der Anlage 3a vorgesehenen Formular abgeben. In diesem Falle muß der Frachtbrief außer der im Artikel 9, Absatz (2), vorgesehenen Anerkennung einen Hinweis auf die der Versandstation abgegebene allgemeine Erklärung enthalten.

Bemerkungen.

IÜ 31. EVO 62, 84, 86 (1) Z. 2, 31 (2). HGB 456, 459 I Z. 2. VBR 46 (Zus. I und V). Übk zum VBR GAV § 22. — SVE XII (Art. 5). MSVE 33. DVE XII (Art. 5). DDVE LIII. P I 12, 65. P II 19, 20, 88. P III 73, 74. R I 49, 83, 157. — Gerstner IÜ 158. Gerstner NSt 60. Rosenthal IÜ 79. Fritsch IÜ 633. Eger IÜ 109. Reindl EE 16 10. von der Leyen Goldschmidts Z 39 74. Calmar 76. Hilscher 74. Schwab 120. v. Rinaldini 140. Rundnagel 132 ff. Marchesini 1 264. Staub § 456. Düringer-Hachenburg III 666.

I. Verpackungspflicht auf seiten des Absenders. Die Eisenbahn haftet nach Artikel 30 (1) IÜ für den Schaden, welcher durch Verlust, Minderung und Beschädigung des Gutes seit der Annahme zur Beförderung bis zur Ablieferung entstanden ist. Um ihrer Verpflichtung nachkommen zu können, das Gut unversehrt an das Ziel zu befördern, bedarf sie mit Rücksicht auf die Eigenart des Eisenbahntransports, die eine individuelle Behandlung der Güter nicht gestattet, der Unterstützung des Absenders, und sie darf auf Grund des Artikels 9 (1) von ihm zum Schutze gegen Verlust und Beschädigung eine entsprechende Verpackung verlangen.

II. Mangel der Verpackung. Weigert sich der Absender, einen von der Eisenbahn festgestellten Mangel der Verpackung zu beseitigen, so ist sie zur Zurückweisung des Gutes von der Annahme zur Beförderung berechtigt. Wird dagegen ein derartiges Gut befördert, so ist zu unterscheiden:

1. Es handelt sich um äußerlich nicht erkennbaren Mangel: Artikel 9 (3) Satz 1: Die Eisenbahn haftet nicht.

2. Bei äußerlich erkennbaren Mängeln dagegen haftet sie, wenn nicht entweder sie sich den Mangel vom Absender bescheinigen läßt oder diesem ein arglistiges Verfahren zur Last fällt.

III. Für das **Anerkenntnis der mangelhaften Verpackung** sind besondere Formen vorgesehen. Es ist zweifach zu erteilen: (Beides erforderlich, eines allein genügt nicht: IZ **Oe 1908** 326).

1. Auf dem Frachtbrief ist das Fehlen der Verpackung oder deren Mangel unter genauer Bezeichnung anzuerkennen, event. unter Verweis auf die allgemeine Erklärung (s. 2).

2. Außerdem ist eine besondere Erklärung (nach Anlage 3) auszustellen, die bei der Versandstation zu bleiben bestimmt ist. Für regelmäßige Versender unverpackter oder mangelhaft verpackter Güter ist in § 4 (2) Ausf.-Best. eine allgemeine Erklärung vorgeschrieben (Anlage 3 a), die ein für allemal abgegeben ist. Es bedarf dann im Frachtbrief nur eines Verweises auf sie.

3. Wenn ordnungsmäßige Verpackung Bedingung der Zulassung des Gutes ist — wie bei einzelnen bedingungsweise zur Beförderung zugelassenen Gütern — so muß die Eisenbahn das Gut zurückweisen, und die Ausstellung eines Anerkenntnisses des Absenders ist unzulässig. (Unerlaubte Vergünstigung gegenüber dem Tarif.)

IV. **Haftung.** 1. Die Haftung des Absenders (II 1 und 2) schließt in sich den Ersatz des der Eisenbahn entstehenden Schadens (z. B. Beschädigung oder Vernichtung anderer Güter, Schäden an Güterwagen, Verladeeinrichtungen usw.), sie schließt aber gleichzeitig aus jeden Schadensersatzanspruch gegen die Eisenbahn wegen einer Beschädigung des Gutes. Sie endet mit Eintritt des Empfängers in den Frachtvertrag durch Übergang auf diesen.

2. Will sich die Eisenbahn durch Berufung auf einen äußerlich nicht erkennbaren Mangel der Verpackung befreien, so hat sie ihn zu beweisen: IZ **Oe 1909** 268. Sie kann auch den Nachweis führen, daß das Gut trotz mangelnder Erklärung und vorbehaltloser Annahme bei dieser bereits beschädigt gewesen ist: IZ **F 1898** 405; IZ **I 1903** 373. — Die Eisenbahn haftet für Beschädigung unverpackter Fahrräder: IZ **F 1895** 143, 466; **1897** 936; **1898** 405. — Äußerlich erkennbarer Mangel der Verpackung: RGEE **19** 193: Faß ist mit Schraube verschlossen, die über den Faßrand hinaussteht, so daß Lockerung durch Berührung mit anderen Gegenständen möglich. Ferner EE **F 12** 138: Zu enge Verpackung lebenden Geflügels. — Umfang der Haftung: Artikel 34. — Haftung bei vorliegender Erklärung siehe Artikel 31 (1) 2.

V. **Bezeichnung (Signierung) der Stückgüter.** Artikel 6 (1) d zählt als im Frachtbrief aufzuführen u. a. auf: bei Stückgut die Anzahl, Art der Verpackung, Zeichen und Nummer der Frachtstücke. Daraus ergibt sich, daß das IÜ mit der Verkehrssitte rechnet, derzufolge Stückgüter signiert zu werden pflegen. Während von der Verpackung im Artikel 9 des näheren gesprochen wird, fehlt es an einer Regelung der Signierungsfrage im IÜ sonst vollständig. Da es sich aber um eine Einrichtung handelt, von deren Vorhandensein IÜ als von etwas Selbstverständlichem ausgeht, so sind nach dieser Richtung das IÜ ergänzende Bestimmungen, wie sie in den Tarifen sich vorfinden, als dem IÜ nicht widersprechend, gültig (Art. 4). (Vgl. ITK Zus.-Best. 1.)

Artikel 10.

Zoll-, Steuer- und Polizeivorschriften.

(1) Der Absender ist verpflichtet, dem Frachtbriefe diejenigen Begleitpapiere beizugeben, welche zur Erfüllung der etwa bestehenden Zoll-, Steuer- oder Polizeivorschriften vor der Ablieferung an den Empfänger erforderlich sind. Er haftet der Eisenbahn, sofern derselben nicht ein Verschulden zur Last fällt, für alle Folgen, welche aus dem Mangel, der Unzulänglichkeit oder Unrichtigkeit dieser Papiere entstehen.

(2) Der Eisenbahn liegt eine Prüfung der Richtigkeit und Vollständigkeit derselben nicht ob.

(3) Die Zoll-, Steuer- und Polizeivorschriften werden, solange das Gut sich auf dem Wege befindet, von der Eisenbahn erfüllt. Sie kann diese Aufgabe unter ihrer eigenen Verantwortlichkeit einem Kommissionär übertragen oder sie selbst übernehmen. In beiden Fällen hat sie die Verpflichtungen eines Kommissionärs.

(4) Der Verfügungsberechtigte kann jedoch der Zollbehandlung entweder selbst oder durch einen im Frachtbriefe bezeichneten Bevollmächtigten beiwohnen, um die nötigen Aufklärungen über die Tarifierung des Gutes zu erteilen und seine Bemerkungen beizufügen. Diese dem Verfügungsberechtigten erteilte Befugnis begründet nicht das Recht, das Gut in Besitz zu nehmen oder die Zollbehandlung selbst vorzunehmen.

(5) Bei der Ankunft des Gutes am Bestimmungsorte steht dem Empfänger das Recht zu, die zoll- und steueramtliche Behandlung zu besorgen, falls nicht im Frachtbriefe etwas anderes festgesetzt ist. Falls diese Behandlung weder durch den Empfänger noch gemäß anderweitiger Festsetzung im Frachtbriefe durch einen Dritten erfolgt, ist die Eisenbahn verpflichtet, sie zu besorgen.

Bemerkungen.

EVO 65. HGB 427. VBR 47 (Zus. I und V). Übk zum VBR 15. — SVE XII (Art. 6). MSVE 33. DVE XII (Art. 6). DDVE LIII. P I 66. P **II** 20, 21, 89, 90. P **III** 34. R I 49, 59, 83, 167. R **II** 16, 57, 60, 62, 63, 152. — Gerstner IÜ 169. Gerstner NSt 62. Rosenthal IÜ 85. Fritsch IÜ 634. Eger IÜ 118. Reindl EE **25** 15. von der Leyen Goldschmidts Z **39** 74; **65** 20. Calmar 79. Hilscher 72, 137. Schwab 125. v. Rinaldini 150. Rundnagel 83. Marchesini 1 485. Staub § 427.

I. Verpflichtung des Absenders zur Beifügung von Begleitpapieren.
Wie der Absender zur Ermöglichung eines sicheren Transportes das
Gut in einer zweckentsprechenden Verpackung aufliefern muß, muß
er dafür Sorge tragen, daß das Gut nicht an den auf seinem Be-
förderungswege ihm auferlegten Zoll-, Steuer- und Polizeivorschriften
ein unnötiges Hindernis findet. Auch das gehört zu der vom Absender
zu bewirkenden Transportfähigkeit des Gutes. Er hat zu diesem
Zweck die zur Erledigung der genannten Vorschriften notwendigen
Begleitpapiere dem Gute beizufügen. Kommt er dieser Verpflichtung nicht nach, so ist die Eisenbahn nicht verpflichtet (Lehmann-Ring § 427 Nr. 3), das Gut zur Beförderung zu übernehmen.
Er haftet aber auch, wenn sie es annimmt. Sache des Absenders
ist es, sich jene Papiere zu besorgen; er hat insbesondere kein Recht,
von der Eisenbahn zu verlangen, daß sie sich die Papiere für ihn
beschaffe. Er hat ferner nach Artikel 6 (1) h das genaue Verzeichnis
der für die zoll- oder steueramtliche Behandlung oder für die polizeiliche Prüfung nötigen Begleitpapiere in den Frachtbrief aufzunehmen.
Da der Absender nach Artikel 7 (1) die Haftung für Richtigkeit und
Vollständigkeit der Frachtbriefangaben trägt, so bedeutet 10 (1)
nur einen Ausbau dieser Bestimmung.

Den Zoll- und Steuerbehörden gegenüber ist wohl allgemein
die Eisenbahn als Inhaberin des Gutes für die Vollständigkeit jener
Papiere verantwortlich. Es bedarf daher für ihr Verhältnis zu dem
Absender einer besonderen Regelung. Diese trifft der Satz 2.

II. Haftung für deren Richtigkeit und Vollständigkeit.
1. Haftung des Absenders. Der Absender haftet der Eisenbahn
für den Mangel, die Unzulänglichkeit oder Unrichtigkeit der Papiere.
Unter Mangel wird man das völlige Fehlen aller oder einzelner Papiere
zu verstehen haben, während Unzulänglichkeit und Unrichtigkeit sich
auf den Inhalt der beigegebenen Papiere bezieht, der entweder den
Vorschriften nicht genügt oder falsche Angaben enthält. Der Absender
haftet, sofern der Eisenbahn nicht ein Verschulden zur Last fällt.
Die Haftung des Absenders ist hiernach ebenfalls wieder eine absolute,
strenge. Er haftet nicht nur für Verschulden, sondern weiter darüber
hinaus, wenn z. B. die Papiere durch höhere Gewalt oder Zufall
verloren gehen oder wertlos werden (so auch Düringer-Hachenburg
§ 427 Nr. III 1; vgl. auch ROH **24** 213/214: „Es soll die Frage entschieden werden, wer für den entstehenden Schaden hafte, wenn der
Frachtführer seine ganze Schuldigkeit getan habe, und dessen ungeachtet, sei es mit, sei es ohne Schuld des Absenders, etwas versehen
werde").

Daraus folgt, daß er sich auch nicht mit Verschulden seiner
Leute entschuldigen kann, für das er sonst nicht einzustehen hat
(Staub § 427 Anm. 3).

Die Haftung geht auf den Ersatz allen Schadens, den die
Eisenbahn aus dem Mangel, der Unzulänglichkeit oder Unrichtigkeit
der Begleitpapiere erleidet, so insbesondere der etwa aufgewendeten
Kosten, Strafen, Gebühren: IZ **B 1902** 10 Haftung für die Folgen
unrichtiger Inhaltsdeklaration (Champignons statt Trüffeln). Erfolgt
die Einziehung des Gutes aus diesen Gründen, so hat er keinen
Ersatzanspruch gegen die Eisenbahn. Absender haftet für Mangel
eines für den Tiertransport vorgeschriebenen ärztlichen Zeugnisses:
IZ **U 1899** 476. Strafen, zu denen der Frachtführer verurteilt ist,
muß er diesem bezahlen, auch ehe dieser sie bezahlt hat (ROH **13** 6).

2. Haftung der Eisenbahn. Die Haftung des Absenders der Eisenbahn gegenüber wird jedoch beeinflußt durch deren Verschulden, das er nachzuweisen hat. Verschulden der Eisenbahn ist gleichbedeutend mit Verschulden der Leute der Eisenbahn im Sinne des Artikels 29 IÜ. Ein solches Verschulden wird man mit Rücksicht auf Absatz 2 nicht im völligen Fehlen von Begleitpapieren erblicken dürfen. Die Eisenbahn ist nicht verpflichtet, die Papiere einer Prüfung auf ihre Richtigkeit und Vollständigkeit zu unterwerfen. Vielmehr liegt ein Verschulden der Eisenbahn vor, wenn sie die ihr vom Absender übergebenen Begleitpapiere verliert, oder wenn sie in ihnen wahrheitswidrige Abänderungen vornimmt (Gerstner IÜ 171), oder wenn sie sonst die Rechte des Absenders nicht in der ihr weiter im Artikel 10 auferlegten Weise wahrnimmt. Bei konkurrierendem Verschulden sowohl des Absenders als der Eisenbahn ist die Haftungsfrage nach dem betreffenden Landesrecht zu entscheiden: RG in IZ **1908** 298 (304); RGZ **67** 171.

Wenn nach IÜ 10 (2) die Eisenbahnen auch dem Publikum gegenüber nicht verpflichtet sind, in eine Prüfung der Begleitpapiere einzutreten, so hindert das nicht, daß interne Dienstvorschriften im eigenen Interesse glatter Abwickelung des Verkehrs eine solche, dem Publikum gegenüber indes nicht verbindliche Prüfung vorschreiben (so für die Verwaltungen des Deutschen Eisenbahn-Verkehrs-Verbandes in Kundmachung 6). Die Unterlassung der Prüfung kann aber gegenüber der klaren Bestimmung des IÜ trotzdem nicht als „Verschulden" der Eisenbahn angesehen werden. Das widerspräche dem Grundsatz des Artikels 4 (Gerstner NSt 64).

III. **Klarierungsmonopol der Eisenbahn.** Der Absender hat ebensowenig wie der Empfänger kein Recht, der Eisenbahn, solange das Gut sich auf dem Wege befindet, die ihr durch das IÜ auferlegte Verzollungspflicht abzunehmen. Die Eisenbahn handelt kraft eigener, ihr vom Gesetz aufgetragener Befugnis in eigenem Namen, aber in dem durch das IÜ fingierten unabänderbaren Auftrage des Absenders (Gerstner IÜ 173): Sie hat die Stellung (und auch die Rechte — Gerstner IÜ 174) eines Kommissionärs, d. h. sie handelt gewissermaßen für Rechnung des Absenders, dessen Rechte sie wahrzunehmen hat. Sie ist auch berechtigt, die Geschäfte ihrerseits einem Kommissionär zu übertragen, wenn sie diese nicht selbst ausführen will. Das geschieht aber in ihrem eigenen Namen und unter ihrer Verantwortung. Sie haftet dem Absender auch dafür selbst als Kommissionär. Diese Pflichten richten sich nach dem Landesrecht des betr. Verzollungsvorganges. Der Grund, weshalb man der Eisenbahn die Vornahme der Zollhandlungen übertrug, ist darin zu suchen, daß man dem an sich dazu verpflichteten Absender die Einwirkung auf das Gut während der Beförderung entziehen wollte, da sonst der Eisenbahn nicht die Haftung für das Gut (Art. 30) hätte auferlegt werden können (Gerstner IÜ 175). Der Gedanke, die Haftpflicht der Eisenbahn während der Zollbehandlung ruhen zu lassen (P I 12), hätte zur Unmöglichkeit eines durchgehenden Transportes führen müssen. Man gab ihn daher auf unter Ausschließung des Absenders vom Gute (P II 20, 89). Indes ist von Gerstner namentlich auf der Pariser Revisionskonferenz (R I 169 ff., besonders S. 173) darauf hingewiesen, daß das nicht unbedingt nötig sei. Das Gut brauche weder dem Absender noch seinem Bevollmächtigten übergeben noch dem Gewahrsam der Eisenbahn entzogen zu werden.

da es ja genügen würde, ihm die Begleitpapiere auszuantworten. Die Mehrheit der Konferenz ist anderer Meinung gewesen, und so ist es zu einer Änderung am Klarierungsmonopol — das namentlich im Verkehr mit Rußland so schmerzlich empfunden wird — nichts geändert, trotz eines von Österreich, Ungarn und der Schweiz unterstützten Antrages Deutschlands, der dem Absender die Möglichkeit geben wollte, auf seinen Wunsch selbst oder durch einen Bevollmächtigten zu verzollen. Ein in gleicher Richtung sich bewegender Antrag Österreich-Ungarns wurde auch in der Berner Revisionskonferenz erneut abgelehnt (R II 58, 62 gegen die drei Stimmen Deutschlands, Österreichs und Ungarns) und zwar u. a. aus Gründen der Einheitlichkeit und der Beschleunigung (!).

Aus dem Klarierungsmonopol folgt die Haftung der Eisenbahn als Warenführer für die Zollformalitäten: RGIZ **1896** 52; für Nichtbeachtung der vom Absender gegebenen Inhaltsdeklaration: IZ **F 1896** 211; für Nichtbeachtung der Verzollungsvorschrift IZ F **1894** 158; für Maßnahmen zur Pflege des Gutes während der Zollbehandlung OLG Marienwerder IZ **1898** 98. — Haftung für den baulichen Zustand der Zollschuppen RGIZ **1909** 161; — für Auslieferung unverzollten Gutes an den Empfänger (Art. 41) IZ **Oe 1905** 220.

IV. **Mitwirkungsrecht des Absenders während der Beförderung.** Dem Verfügungsberechtigten ist aber wenigstens das Recht zuerkannt, der Zollbehandlung entweder selbst beizuwohnen oder sich durch einen im Frachtbriefe genannten Bevollmächtigten vertreten zu lassen (Art. 6 (1) h). Es ist ihm jedoch noch ausdrücklich das Recht genommen, das Gut dazu in Besitz zu nehmen oder die Zollbehandlung selbst vorzunehmen. Diese Bestimmung stammt aus der zweiten Konferenz (P II 90) und ist (wie Gerstner IÜ 176 Anm. 18 bemerkt) aufgenommen, um den eben erwähnten Anschauungen der Minorität einigermaßen Rechnung zu tragen. Auf diese Weise ist es dem Absender immerhin ermöglicht, seine Rechte bei der Zollbehandlung wahrzunehmen, die etwa nötigen Aufklärungen zu geben, auf richtige Tarifierung hinzuwirken und schließlich auch selbst den Zoll zu entrichten.

Der „Verfügungsberechtigte" kann, solange das Gut sich auf dem Wege befindet, nur der Absender sein (so heißt es auch z. B. in EVO § 65 (4)), denn sein Verfügungsrecht erlischt nach Artikel 15 (4) erst mit der Übergabe des Frachtbriefes an den Empfänger nach Ankunft des Gutes am Bestimmungsorte oder nach Zustellung der Klage des Empfängers an die Eisenbahn auf Übergabe des Frachtbriefes und Auslieferung des Gutes an ihn (Art. 16 (2)), was ebenfalls erst nach Ankunft des Gutes am Bestimmungsort geschehen kann. Bis dahin aber — und Artikel 10 (4) hat nur das rollende Gut im Sinn, deshalb ist die Bemerkung Egers auf S. 128 oben und 129 unten irrig — ist nur der Absender „Verfügungsberechtigter". (So statt aller anderen Gerstner IÜ 175 Anm. 15; Rosenthal 92; IZ **CA 1908** 261.)

Der Absender wird aber nicht das Frachtbriefduplikat vorweisen müssen; seine Tätigkeit greift ja nicht in Rechte des Empfängers ein, die von der Eisenbahn zu schützen wären (Gerstner ebenda), wie Artikel 15 (2) es voraussetzt und ebenso Artikel 18 (4), 26 (2) und § 5 (2) Ausf.-Best. zu Artikel 12 (4).

V. **Mitwirkung des Empfängers am Bestimmungsorte.** Hier handelt es sich — im Gegensatz zu (1)—(4) — um das „angekommene"

Gut. „Bei" der Ankunft, natürlich aber erst, nachdem der Empfänger in den Frachtvertrag gemäß Artikel 16 (2) eingetreten ist; denn vorher, darauf weist Gerstner durchaus mit Recht hin, hat er ja mit dem Frachtvertrage und mit dem Gute nichts zu schaffen, hat er das Recht — wenn nicht etwas anderes im Frachtbriefe vermerkt ist, die zoll- und steueramtliche — auch die polizeiliche (Gerstner 177 19) — Abfertigung selbst vorzunehmen. Auf Antrag der Schweiz ist aber der Eisenbahn zu der ihr sonst nur wegen des rollenden Gutes obliegenden Klarierungspflicht auch die für das angekommene Gut auferlegt worden für den Fall, daß weder der Empfänger noch auch gemäß anderweiter Anweisung seitens des Absenders im Frachtbriefe ein Dritter die Behandlung besorgt.

VI. **Statistische Papiere.** Die Beibringung der statistischen Papiere ist im IÜ trotz eines dahin gehenden deutschen Antrages nicht vorgeschrieben worden. Man wird aber trotzdem verlangen müssen, daß der Absender in den Ländern, wo er Träger der statistischen Pflicht ist, auch diese Papiere bei Abgang des Gutes, um es transportfähig zu machen, beifügen muß. (Vgl. Gesetz betr. die Statistik des Warenverkehrs des deutschen Zollgebiets mit dem Auslande vom 20. Juli 1879 (RGBl S. 261) in der Fassung des Gesetzes vom 7. Februar 1906 (RGBl S. 104, 108) und Ausf.-Best. sowie Dienstvorschriften vom gleichen Tage (S. 109; ZBl S. 137). Kundmachung 6 f. d. Kreis des Deutschen Eisenbahn-Verkehrsverbandes.)

Artikel 11.

Grundsätze für die Frachtberechnung.

(1) Die Berechnung der Fracht erfolgt nach Maßgabe der zu Recht bestehenden, gehörig veröffentlichten Tarife. Jedes Privatübereinkommen, wodurch einem oder mehreren Absendern eine Preisermäßigung gegenüber den Tarifen gewährt werden soll, ist verboten und nichtig. Dagegen sind Tarifermäßigungen erlaubt, welche gehörig veröffentlicht sind und unter Erfüllung der gleichen Bedingungen jedermann in gleicher Weise zugute kommen.

(2) Außer den im Tarife angegebenen Frachtsätzen und Vergütungen für besondere im Tarife vorgesehene Leistungen zugunsten der Eisenbahnen dürfen nur bare Auslagen erhoben werden — insbesondere Aus-, Ein- und Durchgangsabgaben, nicht in den Tarif aufgenommene Kosten für Überführung und Auslagen für Reparaturen an den Gütern, welche infolge ihrer äußeren oder inneren Beschaffenheit zu ihrer Erhaltung notwendig werden. Diese Auslagen sind gehörig festzustellen und in dem Frachtbriefe ersichtlich zu machen, welchem die Beweisstücke beizugeben sind.

2). In betreff des Artikels 11 erklären die unterzeichneten Bevollmächtigten, daß sie keine Verpflichtung eingehen können, welche die Freiheit ihrer Staaten in der Regelung ihres internen Eisenbahnverkehrs beschränken würde. Sie konstatieren übrigens, jeder für den von ihm vertretenen Staat, daß diese Regelung zurzeit mit den im Artikel 11 des Übereinkommens festgestellten Grundsätzen sich im Einklange befinde, und sie betrachten es als wünschenswert, daß dieser Einklang erhalten bleibe.*

3. Es wird ferner anerkannt, daß durch das Übereinkommen das Verhältnis der Eisenbahn zu dem Staate, welchem sie angehören, in keiner Weise geändert wird, und daß dieses Verhältnis auch in Zukunft durch die Gesetzgebung jedes einzelnen Staates geregelt werden wird, sowie daß insbesondere durch das Übereinkommen die in jedem Staate in Geltung stehenden Bestimmungen über die staatliche Genehmigung der Tarife und Transportbedingungen nicht berührt werden.

Bemerkungen.

IÜ 4.   EVO 6, 68.   VBR 48 (Zus. I und V).   Übk zum VBR GAV § 33.   Landesrecht zu Art. 11 (1) Zusammenstellung S. 51. — SVE XIII (Art. 7).   MSVE 34.   DVE XIII (Art. 7).   DDVE LIII. P I 13, 64 (1 c), 66.   P II 21, 90—92.   P III 34, 60, 61, 66, 74, 111 II.   R I 73, 83, 155.   R II 17, 24. — Gerstner IÜ 197, 181.   Gerstner NSt 65.   Rosenthal IÜ 94.   Fritsch IÜ 635.   Eger IÜ 130.   von der Leyen Goldschmidts Z 39 50, 70.   Calmar 92.   Hilscher 80.   Schwab 135.   v. Rinaldini 19.   Marchesini 1 274.

I. Ansprüche der Eisenbahn aus dem Beförderungsvertrage. Für die Eisenbahn können aus einem Beförderungsvertrage drei verschiedene Ansprüche entstehen: regelmäßig der auf Fracht, d. h. auf Entgelt für die eigentliche Beförderungsleistung (Art. 11 (1)), daneben Anspruch auf Vergütung für besondere Leistungen, die nicht bei jedem Beförderungsvertrage vorkommen, die sog. Nebengebühren, endlich der Ersatz der etwaigen baren Auslagen (Art. 11 (2)). Fracht und Nebengebühren werden erhoben auf Grund der Tarife.

II. Tarife. (Vgl. Art. 4 II.) Das Wort wird hier im Sinne von Preisverzeichnis gebraucht. Art. 11 (1) enthält die grundlegenden Bestimmungen über die Frachtberechnung. Beim Großbetriebe der Eisenbahnen kann der Preis nicht für jede einzelne Leistung von Fall zu Fall festgesetzt werden. Er muß vielmehr ein für allemal im voraus festgelegt und entsprechend der allgemeinen Bedeutung der Eisenbahnen als Verkehrsanstalt jedem Interessenten erkundbar öffentlich bekannt gemacht sein. Das erscheint namentlich auch aus allgemein volkswirtschaftlichen Rücksichten notwendig. Die Preisbestimmung muß der Willkür der Parteien entzogen sein, namentlich weil es sonst die Eisenbahnen trotz des Beförderungszwanges (Art. 5) durch einseitige Bevorzugung einzelner Interessentenkreise infolge ihrer Monopolstellung in der Hand hätten, andere ihnen weniger genehme völlig lahm zu legen, indem sie ihnen besonders hohe Preise für die Beförderung ihrer Waren berechneten. Eine „einheitliche erschöpfende

---

*) Aus dem (Schluß-) Protokoll siehe Fußnote bei Artikel 1 S. 32.

Normierung der Frachtsätze" durch die Vertragsstaaten (MSVE 34) mußte mit Rücksicht auf die mannigfaltigen Interessen und Rechte der Eisenbahnunternehmer in den verschiedenen Staaten wegen unüberwindlicher Schwierigkeiten unterbleiben. Man hat sich deshalb in weiser Beschränkung auf das unbedingt Notwendige damit begnügt, sich nur über die allerobersten Grundprinzipien zu einigen, namentlich auch, weil ins Einzelne gehende Festsetzungen die Tarifhoheit der einzelnen Staaten betroffen hätten. Artikel 11 stellt als drei Grundsätze auf den der Rechtsbeständigkeit, Öffentlichkeit und Gleichheit der Tarife.

1. Die Rechtsbeständigkeit bestimmt sich für jeden einzelnen Tarif nach den in den beteiligten Staaten bestehenden Landesrechten. Durch das IÜ sollen in diesem Punkte namentlich „die in jedem Staate in Geltung stehenden Bestimmungen über die staatliche Genehmigung der Tarife und Transportbedingungen nicht berührt werden".

2. Die Öffentlichkeit: Jedermann muß in die Lage gesetzt sein, sich über die auf den öffentlichen Verkehrsanstalten geltenden Beförderungsbedingungen zu unterrichten. In welcher Weise die Veröffentlichung zu erfolgen hat, um als eine „gehörige" gelten zu können, entscheidet sich ebenfalls nach Landesrecht. (Näheres s. bei Gerstner IÜ 200, NSt 68, R I 33, 87, 120. Als Grundgedanke ist festzuhalten, daß die Bekanntgabe so erfolgt, daß sie zur „öffentlichen Kenntnis" gelangt. Vgl. IZ Oe 1901 76. Gerstner NSt 69. Vgl. z. B. IZ F 1896 104: Jede Eisenbahn ist nur zum Anschlage ihrer eigenen Tarife verpflichtet.)

3. Aus beiden Grundsätzen ergibt sich der dritte, der der Gleichheit oder Gleichmäßigkeit der Tarife. Wenn die Frachtberechnung zu erfolgen hat nach Maßgabe der zu Recht bestehenden, gehörig veröffentlichten Tarife, so ist damit gleichzeitig gesagt, daß zugunsten einzelner Verfrachter von diesen Tarifen nicht abgewichen werden darf, wie das in Satz 2 und 3 noch einmal ganz ausdrücklich ausgesprochen ist. Danach ist es verboten, im Wege des Privatübereinkommens oder sonst einem Einzelnen oder mehreren Personen entgegen den Tarifen Vergünstigungen zu gewähren. Verboten ist jede an Einzelne während des Eisenbahntransports gewährte geldwerte Bevorzugung, (Ulrich S. 85) „mag sie sofort oder im Wege nachträglicher Rückvergütung (Refaktie), mag sie direkt oder indirekt gewährt werden". (Gerstner IÜ 203.) Erlaubt sind daher abändernde Übereinkommen mit anderen staatlichen Behörden (Reichspostverwaltung, Militärfiskus) sowie gehörig veröffentlichte Preisermäßigungen, die jedem Interessenten unter Berücksichtigung gleichmäßiger Bedingungen freistehen (Art. 11 (1) Satz 3) (Rabattarife), ferner sog. Notstandstarife bei Feuers-, Wassers-, Hungersnot und anderen allgemeinen Notständen, die jedoch dann meist im Wege eines besonderen Gesetzes oder einer Verordnung zur Einführung gelangen. Vgl. auch RGIZ 1899 715: Zusicherung eines noch nicht genehmigten Spezialtarifs unter Voraussetzung der ministeriellen Genehmigung ist gültig. Zuwiderhandlungen gegen das Gebot der Gleichheit machen die betr. Bahn eventuell schadensersatzpflichtig, sowohl gegenüber anderen Verkehrsinteressenten (IZ F 1898 180), wie gegenüber anderen Eisenbahnen. Die Begünstigung ist nichtig (IZ S 1902 52); es kann also das zu wenig Erhobene nachgefordert werden. (Gerstner IÜ 205, Rosenthal 101.)

Eine andere Ahndung derartiger Zuwiderhandlungen, namentlich eine strafrechtliche, ist in Deutschland nicht vorgesehen. (Von der Leyen Goldschmidts Zeitschr. **39** 50. Vgl. auch Rosenthal 101, der eine solche für Niederlande und Frankreich erwähnt.)

In Frankreich sind die Stationsbeamten strafrechtlich verantwortlich für Beobachtung der tarifarischen Bestimmungen, namentlich bezüglich der Wagengestellung. IZ **F 1908** 12 (s. a. die Redaktionsbemerkung dazu) und 112 (!).

4. Das Verbot des Artikels 11 (1) Satz 2 bezieht sich nur auf den internationalen Verkehr. Die Bemühungen Deutschlands, in das IÜ eine weitergehende, auch den internen Verkehr in den Vertragsstaaten nach dieser Richtung beeinflussende Regelung herbeizuführen, sind gescheitert. Ihr einziges Ergebnis ist die Ziffer 2 des Protokolls. Das Nähere vgl. oben Einleitung S. 12 und Gerstner IÜ 205 ff, von der Leyen Goldschmidts Zeitschr. **39** 51, P **III** 64, 65, Rosenthal 101, auch IZ **U 1905** 175: Sonderabkommen mit einzelnen Absendern sind nicht unzulässig, wenn sie nicht gegen das Prinzip der Öffentlichkeit verstoßen oder das Gemeinwohl schädigen (Kurie Budapest).

5. Unrichtige Tarifauskunft siehe Art. 29 III 2.

III. Frachtberechnung. 1. Wenn nebeneinander mehrere Tarife zu Recht bestehen, entsteht die Frage, welcher von ihnen zur Anwendung im einzelnen Falle zu gelangen hat. Zu ihrer Entscheidung ist zweckmäßig auf den in Artikel 6 (1) l angedeuteten Grundgedanken zurückzugehen, wonach es Sache des den Frachtbrief ausstellenden Absenders ist, den einzuhaltenden Transportweg vorzuschreiben — abgesehen davon, daß ihm nach Artikel 6 (1) e das Recht zusteht, die Anwendung von Spezialtarifen zu verlangen. — Wenn dem strengen Wortlaute nach jene Bestimmung sich auch nur auf den Transport w e g bezieht, so bezieht sie sich ihrem Sinne nach auch auf die Wahl zwischen verschiedenen Tarifen, wie das Reichsgericht in seinem Urteil vom 21. September 1898 IZ **1898** 744 dargelegt hat, namentlich auch unter Berufung auf die im Frachtbriefformular enthaltene Spaltenüberschrift: „Angabe der anzuwendenden Tarife und Routenvorschrift." (Gerstner NSt 47.) So auch IZ **F 1896** 331, **1898** 401. Vgl. Artikel 6 II e und l.

Der anzuwendende Tarif muß zur Zeit des Abschlusses des Frachtvertrages in Geltung sein, d. h. bei direkten Sendungen im Zeitpunkt der Übergabe und Annahme des Gutes auf der Versandstation, bei Umkartierungen jeweils im Zeitpunkte dieser. (So auch Gerstner NSt 70 und dort Angeführte.)

2. Beispiele: Unklare Fassung der Tarifbestimmungen geht zu Lasten der Eisenbahnen und ist gegen sie auszulegen. OLG Dresden EE **21** 78. — Bei Waren gleicher Qualität, für die in der Güterklassifikation je nach deren Verwendung eine verschiedene Tarifierung vorgesehen ist, gelangt die betreffende Klasse nur dann zur Anwendung, wenn sie tatsächlich zu dem im Frachtbrief angegebenen Zwecke verwendet worden sind, abgesehen davon, daß sonst auch eine falsche Inhaltsdeklaration vorliegt: IZ **U 1899** 647. Fahrzeug ist auch vorhanden, wenn es zerlegt und seine sämtlichen Teile in einer Sendung zusammen befördert werden: IZ **F 1895** 229. — Es ist ein Spezialtarif verlangt, der für 5000 kg gewährt wird. Die Sendung von 9397 kg ist auf 2 Wagen à 5000 kg, anstatt — wie Absender verlangt — auf e i n e n zu 10 000 kg, verladen unter Anwendung des be-

antragten Spezialtarifs. Das ist zu Recht geschehen. Die Eisenbahn ist nicht verpflichtet, 10 000 kg-Wagen zu stellen: IZ **F 1899** 184. Anders, wenn der billigste Wagenladungstarif verlangt wurde, wo nur die strikt nötige Anzahl Wagen zur Verwendung kommen darf: IZ **F 1900** 401. Tarifierung der überschießenden Gewichte der zu den Bedingungen von Spezialtarifen aufgeführten Sendungen: IZ **F 1904** 303. Im allgemeinen dürfen nicht mehr Wagen verwendet werden, als unbedingt nötig sind: IZ **R 1898** 807. Frachtberechnung bei Reexpedition: IZ **Oe 1900** 254. Bei Aufgabe verschieden tarifierender Güter auf einen Frachtbrief wird nicht der Gesamtbetrag, sondern der Betrag für jedes Gut einzeln aufgerundet: IZ **F 1895** 301.

IV. **Nebengebühren** und Auslagen. 1. Außer den in den Tarifen festgesetzten Vergütungen für Fracht darf die Eisenbahn noch die ebenfalls in den Tarifen ein für allemal festgesetzten Vergütungen für gewisse Leistungen erheben, die nicht unmittelbar zur Beförderung gehören, so für Wägen, Zählen, Auf- und Abladen, Deckenmiete, Lagern, Nachnahmeprovision, Besorgen der Zoll- und Steuerbehandlung, Desinfizieren, Interessedeklaration u. s. f. Für diese Leistungen werden die Gebühren nur in dem besonderen Falle erhoben, wo sie entstanden sind, und zwar n e b e n der Fracht; daher: „Nebengebühren".

2. Wenn die Eisenbahn besondere Auslagen bei einem Transport gehabt hat, für die im Tarif besondere (Durchschnitts-) Sätze nicht festgelegt sind, so dürfen diese in der tatsächlich aufgelaufenen Höhe wieder eingefordert werden. Dann aber sind sie im Frachtbrief ersichtlich zu machen, auch ist die Höhe — namentlich hinsichtlich der Angemessenheit — gehörig festzustellen und durch Beifügung der Belege (Art. 6 (3)) der Nachweis der erfolgten Verauslagung zu führen. Hierher gehören vor allem die Aufwendungen, welche die Eisenbahn zur Erhaltung des Gutes im Interesse des Absenders gemacht hat. Die Aufzählung in 11 (2) ist keine erschöpfende. So sind hierher noch zu rechnen die Auslagen für den Frachturkundenstempel (bei Überweisungsfracht nach dem Auslande), ferner die etwaigen Barvorschüsse (Art. 13 (5)).

3. Beispiele, in denen aufgewendete Auslagen als im Interesse des Gutes gelegen angesehen wurden: ROH **20** 189: nur diejenigen Kosten und Auslagen, „welche durch die übliche Art der Versendung und das übliche Maß der hierfür erforderlichen Aufwendungen ihre Rechtfertigung finden". „Es muß ein richtiges Verhältnis zwischen Mittel und Zweck gegeben sein, der Transport muß nicht unter allen Umständen und mittels jeden Opfers durchgeführt werden" (Rosenthal 105). Umschaufeln warm gewordenen Getreides (Begr. zu EVO § 68). Umpacken, Umfüllen oder Zufüllen gegen Gärung (IZ **B 1895** 354). Über Zölle siehe IZ **F 1895** 397, **D** RGIZ **1897** 224, IZ **F 1898** 592. Es genügt, daß die Zölle rechtmäßig verauslagt sind, auch wenn sie im Frachtbrief nicht vermerkt sind, und das Gut dem Empfänger ausgeliefert ist (s. aber dagegen RG JW **1909** 502 (?)). Der Empfänger wird nicht damit gehört, daß der Zoll unrechtmäßig erhoben sei (EE **18** 34). Nachzoll RGIZ **1897** 224; KGIZ **1908** 366. Vgl. auch IZ **F 1901** 326 (?) und Bemerkungen zu Art. 16/17 am Ende. Der Absender kann die Ladegebühren nur dann sich abziehen, wenn die von ihm vorgenommene Verladung nach dem in Frage kommenden Tarif zulässig ist: IZ **F 1895** 398. Unter „Barauslagen" sind nicht erhöhte Betriebskosten zu verstehen. Die

Eisenbahn darf nicht Überführungsgebühren erheben, die im Tarif nicht vorgesehen sind: IZ Oe 1898 331. Wegen der „Stations- und Übergabegebühren", die nicht sämtliche „Nebengebühren" umfassen, im Österreichisch-Russischen Grenzverkehr siehe IZ Oe 1900 124. Die Auslagen brauchen nicht im Frachtbrief selbst zahlenmäßig verzeichnet zu sein, es genügt, wenn sie sich aus den in Bezug genommenen Reglementen und Tarifen berechnen lassen: DKG IZ 1908 366.

Artikel 12.
Zahlung der Fracht.

(1) Werden die Frachtgelder nicht bei der Aufgabe des Gutes zur Beförderung berichtigt, so gelten sie als auf den Empfänger angewiesen. Es ist gestattet, auf die Fracht einen beliebigen Teil als Frankatur anzuzahlen.

(2) Bei Gütern, welche nach dem Ermessen der annehmenden Bahn schnellem Verderben unterliegen oder wegen ihres geringen Wertes die Fracht nicht sicher decken, kann die Vorausbezahlung der Frachtgelder gefordert werden.

(3) Wenn im Falle der Frankierung der Betrag der Gesamtfracht beim Versand nicht genau bestimmt werden kann, so kann die Versandbahn die Hinterlegung des ungefähren Frachtbetrages fordern.

(4) Wurde der Tarif unrichtig angewendet, oder sind Rechnungsfehler bei der Festsetzung der Frachtgelder und Gebühren vorgekommen, so ist das zu wenig Geforderte nachzuzahlen, das zu viel Erhobene zu erstatten und zu diesem Zwecke dem Berechtigten tunlichst bald Nachricht zu geben. Ein derartiger Anspruch auf Rückzahlung oder Nachzahlung verjährt in einem Jahre vom Tage der Zahlung an, sofern er nicht unter den Parteien durch Anerkenntnis, Vergleich oder gerichtliches Urteil festgestellt ist. Auf die Verjährung finden die Bestimmungen des Artikels 45, Absatz (3) und (4), Anwendung. Die Bestimmung des Artikels 44, Absatz (1), findet keine Anwendung.

§ 5 der Ausführungsbestimmungen zum IÜ.
(Zu Artikel 12 des Übereinkommens.)

(1) Die Versandstation hat im Frachtbrief-Duplikat die frankierten Gebühren, welche von ihr in den Frachtbrief eingetragen wurden, zu spezifizieren.

(2) Zur Erhebung der im Artikel 12, Absatz (4), des Überein-
kommens vorgesehenen Ansprüche gegen die Bahnverwaltung genügt
in dem Falle, wenn die Frachtgelder bei der Aufgabe des Gutes zur
Beförderung berichtigt wurden, die Beibringung des Frachtbrief-
Duplikates.

Bemerkungen.

IÜ 45. EVO 69, 70, 71. HGB 470. VBR 49 (Zus. I und V).
Übk zum VBR 8, 9. GAV § 33. — SVE XIII (Art. 8). DVE XIII
(Art. 8). DDVE LIII. P I 13, 66, 78—81. P II 24, 34, 93,
101, 140. P III 34, 35, 36, 15, 51, 151, 167. R I 75, 83, 207, 227,
267. R II 16, 17, 25, 26. 152. — Gerstner IÜ 215. Gerstner NSt
70. Rosenthal IÜ 106. Fritsch IÜ 636. Eger IÜ 142. Reindl EE
16 10. von der Leyen Goldschmidts Z **39** 76; **49** 413; **65** 20.
Calmar 119. Hilscher 112. Schwab 140. v. Rinaldini 164. Marchesini 1·274, 282. Staub § 439. Düringer-Hachenburg **III** 690.

I. **Frankierung oder Überweisung.** 1. Zur Zahlung der aus dem
Frachtvertrage sich ergebenden Gebühren (Fracht, Nebengebühren,
bare Auslagen) ist der Absender verpflichtet; denn mit ihm hat die
Eisenbahn das Vertragsverhältnis geschlossen. Seiner Verpflichtung
kann er in zweierlei Weise nachkommen. Entweder er zahlt im voraus,
oder er weist den Betrag auf den Empfänger an. Wie er verfahren will,
ist regelmäßig seiner freien Wahl überlassen, bis auf die in Abs. (2)
erwähnten Fälle, wo es sich um Güter handelt, die infolge schnellen
Verderbens oder wegen zu geringen Wertes die voraussichtlich auf-
kommende Fracht nicht decken würden, und bei denen daher Franka-
turzwang besteht.

2. Will der Absender die Fracht im voraus bezahlen, so hat er
in den Frachtbrief den Frankaturvermerk zu setzen. Vgl. Artikel 6 (1) i.
Fehlt dieser Vermerk, so besteht die Vermutung, daß der Absender
von seinem Rechte Gebrauch gemacht hat und den Empfänger zur
Bezahlung angewiesen habe. Mit dieser Anweisung allein ist aber noch
keine Verpflichtung für den Empfänger begründet, die Zahlung auch
tatsächlich zu leisten. Durch Annahme eines solchen Frachtbriefes
ohne Frankaturvermerk erklärt sich vielmehr zunächst nur die Eisenbahn damit einverstanden, die Beförderung ohne Vorauszahlung der
Kosten zu bewirken. Sie muß den Transport zunächst ausführen und
versuchen, vom Empfänger die Kosten zu bekommen. Sie kann sich
wegen dieser nur dann an den Absender und an das Gut halten, wenn
der Empfänger sich nach Ankunft des Gutes zur Zahlung nicht bereit
findet (Art. 16 und 17). Für die angewiesene, aber bei der Auslieferung
des Gutes nicht erhobene Fracht kann der Absender nicht nachträglich
in Anspruch genommen werden: IZ **Oe 1902** 254.

3. Der Frankaturvermerk verpflichtet im Zweifel den Absender
nur zur Zahlung desjenigen Betrages, der auf der Versandstation
berechnet werden kann, oder gar nur eines bestimmten Teilbetrages,
da jetzt Abs. (1) Satz 2 dem Absender das Recht gibt, nur einen Teil
der Fracht im voraus zu bezahlen. (Dementsprechend Zusatzbestimmungen des ITK zu Artikel 6 unter 11. Vgl. oben Art. 6 II i.)
Teilfrankatur verwirkt nicht den Anspruch auf Anwendung des
direkten Frachtsatzes: IZ **U 1899** 396.

4. Derjenige Kostenbetrag, dessen Zahlung der Absender nach dem Wortlaute seines Vermerks nicht übernimmt, gilt nach Artikel 12 (1) Satz 1 als auf den Empfänger angewiesen. Näheres siehe Artikel 16, 17.

5. Auch die Hinterlegung eines derartigen Frankaturvorschusses ist nach Artikel 6 (1) i im Frachtbrief vom Absender zu vermerken.

II. Nachzahlungspflicht und Frachterstattung. 1. Entsprechend der in Artikel 11 festgesetzten Gleichmäßigkeit der Tarifanwendung gegenüber jedermann bestimmt Art. 12 (4) noch ausdrücklich, daß im Falle unrichtiger Tarifanwendung oder von Rechnungsfehlern bei der Fracht- oder Gebührenberechnung eine Nachzahlung des zu wenig Erhobenen stattzufinden hat. Solche Fälle können bestehen: in Verstoß gegen Artikel 6 (1) l Absatz 2, in unrichtiger Anwendung der Güterklassifikation, in Anwendung eines Ausnahmetarifs, wo er nicht anzuwenden war. Nicht hierher gehören Berechnungen auf Grund falscher Deklarationen seitens des Absenders im Frachtbrief. Nach Entdeckung eines auf unrichtigen Angaben des Absenders beruhenden Fehlers in der Frachtberechnung muß daher gemäß Artikel 11 (1) Richtigstellung erfolgen — ebenso wie wenn sich herausstellt, daß eine bahnamtliche Verwiegung falsch gewesen ist. In solchen Fällen handelt es sich aber weder um unrichtige Anwendung des Tarifs noch um Rechenfehler (so auch Reindl EE **25** 13 und dort Zitierte und VerZtg. **1899** 545; Düringer-Hachenburg § 470 II 3 u. 4 gegen Eger), sondern um richtige Berechnung auf Grund objektiv falscher Grundlagen. Es kann daher die Verjährungsvorschrift des Artikels 12 (4) hier keine Anwendung finden, sondern in Deutschland BGB § 196 Z. 3: Verjährung in zwei Jahren.

Passiv legitimiert, zu Nachzahlungen verpflichtet ist der Absender, wenn der Empfänger den Frachtbrief nicht einlöst (IZ **Oe 1902** 88), ebenso wenn und soweit er den Freivermerk auf den Frachtbrief gesetzt hat, und der Empfänger diesen inzwischen eingelöst hat. (Vgl. dazu P II S. 26, 93 zu Art. 12; 34, 101 zu Art. 17 und Gerstner IÜ 217; Rosenthal 110). Der Empfänger hat nachzuzahlen, wenn er bei Überweisungsfracht den Frachtbrief eingelöst hat (IZ **I 1894** 158), auch der Spediteur als Empfänger (Adreßspediteur) ohne Rücksicht darauf, ob er die Beträge vom eigentlichen Empfänger erhält (**D KGIZ 1908** 366; EE **24** 348). Die Eisenbahn wird sich auch bei Frankaturfrachtbriefen in solchen Fällen an den Empfänger halten und das Gut erst ausliefern, nachdem er die im Frachtbrief ersichtlich gemachten Beträge gezahlt hat (Art. 16 (1); 17; 20; 21), und Sache des Empfängers wird es sein, sich an den Absender zu halten. Verweigert Empfänger die Zahlung: Ablieferungshindernis s. Artikel 24.

2. Ebenso sind zu Unrecht erhobene Mehrbeträge von der Eisenbahn zurückzuzahlen (Frachterstattungen).

a) Aktivlegitimation. Zur Empfangnahme der Mehrfracht sowie zur Geltendmachung der Ansprüche wegen Frachterstattung ist derjenige berechtigt, der die Fracht bezahlt hat. (Vgl. Zus.-Best. 2 zu Art. 12.)

Wer zur Nachzahlung verpflichtet ist, siehe b.

Über die Form der Frachterstattungsanträge und die Adresse, an die sie zu richten sind, siehe Zus.-Best. 2.

Beispiele: IZ **F 1894** 159: Es genügt, wenn der Absender zur Rückerstattung eines Teiles der von ihm bezahlten Fracht für den Empfänger bestimmte Rezepisse vorlegt. IZ **Oe 1897** 433: Der Verlust der Original-Aufnahmescheine hat nicht den Untergang des Anspruchs auf Frachtrückerstattung zur Folge. IZ **Oe 1901** 23: Nicht wer materiell berechtigt ist, sondern wer legitimiert erscheint, hat das Forderungsrecht auf Zahlung von Frachtbeträgen gegen die Eisenbahn. IZ **Oe 1903** 142: Eisenbahn haftet, wenn sie einen rückzuerstattenden Betrag durch ihre Kasse — nicht durch Zusendung an den Berechtigten — zahlt, wenn sie an einen unredlichen Vorzeiger des Benachrichtigungsschreibens zahlt.

b) Passiv legitimiert für Frachterstattungsansprüche ist jede am Frachtvertrag beteiligte Bahn. Condictio indebiti kommt für die Rückforderung zuviel gezahlter Fracht nicht in Frage; denn Artikel 17 bestimmt, daß der Empfänger, um die Ware zu erhalten, zahlen muß, auch wenn er von der Unrichtigkeit der Frachtgebühr überzeugt ist, also ein Irrtum in der Leistung nicht vorliegen kann. IZ **Oe 1900** 161; **1904** 236; **1907** 439; EE **Oe 21** 67. (Wegen Frachtzuschlags s. Art. 7 (6).) Beweislast, daß der angewendete Tarif zu Recht angewendet ist, trifft daher die Eisenbahn: IZ LG Hannover und AG Dortmund **1896** 367, 368; OLG Cöln ebenda **1898** 659.

Die Eisenbahn ist verpflichtet, die Frachtbriefe nach Erledigung der Reklamation zurückzugeben. IZ **Oe 1895** 399. Aufrechnung: Empfänger ist nicht berechtigt, gegen den Nachzahlungsanspruch der Eisenbahn mit dem ihm aus der falschen Frachtberechnung erwachsenen Schaden aufzurechnen. Er könnte sich dann nur auf § 823 BGB: Außerkontraktliches Verschulden der Eisenbahn, stützen. Das ist nicht zulässig, weil durch dieses Verschulden nur das Vermögen des Empfängers, nicht aber eines der im § 823 genannten Rechtsgüter verletzt ist. (OLG Hamburg EE **24** 184. Vgl. auch IZ **1908** 329; KG EE **24** 348 (?); Sp. u. Sch. Ztg. **1908** 107.) Ebenso IZ **Oe 1903** 8.

c) Beispiele: Unrichtige Tarifanwendung liegt nicht vor, wenn nachträglich eine billigere Route verlangt wird wegen schuldhaften Verstoßes gegen Artikel 6 (1) 1. Deshalb Verjährung wegen Schadensersatz-Anspruches aus dem Frachtvertrage, die in IÜ nicht geregelt ist. Jedoch Artikel 44 (1). Vgl. EE **Oe 21** 289.

IZ **Oe 1898** 327: Wenn im Interesse der Partei eine möglichst rasche Beförderung des (leichtverderblichen) Gutes liegt, so ist nicht immer der billigste direkte, sondern z. B. eine Kombination eines Lokal- und eines Verbandstarifs der günstigste, nach dem auf einem Teil der Strecke das Gut, obgleich als Frachtgut aufgegeben, zu den gewöhnlichen Sätzen in Personen- und Eilgüterzügen befördert wird. IZ **Oe 1899** 322: Nur bei Bestehen eines direkten Tarifs kann die Eisenbahn einwenden, der vom Kläger nachträglich beanspruchte Weg sei nicht transportberechtigt. **D** RG IZ **1907** 297: Eisenbahn hat zu beweisen, daß eine Ausnahme von der Regel vorliegt, so daß sie höhere Sätze als die regelmäßigen anwenden dürfe ("Amerikanisches Eichenfaßholz").

3. Schuldhafte Falschberechnung. Es fragt sich, ob für eine solche die Eisenbahn haftet — etwa wenn der Empfänger unter Zugrundelegung eines zu niedrigen Frachtsatzes die Ware bereits verkauft hat und nun nachträglich die Differenz selbst zu tragen hat, ohne sie auf die Ware aufschlagen zu können —. Die Ansichten hierüber sind geteilt. Gerstner IÜ 223 und NSt 69 V spricht sich strikt dagegen aus mit der Begründung, daß nach dem Wortlaute des Artikels 12 (4) ohne irgend welche Ausnahme dem Publikum

wie der Eisenbahn die Verpflichtung auferlegt sei, die durch unrichtige Anwendung der Tarife entstandenen Differenzen zu vergüten;
auch würde diese Ansicht in ihrem Ergebnisse auf die Rechtfertigung
der Nichtachtung des Tarifs hinauslaufen, welcher kraft seiner
Publizität jedermann bekannt sein müsse und im übrigen auch
zwischen den Parteien gleiches und unabänderliches Recht schaffe.
— Grundsätzlich anders liege natürlich die Frage einer Schädigung
des Publikums durch Druckfehler oder sonstige ordnungswidrige
Publikationen der Tarife. (Vgl. dazu RGZ 6 100; Arch. 82 518;
EE 2 236). — Entgegengesetzter Ansicht sind Eger und Rosenthal 109. Man wird ausgehend von dem Umstande, daß ein Vertrag
zugrunde liegt, von der Eisenbahn bei der Frachtberechnung verlangen müssen, daß sie ihre Pflichten beobachtet, sodaß sie kein
Verschulden trifft. Wann ein solches vorliegt, wird Tatfrage sein;
man denke z. B. an komplizierte Berechnungen, die von einer kleinen,
darin nicht geübten Abfertigung vorgenommen werden mußten.
Andrerseits müssen auch Absender und Empfänger aufmerksam
sein. Sie müssen die veröffentlichten Tarife als Interessenten beachten. Eventuell § 254 BGB: Beiderseitiges Verschulden. Vgl.
KGEE 24 348: Verpflichtung zur Selbstberechnung bei einer Spe-
ditionsfirma.

4. Verzinsung: Trotzdem IÜ über eine Verzinsungspflicht der
nachträglich zu zahlenden Frachtbeträge — im Gegensatz zu Artikel 42,
der die Entschädigungsbeträge betrifft — nicht Bestimmung trifft,
wird man eine solche nach Handelsrecht anerkennen müssen (so
auch von Rinaldini 170). Man wird nach dem betreffenden Landesrechte die Höhe der Zinsen bestimmen. Im Gegensatze zu Artikel 42
wird also hier ein einheitlicher Zinssatz nicht festzustellen sein. Die
Forderungen aus Artikel 12 (4) stellen sich als solche aus dem Frachtvertrage dar (EE Oe 21 165). Nach deutschem Recht hat man dann
zu unterscheiden, ob der Forderungsberechtigte Kaufmann ist oder
nicht. Ist er es nicht, so muß er mahnen (BGB § 288) und erhält 4 %
Verzugszinsen; ist er Kaufmann, so liegt beiderseitiges Handels-
geschäft vor, es bedarf der Mahnung nicht, also 5 % Zinsen vom Tage
der Entstehung des Anspruchs an (HGB 353, 352). Danach hat die
Eisenbahn stets Anspruch auf Zinsen. (Vgl. Senckpiehl Sped. Schiff.
Ztg 1909 365; Reindl VerZtg 1899 S. 545.

Es bedarf keiner besonderen Hervorhebung, daß Zinsen nur
bei berechtigten Frachterstattungen, nicht jedoch bei den aus
Billigkeit erfolgenden zu zahlen sind.

5. Verjährung: Ein Jahr vom Tage der Zahlung an; bei Fran-
katurvorschüssen ist diese erst mit dem Tage der endgültigen Abrechnung als erfolgt anzusehen: IZ Oe 1900 100; Gerstner IÜ 224.
Landesrechtliche Bestimmungen können auch subsidiär nicht zur
Anwendung kommen: IZ Oe 1906 281.

Ist eine Zahlungsverpflichtung durch Anerkenntnis, Vergleich oder
gerichtliches Urteil festgestellt, so tritt die Verjährung nach Landesrecht ein. (IZ U 1908 328.) Verjährung richtig berechneter, aber nicht
erhobener Fracht: BGB 196 3, 201; des Frachtzuschlages Artikel 7 (6)
Artikel 45 (3) Unterbrechung und Artikel 45 (4) Hemmung der Verjährung s. bei diesen Artikeln. Artikel 44 (1) findet keine Anwendung,
d. h. durch Bezahlung der Fracht oder sonst auf dem Gute haftender
Forderung und die erfolgte Annahme des Gutes endigen nicht die
Ansprüche wegen unrichtiger Frachtberechnung. Jene Vorschrift

bezieht sich auf derartige Richtigstellungen überhaupt nicht, und es liegt deshalb hierin keine Ausnahme von Artikel 44 (1), wie Eger annimmt (Anm. 86 a. E.) trotz der Widerlegung Gerstners IÜ 224.

Auch Artikel 45 (1) und (2) finden keine Anwendung.

III. Zu Ausf.-Best. § 5 (2). Die Vorschrift ist von der Pariser Konferenz auf Antrag Österreichs und Ungarns aufgenommen, um dem Absender die Möglichkeit einer sofortigen Kontrolle der richtigen Berechnung der frankierten Gebühren zu ermöglichen. Auch hat man in solchem Falle die Vorlegung des Duplikat-Frachtbriefs deshalb für genügend erklärt, weil es dem Absender entweder gar nicht oder nur mit Schwierigkeiten möglich ist, in den Besitz des Original-Frachtbriefs zu gelangen. (R I 36, 143.)

Artikel 13.

Nachnahme.

(1) Dem Absender ist gestattet, das Gut bis zur Höhe des Wertes desselben mit Nachnahme nach Eingang zu belasten.

(2) Für die aufgegebene Nachnahme wird die tarifmäßige Provision berechnet.

(3) Die Eisenbahn ist nicht verpflichtet, dem Absender die Nachnahme eher auszuzahlen, als bis der Betrag derselben vom Empfänger bezahlt ist. Dies findet auch Anwendung auf Auslagen, welche vor der Aufgabe für das Frachtgut gemacht worden sind.

(4) Ist das Gut ohne Einziehung der Nachnahme abgeliefert worden, so haftet die Eisenbahn für den Schaden bis zum Betrag der Nachnahme und hat denselben dem Absender sofort zu ersetzen, vorbehaltlich ihres Rückgriffs gegen den Empfänger.

(5) Barvorschüsse werden nur nach den für die Versandbahn geltenden Bestimmungen zugelassen.

Bemerkungen.

IÜ 15. EVO 72, 73. HGB 426, 441, 445. VBR 50 (Zus. I und V). Übk zum VBR 10; GAV § 34. — DVE XIV (Art. 8 a); XXXVI (§ 5 Ausf.-Best.). DDVE LIII. P I 13, 14, 67. P II 58. P III 27, 93. R I 75, 83, 209, 269. R II 17, 26, 27, 152. — Gerstner IÜ 225. Gerstner NSt 75. Rosenthal IÜ 111. Fritsch IÜ 637. Eger IÜ 155. Reindl EE 16 11. von der Leyen Goldschmidts Z 39 76; 49 408; 65 21. Calmar 123. Hilscher 131. Schwab 145. v. Rinaldini 172. Marchesini 1 469.

I. **Nachnahme** ist ein neben dem Frachtvertrage einhergehender besonderer Vertrag, durch den die Eisenbahn vom Absender beauftragt wird, das Gut dem Empfänger nur gegen Bezahlung der im Frachtbrief angegebenen, dem Absender vom Frachtführer zu verabfolgenden Geldsumme auszuhändigen. Sie ist zu beurteilen nach den Vorschriften über Auftrag und Frachtvertrag (so auch Gerstner IÜ 226 und von Rinaldini S. 173). Es ist zu unterscheiden zwischen eigentlicher Nachnahme, der Nachnahme nach Eingang — bei welcher die Auszahlung des Betrages an den Absender erst erfolgt nach seiner durch den Empfänger erfolgten Begleichung an die Eisenbahn (Abs. (1)—(4)) —, und der uneigentlichen Nachnahme, der Nachnahme im voraus, dem sog. Barvorschuß (Abs. (5)) — wo der betreffende Betrag dem Absender bereits bei der Absendung ausgezahlt, kreditiert, vorgeschossen wird (Gerstner IÜ 225; Rosenthal 111). — Die letztere Form ist eine vorher genommene Aushändigung des vom Empfänger einzuziehenden Betrages (Gerstner IÜ 225 Anm. 2), nicht ein Darlehn, sondern ebenso wie die Nachnahme nach Eingang rechtlich unter den Begriff der Nachnahme im weiteren Sinne zu fassen; denn auch bei ihr darf die Aushändigung des Gutes vertragsmäßig erst erfolgen nach Bezahlung des Betrages durch den Empfänger.

II. **Recht des Absenders zur Belastung mit Nachnahme.** Der Absender ist nur berechtigt, das Gut mit Nachnahme nach Eingang zu belasten. Das ist erst in der zweiten Revisionskonferenz mit zwingender Klarheit zum gesetzlichen Ausdrucke gelangt. Die Frage, unter welchen Bedingungen auch Barvorschuß gestattet ist, entscheidet sich nach den Tarifen, wie der neue Absatz (5) jetzt bestimmt in Ergänzung des im Frachtbriefformular enthaltenen Vordrucks, der bisher im IÜ selbst keine gesetzliche Unterlage hatte. „Der Hinweis auf die für die Versandbahn geltenden Bestimmungen ist deswegen notwendig, weil in den internen Vorschriften einzelner Vertragsstaaten sowie in einigen internationalen Verbänden hinsichtlich der Zulassung von Barvorschüssen verschiedenartige Beschränkungen bestehen" (Begründung des Antrags R II, Verzeichnis der Verhandlungsgegenstände S. 25).

III. **Wert des Gutes.** Es ist streitig, ob der Wert am Versand- oder der am Empfangsorte gemeint ist. „Man hat absichtlich nicht genau bestimmt, welcher Wert des Gutes hier gemeint ist, da es lediglich die Absicht dieser Bestimmung ist, auszusprechen, daß der Betrag der Nachnahme in einer gewissen Beziehung zum Werte stehe und denselben nicht unverhältnismäßig übersteige." (Bericht der I. Kommission der II. Berner Konferenz P II 94 auf den Antrag Perl S. 27.) Egers Ansicht in Anm. 88, der Wert auf der Versandstation bilde die Grenze, findet im Gesetz keine Stütze, wenn auch im allgemeinen die Versandstation diesen Wert leichter wird beurteilen können als den Wert am Empfangsorte. In der Regel sind aber die Nachnahmen des Absenders auf den Wert am Empfangsorte berechnet. Dabei ist aber zu beachten (Gerstner IÜ 228), daß ein frankiertes Gut mit höherer Nachnahme belastet werden kann als ein Gut in Überweisungsfracht, daher können auch nach dem Ermessen der Versandstation leichtverderbliche Güter mit Nachnahme belastet werden: Artikel 12 (2). Hält die Versandstation den Betrag für zu hoch, so kann sie die Zulassung bis zur Ermäßigung verweigern.

IV. **Nachnahmeprovision.** Die „aufgegebene" Nachnahme, d. h. ohne Rücksicht, ob die Nachnahme tatsächlich eingezogen wird oder nicht (P II 94), und ebenfalls ohne Rücksicht darauf, ob es sich um Nachnahme nach Eingang oder um Barvorschuß handelt. Es wird die „tarifmäßige" Provision berechnet, d. h. die Provision des

Tarifes, der für die Berechnung der Fracht zugrunde zu legen ist; ist ein direkter Tarif nicht vorhanden, so ist derjenige der Versandbahn anzuwenden (Gerstner IÜ 229). (Vgl. Eingangsworte des Frachtbriefformulars.) Die Nachnahmeprovision kann nach Artikel 13 (2) für die ganze Strecke nur einmal zur Hebung gelangen. Die etwaigen sonstigen Provisionen der Eisenbahn sind hier nicht behandelt! (Übk zum VBR Artikel 12; GAV § 34 5.)

V. **Auszahlung der Nachnahme.** Vgl. Absatz (5). Ebensowenig wie jede andere Nachnahme (Wertnachnahme) braucht die Eisenbahn die nachgenommenen Spesen der Frachtführer und Spediteure vor deren Bezahlung durch den Empfänger auszuzahlen.

VI. **Haftung der Eisenbahn.** Die Ablieferung des Gutes an den Empfänger darf nur gegen Zahlung des Nachnahmebetrages erfolgen, sonst Schadensersatzpflicht der Eisenbahn, wenn auch unter dem selbständigen Recht auf Rückgriff gegen den Empfänger: IZ Oe 1901 145; IZ F 1907 153 (Konkurs des Empfängers). — Ebenso haftet die Eisenbahn, wenn sie dem Empfänger die von ihm bereits gezahlte Nachnahme zurückzahlt, weil er die Annahme des Gutes als nicht dem Muster entsprechend verweigert. Darüber hat sie nicht zu entscheiden: IZ J 1896 212.

Die Eisenbahn muß die Nachnahme nach ihrer Einlösung durch den Empfänger ohne schuldhaftes Zögern dem Absender auszahlen: IZ I 1905 177. — Wenn das Gut infolge Ablieferungshindernisses vorschriftsmäßig verkauft ist, so ist es nicht abgeliefert: EE F 23 261. Der Besitz des Frachtbriefs und der Sendung allein beweist nicht unwiderleglich, daß der Empfänger die Nachnahme bezahlt hat, dagegen ist Gegenbeweis zulässig: IZ B 1903 180 und 181. — Im allgemeinen gilt der Nachnahmeschein als Legitimation für die Erhebung der Nachnahme. Ist jedoch sein Verlust rechtzeitig der Eisenbahn mitgeteilt, so darf sie, trotzdem sie sonst nicht verpflichtet ist, die Identität der Person des Vorlegenden zu prüfen, in solchem Falle nicht ohne Prüfung auszahlen. Sie haftet sonst dem etwaigen wirklichen Berechtigten: IZ Oe 1897 798; Übk zum VBR § 34 4.

Die Schadensersatzpflicht ist beschränkt auf den Nachnahmebetrag, wobei es der Bahn unbenommen ist, nachzuweisen, daß der Schaden ein geringerer ist. Zur Geltendmachung des Schadensersatzanspruches ist nur der Absender befugt; auf das Verfügungsrecht nach Artikel 26 kann es hier nicht ankommen, da es sich um ein besonderes Vertragsverhältnis (s. oben: Auftrag) zwischen Absender und Eisenbahn handelt (Gerstner IÜ 232/233). Irrtümlich dem Absender ausgezahlte Nachnahme IZ Oe 1903 54; U 1904 59.

VII. **Nachträgliches Verfügungsrecht** bezüglich der Nachnahme siehe Artikel 15. IZ F 1899 99: Die Eisenbahn haftet für eine durch plumpe Fälschung eines Dritten veranlaßte Aufhebung einer Nachnahme (s. Art. 41).

VIII. **Barvorschuß** vgl. I.

IX. **Verjährung** des Anspruchs auf Auszahlung der Nachnahme. IZ I 1894 439 will die Frage nach Artikel 45 IÜ entscheiden (?). Für Deutschland greift die ordentliche Verjährung Platz. Vgl. auch Franz. Kass.-Hof bei Calmar 124.

Artikel 14.

Lieferfristen.

(1) Die Ausführungsbestimmungen werden die allgemeinen Vorschriften betreffend die Maximallieferfristen, die Berechnung, den Beginn, die Unterbrechung und das Ende der Lieferfristen feststellen.

(2) Wenn nach den Gesetzen und Reglementen eines der Vertragsstaaten Spezialtarife zu reduzierten Preisen und mit verlängerten Lieferfristen gestattet sind, so können die Eisenbahnen dieses Staates diese Tarife mit verlängerten Fristen auch im internationalen Verkehr anwenden.

(3) Im übrigen richten sich die Lieferfristen nach den Bestimmungen der im einzelnen Falle zu Anwendung kommenden Tarife.

§ 6 der Ausführungsbestimmungen zum IÜ.
(Zu Art. 14 des Übereinkommens.)

(1) Die Lieferfristen dürfen die nachstehenden Maximalfristen nicht überschreiten:

 a) für Eilgüter:
  1. Expeditionsfrist . . . . *1 Tag;*
  2. Transportfrist für je auch nur angefangene 250 Kilometer . . . . *1 Tag;*
 b) für Frachtgüter:
  1. Expeditionsfrist . . . . *2 Tage;*
  2. Transportfrist für je auch nur angefangene 250 Kilometer . . . . *2 Tage.*

(2) Wenn der Transport aus dem Bereiche einer Eisenbahnverwaltung in den Bereich einer andern anschließenden Verwaltung übergeht, so berechnen sich die Transportfristen aus der Gesamtentfernung zwischen der Aufgabe- und Bestimmungsstation, während die Expeditionsfristen ohne Rücksicht auf die Zahl der durch den Transport berührten Verwaltungsgebiete nur einmal zur Berechnung kommen.

(3) Die Gesetze und Reglemente der vertragschließenden Staaten bestimmen, inwiefern den unter ihrer Aufsicht stehenden Bahnen gestattet ist, Zuschlagsfristen für folgende Fälle festzusetzen:

 1. für Messen;
 2. für außergewöhnliche Verkehrsverhältnisse;
 3. wenn das Gut einen nicht überbrückten Flußübergang oder eine Verbindungsbahn zu passieren hat, welche zwei am Transporte teilnehmende Bahnen verbindet;

4. für Bahnen von untergeordneter Bedeutung sowie für den Übergang auf Bahnen mit anderer Spurweite.

(4) Wenn eine Eisenbahn in die Notwendigkeit versetzt ist, von den in diesem Paragraphen, Abssatz (3), Ziffer 1 bis 4, für die einzelnen Staaten als fakultativ zulässig bezeichneten Zuschlagsfristen Gebrauch zu machen, so soll sie auf dem Frachtbriefe den Tag der Übergabe an die nachfolgende Bahn mittelst Abstempelung vormerken und darauf die Ursache und Dauer der Lieferfrist-Überschreitung, welche sie in Anspruch genommen hat, angeben.

(5) Die Lieferfrist beginnt mit der auf die Annahme des Gutes nebst Frachtbrief folgenden Mitternacht und ist gewahrt, wenn innerhalb derselben das Gut dem Empfänger oder derjenigen Person, an welche die Ablieferung gültig geschehen kann, nach den für die abliefernde Bahn geltenden Bestimmungen zugestellt beziehungsweise avisiert ist.

(6) Dieselben Bestimmungen sind maßgebend für die Art und Weise, wie die Übergabe des Avisbriefes festzustellen ist. Für Güter, welche nicht avisiert und bahnseits nicht zugestellt werden, ist die Lieferfrist gewahrt, wenn das Gut innerhalb derselben auf der Bestimmungsstation zur Abnahme bereit gestellt ist.

(7) Der Lauf der Lieferfristen ruht für die Dauer der zoll- oder steueramtlichen oder polizeilichen Abfertigung sowie für die Dauer einer ohne Verschulden der Eisenbahn eingetretenen Betriebsstörung, durch welche der Antritt oder die Fortsetzung des Bahntransports zeitweilig verhindert wird.

(8) Ist der auf die Auflieferung der Ware zum Transport folgende Tag ein Sonntag, so beginnt die Lieferfrist 24 Stunden später.

(9) Falls der letzte Tag der Lieferfrist ein Sonntag ist, so läuft die Lieferfrist erst an dem darauf folgenden Tage ab.

(10) Diese 2 Ausnahmen sind auf Eilgut nicht anwendbar.

(11) Falls ein Staat in die Gesetze oder in die genehmigten Eisenbahnreglemente eine Bestimmung in betreff der Unterbrechung des Warentransportes an Sonn- und gewissen Feiertagen aufnimmt, so werden die Transportfristen im Verhältnis verlängert.

Bemerkungen.

IÜ 39, 40, 41. EVO 75, 94. HGB 428 I, 466. VBR 51 (Zus. I und V). Landesrecht zu Art. 14 (2) Zusammenstellung S. 57. — SVE XIV (Art. 9). MSVE 34. DVE XIV (Art. 9); XXXVI (§ 6). DDVE LIII. P I 15, 67, 58, 77, 78. P II 28, 95—97, 149, 69, 70, 146 ff. P III 36, 37. R I 75. R II 17, 110, 111, 156. — Gerstner IÜ 234. Gerstner NSt. 76. Rosenthal IÜ 116. Fritsch IÜ 638. Eger IÜ 164. von der Leyen Goldschmidts Z **39** 76, 71. Calmar 124. Hilscher 86. Schwab 152. v. Rinaldini 184. Rundnagel 43. Marchesini 1 361. Düringer-Hachenburg **III** 682.

I. Bedeutung der Lieferfrist. Für die Ausführung des Frachtvertrages ist nicht nur von Bedeutung, daß das Gut vom Orte der Versendung nach dem des Empfanges gelangt, sondern es gehört zur vertragsmäßigen Leistung, daß diese Überwindung der räumlichen Trennung in einer bestimmten, ein für allemal festgesetzten Zeit erfolgt. Die Beförderung muß nicht überhaupt irgend wann, sie muß auch innerhalb eines bestimmten Zeitraumes rechtzeitig erfolgen. Nur dann ist sie vertragsmäßig erfolgt, andernfalls ist der Frachtführer schadensersatzpflichtig, sofern er nicht Haftausschließungsgründe für sich geltend machen kann. Die Grundlage für die Zeit der Leistung bildet die sog. Lieferfrist, die Lieferzeit oder Lieferungszeit, d. h. der Zeitraum, der der Eisenbahn zur Ausführung der Beförderung zur Verfügung steht, „innerhalb dessen sie gewisse Erfüllungshandlungen vorgenommen haben muß". Rundnagel S. 43. (Über andere Fälle verzögerter Erfüllung des Frachtvertrages ohne Überschreitung der Lieferfrist s. unten Art. 39, 40.)

II. **Ihre Zusammensetzung.** 1. Allgemein. Lieferfristen setzen sich zusammen aus Expeditionsfrist, d. h. der für die Abfertigung am Versand- wie am Empfangsorte notwendigen Zeit, der Transportfrist, d. h. der für die eigentliche Beförderung zu verwendenden Zeit, die je nach der Entfernung wächst, und ferner in gewissen Ausnahmefällen sog. Zuschlagsfristen, d. h. Fristen, um die sich auf Grund tarifarischer Bestimmungen innerhalb der Grenzen in §6 (3) (4) der für die Erfüllungshandlung den Eisenbahnen zur Verfügung stehende Zeitraum mit Rücksicht auf besondere die Beförderung beeinflussende Verhältnisse verlängert.

2. Im einzelnen (§ 6 Ausf.-Best.): Einheitlichkeit der Lieferfrist. Das IÜ hat den Ausf.-Best. die Feststellung der Maximallieferfristen, der Berechnung, des Beginnes, der Unterbrechung und des Endes der Lieferfristen zugewiesen. Diese ist im § 6 dahin erfolgt, daß für Eil- und für Frachtgüter Höchstgrenzen festgelegt sind, welche die gemäß Artikel 14 (3) in den Tarifen aufzunehmenden Lieferfristen nicht überschreiten dürfen. Hierbei ist von prinzipieller Bedeutung die Ausf.-Best. § 6 (2), derzufolge das ganze Gebiet der dem IÜ angehörenden Vertragsstaaten für die Berechnung der Lieferfristen als einheitliches Gebiet anzusehen ist, dergestalt, daß für den ganzen Transport die Abfertigungsfrist nur einmal zur Berechnung gelangt, und der Beförderungsfrist die Gesamtentfernung von der Aufgabe- bis zur Bestimmungsstation zugrunde gelegt wird. Diese Vorschrift bringt besonders deutlich den Grundgedanken des IÜ zum Ausdruck, daß der internationale Frachtvertrag ein einheitliches Geschäft ist, das an den territorialen Grenzen der Vertragsstaaten ebensowenig einen Aufenthalt findet, wie etwa an denen der einzelnen Eisenbahnunternehmen. Hieraus folgt, daß die absendende Eisenbahn dadurch, daß sie das Gut vor Ablauf der Expeditionsfrist absendet, damit nicht etwa für sich und die nachfolgenden Bahnen auf deren Inanspruchnahme verzichtet: IZ F 1898 596. Ebenso darf die Eisenbahn ohne Not die ganze ihr zur Verfügung stehende Zeit aufbrauchen, ohne Rücksicht darauf, ob die Beförderung zu einem Teile rasch, zu einem anderen langsam bewirkt wird, es kommt nur darauf an, daß nicht eine Überschreitung der Gesamtfrist stattfindet: IZ I 1894 368; IZ Oe 1906 97.

III. **Beginn, Lauf, Ruhen, Ende.** Beginn der Lieferfrist: § 6 (5), d. h. es kommt noch dazu die Zeit von der Annahme bis zur nächsten Mitternacht.

Für den Lauf der Frist gilt § 6 (7)—(11) Ausf.-Best. Sonn- und Feiertage kommen dabei im allgemeinen als Verlängerung der Fristen — nicht jedoch bei Eilgut (10) — nur in Frage, wenn sie

dieselben beginnen oder endigen (8) und (9), sie führen zu einer
Verlängerung, wenn sie in die Frist selbst fallen nur, wenn nach
den besonderen Landesgesetzen an ihnen die Beförderung verboten
ist (11), weil dann die Fortsetzung des Bahntransportes zeitweilig
verhindert ist (7).

Ruhen der Lieferfrist für die Dauer der zollamtlichen Behandlung: IZ F **1896** 596. Die Frage des Ruhens der Lieferfrist ist ganz
unabhängig davon zu lösen, ob (Art. 39) eine Verspätung innerhalb
der sonst verfügbaren Lieferfrist eingetreten ist. Daher ist es nicht
richtig, wenn gesagt wird (SpeduSchiffZ **1910** 110), § 6 (7) Ausf.-
Best. widerspreche dem Artikel 39, der die Eisenbahn bis zur höheren
Gewalt haften lasse. Diese Haftung besteht trotz § 6 (7) Ausf.-Best.,
aber eben nur für die Zeit, welche sich unter Berücksichtigung der
hier als Gründe des Ruhens angegebenen Umstände als Lieferfrist
ergibt. Betriebsstörung ist ein Umstand, der ohne oder gegen den
Willen der Bahn die Beförderung mechanisch stört, z. B. Einsturz
(Brücken, Tunnel), Schienenbruch, Zusammenstoß mit Verkehrs-
umlegung. Überfüllung eines Bahnhofs fällt nicht darunter: IZ **Oe
1908** 238; EE **24** 343. — Die Lieferfrist ruht auch während der Zeit,
in welcher die Beförderung auf Grund nachträglicher Verfügung
des Absenders aufgehalten wird.

Ende: Die zur Wahrung der Lieferfrist notwendige Erfüllungshandlung richtet sich nach den für die Ablieferungsstation geltenden
Bestimmungen, nach denen u. U. nicht notwendig die Ablieferung
selbst erfolgt zu sein braucht, sondern die Benachrichtigung des Empfängers von der Ankunft des Gutes genügen kann. So z. B. in Deutschland EVO § 75 (5) genügt für die Güter, welche dem Empfänger
nicht zugerollt zu werden brauchen, die Benachrichtigung des Empfängers von der Ankunft und Bereitstellung des Gutes zur Auslieferung, während für die dem Empfänger zuzuführenden Güter
die Zuführung vor Ablauf der Frist erfolgt sein muß. Vgl. Ausf.-
Best. § 6 (6).

Durch die Avisierung wird die Lieferfrist beendet, auch wenn
sie außerhalb der Dienststunden erfolgte: EE **Oe 20** 235. Nicht
maßgebend ist die Übergabe des Frachtbriefs an den Empfänger,
es sei denn, daß das Gut dem Empfänger zugeführt werden muß:
EE **Oe 21** 375.

(Die zweistündige Frist, innerhalb deren Eilgüter dem Empfänger auf der Station zur Verfügung gestellt werden müssen, läuft
nicht von dem Zeitpunkt ihrer tatsächlichen Ankunft ab, sondern
sie beginnt mit dem Zeitpunkt, wo sie gemäß den gesetzlichen Lieferfristen spätestens hätten ankommen dürfen: IZ **I 1909** 132.)

IV. **Tabelle der Lieferfristen** (Abfertigungsfrist und Beförderungsfrist, aber ohne Berücksichtigung einer etwaigen Zuschlagsfrist)
[s. S. 98].

V. **Verlängerte Lieferfristen.** (Vgl. Art. 35.) Artikel 14 (2)
läßt gegenüber den in Ausf.-Best. § 6 (1) festgesetzten Höchstfristen
eine Verlängerung zu, um besonders billige Tarife dem internationalen
Verkehr nützlich zu machen.

Über die Frage, ob bei Anwendung solcher Spezialtarife die
auf Grund reduzierter Preise einer der am Transport beteiligten
Eisenbahnen verlängerte Lieferfrist zugunsten der ganzen Beförderungsstrecke wirke, oder ob nur die Verwaltung, welche die
ermäßigten Preise gewährt, darauf Anspruch hat, vgl. **CA** IZ **1908** 3.

Entfernung in km		Lieferfrist in Tagen für	
von	bis	Eilgut	Frachtgut
1	250	2	4
251	500	3	6
501	750	4	8
751	1000	5	10
1001	1250	6	12
1251	1500	7	14
1501	1750	8	16
1751	2000	9	18
2001	2250	10	20
2251	2500	11	22
2501	2750	12	24
2751	3000	13	26 usw.

Gerstner IÜ 241; Rosenthal 118; Schwab 156 entscheiden diese Frage nicht direkt. — Eger Bem. 94 bejaht sie. Aus dem IÜ selbst ist eine klare Antwort nicht zu entnehmen. Der zitierte Aufsatz schlägt vor, die Sache der Revisionskonferenz zu unterbreiten. M. E. muß man die Frage schon jetzt unter dem Gesichtspunkte der Einheitlichkeit des Beförderungsgeschäftes bejahen, gleichgültig ob gerade die Verwaltung die Zeit ausnutzt, welche geringere Beförderungspreise einrechnet, oder eine andere an der Beförderung beteiligte. Siehe auch IZ F 1897 801, wo die Anwendbarkeit solcher Spezialtarife auf internationale Transporte in diesem Sinne zugelassen zu sein scheint, Marchesini 1 364. A. A. ist allerdings die zweite Berner Konferenz gewesen. Vgl. P II 70, 95—97, weil der internationale Verkehr einheitlicher, nicht der Gesetzgebung der Vertragsstaaten unterstehender Lieferfristen bedürfe (Gerstner IÜ 241). Im Gesetz selbst ist das jedoch nicht zum Ausdruck gelangt. Beispiele: IZ F 1897 801 für schwefelsaure Magnesia. — IZ F 1898 593 Eilguttarif für Lebensmittel. — IZ I 1899 98 Beförderung von Warenmustern. — IZ I 1899 601 Beförderung einer Opernpartitur.

Gänzliche Aufhebung der Lieferfristen ist für den internationalen Verkehr mit Rücksicht auf Artikel 4 unzulässig. Die höchste Grenze sind die aus § 6 und Artikel 14 zu berechnenden Maximalfristen.

Ebenso unzulässig ist die Kürzung zugunsten eines einzelnen Verfrachters: IZ F 1901 286; F 1897 329.

VI. **Bedeutung der tarifarischen Bestimmungen über Lieferfristen.** (Vgl. Gerstner IÜ 245 ff.; NSt 78; Rosenthal 116 I.) Wenn IÜ bzw. die Ausf.-Best. keine Vorschriften enthalten, so greifen die etwaigen Tarife ein. Diese Tarife aber dürfen weder längere Lieferfristen einführen noch für die Berechnung, Beginn, Unterbrechung und Ende der Lieferfristen andere als die in Artikel 14 und § 6 Ausf.-Best. enthaltenen Grundsätze aufstellen. Erwähnt sei, daß gegenüber der Systematik des IÜ — der Satz steht im letzten Absatz des Artikels 14 — und gegenüber der Geschichte des Artikels — der Absatz ist nicht versehentlich, sondern zur Vermeidung falscher Folgerungen an das Ende des Artikels gesetzt (P II 149) — und endlich gegenüber der Erklärung des Schöpfers der Vorschrift (Gerstner IÜ 246, NSt 78), dem man doch darin folgen darf, was er über die Absicht äußert, der jene Vorschrift entsprungen ist, Eger seine abweichende Ansicht einfach mit dem kurzen Worte: (Irrig: Gerstner 246 und Supplement 78) begründet und aus dieser Begründung folgert: „Folgerichtig hätte somit Absatz 3 an die Spitze des Artikels 14 gestellt werden müssen". Diese Art von Begründung kann nicht anerkannt werden.

Wenn Eger sich weiter darauf beruft, daß Absatz (3) angeblich zum Ersatz des für selbstverständlich erachteten gestrichenen Absatzes 1 dienen sollte, so übersieht er zum wenigsten, daß in der Sitzung, welche die Streichung des Absatzes 1 beschloß, diese unter anderem nach dem Wortlaut des Protokolls damit begründet ist, daß der mit dem fraglichen Absatz auszudrückende Gedanke: „welche Lieferfristen im einzelnen Fall zur Anwendung gelangen sollen" im Gegensatz zum damaligen Absatz 2, jetzigen Absatz 1, der allgemeine Regeln über die Berechnung der Maximaldauer der Lieferfristen aufstellt (Bericht Gerstners P II 96), nicht genügend klar zum Ausdruck gelangt sei (Kilényi P II 96); wenn man das beabsichtige, so solle man es eben ausdrücklich sagen. Der Satz habe aber sowieso keine besondere Wichtigkeit. So ist der ehemalige Absatz 1 trotz Gerstners Bericht damals gestrichen und dem Absatz 2 die jetzige Fassung des Absatzes 1 gegeben, wonach die „allgemeinen Vorschriften usw.", d. h. die Regelung der Grundsätze der Lieferfristberechnung, den Ausf.-Best. überwiesen wurden. Später hat dann wiederum Gerstner, der hier gesagt hatte, der ursprüngliche Absatz 1 sei bestimmt, die Frage zu regeln, welche Lieferfristen im einzelnen Falle zur Anwendung gelangen, also doch offenbar zur Regelung spezieller und nicht allgemeiner Fragen, ausgeführt, der Absatz 1 sei damals gestrichen, nicht in dem Sinne, daß man die Vorschriften desselben überhaupt nicht gewollt habe, sondern weil dieselben unklar gefaßt schienen. Damit ist allem Anschein nach daran gedacht, was Kilényi getadelt hatte, daß nicht genügend klar gesagt sei, daß Absatz 1 eine Spezialfrage, Absatz 2 aber die allgemeine Frage zu regeln bestimmt sei. Um diesen Gedanken nun klarer auszudrücken, beantragte Gerstner, in Ersatz des gestrichenen Absatzes 1 dem Artikel 14 den jetzigen Absatz 3 „beizufügen", nicht voranzusetzen! Seinem ganzen Wortlaut nach kann dieser daher nicht als der Grundsatz angesehen werden, den pflegt man nicht in dieser Form „beizufügen", d. h. doch hinten anzuhängen! Gerade das Anhängen war nötig, um schon äußerlich zu zeigen, was auch das Wort „im übrigen" für jeden Unbefangenen besagt, daß die nach Gerstners Worten (P II 96) im alten Absatz 1 verfolgte Absicht: Regelung einer Spezialfrage, eben den Antrag zu diesem „beigefügten" Absatz 3 veranlaßt hat.

So ist der Absatz 3, wie diese seine Geschichte beweist, nicht zum Ersatz des als „selbstverständlich", sondern des als „unklar" gestrichenen Absatzes 1 geschaffen, er ist aber eben deshalb „folgerichtig" nicht als Absatz 1 an die Spitze des Artikels 14 gestellt worden, wie Eger besser als der Schöpfer der Bestimmung selbst es weiß, sondern logischerweise an sein Ende; denn er soll nach Absicht des Gesetzes die Ausnahme und nicht die Regel enthalten, wie ja denn auch das, was der Regelung durch die Tarife „übrig" geblieben ist, materiell herzlich wenig ist.

VII. Das CA in Bern hat in der IZ **1896** 170 eine **Zusammenstellung der Lieferfristen** der Vertragsstaaten veröffentlicht, welche einmal die Lieferfristen innerhalb der im § 6 Ausf.-Best. festgesetzten Maximalfristen (172), dann die Bestimmungen betr. die Unterbrechung des Warentransports an Sonn- und gewissen Feiertagen (185), die Bewilligung von Spezialtarifen zu reduzierten Preisen und mit verlängerten Lieferfristen (188) und endlich das Verzeichnis der Zuschlagsfristen (189) enthält. Dazu sind mehrfache Nachträge erschienen. Die wichtigsten beziehen sich auf die Zuschlagsfristen, deren letztes Verzeichnis vom 14. Juni 1909 in IZ **1909** 184—214 abgedruckt ist. Nachträge 1909 290, 472. — Die Zuschlagsfristen werden für jeden Vertragsstaat in dessen dazu vorgesehenen amtlichen Blättern veröffentlicht, außerdem regelmäßig in der IZ.

Für die Bahnen des Vereins Deutscher Eisenbahnverwaltungen wird von der geschäftsführenden Verwaltung des Vereins von Zeit zu Zeit die „Nachweisung der Zuschläge zu den reglementmäßigen Lieferfristen sowie der Lieferfristverkürzungen" herausgegeben (letzte Ausgabe Berlin April 1909), in der die Zuschläge sowohl im Lokal- wie im direkten Verkehr des betr. Staatsgebietes, wie auch im internationalen Verkehr enthalten sind. Diese Fristen werden außer in den offiziellen Zeitungen der Vereinsstaaten in der Zeitung des Vereins Deutscher Eisenbahnverwaltungen kundgegeben.

VIII. **Folgen der Lieferfristüberschreitung** siehe Artikel 39 und 40.

Vorbemerkung zu Artikel 15—25.

Diese Artikel beschäftigen sich mit der eigentlichen Ausführung des Beförderungsvertrages von der Annahme bis zur Ablieferung des Gutes. Artikel 15 ordnet das Verfügungsrecht des Absenders über das rollende Gut, Artikel 16 und 17 die Rechte nnd Pflichten des Empfängers, Artikel 18 das Verfahren bei Beförderungshindernissen. Die Ablieferung des Gutes und Einziehung der Fracht gelangen in den folgenden Artikeln zur Darstellung (Verfahren dabei Artikel 19, Rechte und Pflichten der Empfangsbahn Artikel 20, Pfandrecht der Eisenbahn Artikel 21 und 22, Verhältnis der Eisenbahnen zu einander Artikel 23). Artikel 24 gibt Aufschluß über das Verfahren bei Ablieferungshindernissen und Artikel 25 über die Feststellung von Verlust, Minderung und Beschädigung des Gutes.

Artikel 15.

Nachträgliche Verfügungen oder Anweisungen.

(1) Der Absender allein hat das Recht, die Verfügung zu treffen, daß das Gut auf der Versandstation zurückgegeben, unterwegs angehalten oder an einen anderen als den im Frachtbrief bezeichneten Empfänger am Bestimmungsorte oder auf einer

Zwischenstation oder auf einer über die Bestimmungsstation hinaus oder seitwärts gelegenen Station abgeliefert oder an die Versandstation zurückgesendet werde. Anweisungen des Absenders wegen nachträglicher Auflage, Erhöhung, Minderung oder Zurückziehung von Nachnahmen sowie wegen nachträglicher Frankierung können nach dem Ermessen der Eisenbahn zugelassen werden. Nachträgliche Verfügungen oder Anweisungen anderen als des angegebenen Inhalts sind unzulässig.

(2) Dieses Recht steht indes dem Absender nur dann zu, wenn er das Duplikat des Frachtbriefes vorweist. Hat die Eisenbahn die Anweisungen des Absenders befolgt, ohne die Vorzeigung des Frachtbrief-Duplikats zu verlangen, so ist sie für den daraus entstandenen Schaden dem Empfänger, welchem der Absender dieses Duplikat übergeben hat, haftbar.

(3) Derartige Verfügungen des Absenders ist die Eisenbahn zu beachten nur verpflichtet, wenn sie ihr durch Vermittlung der Versandstation zugekommen sind.

(4) Das Verfügungsrecht des Absenders erlischt, auch wenn er das Frachtbrief-Duplikat besitzt, sobald nach Ankunft des Gutes am Bestimmungsorte der Frachtbrief dem Empfänger übergeben oder die von dem letztern nach Maßgabe des Artikels 16 erhobene Klage der Eisenbahn zugestellt worden ist. Ist dies geschehen, so hat die Eisenbahn nur die Anweisungen des bezeichneten Empfängers zu beachten, widrigenfalls sie demselben für das Gut haftbar wird.

(5) Die Eisenbahn darf die Ausführung der im ersten Satze des Absatzes (1) vorgesehenen Verfügungen nur dann verweigern oder verzögern oder solche Verfügungen in veränderter Weise ausführen, wenn durch deren Befolgung der regelmäßige Transportverkehr gestört würde.

(6) Die im ersten Absatze dieses Artikels vorgesehenen Verfügungen müssen mittelst schriftlicher und vom Absender unterzeichneter Erklärung nach dem in den Ausführungsbestimmungen vorgeschriebenen Formular erfolgen. Die Erklärung ist auf dem Frachtbrief-Duplikat zu wiederholen, welches gleichzeitig der Eisenbahn vorzulegen und von dieser dem Absender zurückzugeben ist.

(7) Jede in anderer Form gegebene Verfügung des Absenders ist nichtig.

(8) Die Eisenbahn kann den Ersatz der Kosten verlangen, welche durch die Ausführung der im Absatz (1) vorgesehenen Verfügungen entstanden sind, insoweit diese Verfügungen nicht durch ihr eigenes Verschulden veranlaßt worden sind.

§ 7 der Ausführungsbestimmungen zum IÜ.

(Zu Art. 15 des Übereinkommens.)

(1) Zu der im Artikel 15, Absatz (6), vorgesehenen Erklärung ist das Formular in Anlage 4 zu verwenden.

(2) Für die Ausstellung der Verfügungen gelten die Vorschriften des § 2, Absätze (2) und (3), über die Ausstellung der Frachtbriefe.

Bemerkungen.

IÜ 8, 13, 26. EVO 61, 73, 76, 99. HGB 455, 471, 426, 441, 445, 433. VBR 52. Übk zum VBR 11, GAV § 42. — SVE XIV (Art. 10). MSVE 35. DVE XIV (Art. 10). DDVE LIII, LIV. P I 18 ff., 67 ff. (Art. 10), 11 (Art. 4). P II 28—33, 97—99 (Art. 15), 109 (Art. 26), 148/149 zu § 7. P III 35, 47. R I 75, 83, 161, 269. R II 16, 28, 29, 152. — Gerstner IÜ 248, 252. Gerstner NSt 81. Rosenthal IÜ 123. Fritsch IÜ 640. Eger IÜ 175. Reindl EE **16** 12; **25** 17. von der Leyen Goldschmidts Z **39** 77, 71; **49** 408; **66** 21. Calmar 130. Hilscher 142. Schwab 163, 166. v. Rinaldini 175. Marchesini 1 308, 323. Staub §§ 426^3, 453^5, 455^4. Düringer-Hachenburg III 583, 585. Hertzer: Die Verfügungsgewalt des Absenders und des Empfängers nach deutschem Eisenbahnfrachtrecht. VerZtg **1907** 981. Ubach: Berechtigungen und Verpflichtungen des Empfängers gegenüber dem Frachtführer und Absender. Leipzig 1904. Diss. Leutke: Das Verfügungsrecht beim Frachtgeschäft unter besonderer Berücksichtigung des Postfrachtgeschäfts. Berlin 1905. Muschweck: Nachträgliche Auflage, Zurückziehung, Erhöhung und Minderung von Nachnahmen und nachträgliche Frankierung. SpedSchiffZtg **1909** 3.

I. **Die Rechtfertigung des Rechts zu nachträglichen Verfügungen des Absenders.** Der Frachtvertrag ist ein Werkvertrag. Ebenso wie demnach der Absender berechtigt ist, jederzeit den Vertrag bis zur Vollendung des Werkes zu kündigen, muß ihm auch das Recht zugestanden werden, in einer weniger einschneidenden Weise seinen bestimmenden Einfluß auf dessen Gestaltung auszuüben, insoweit er sich nicht dieses Rechtes — z. B. durch Unterwerfung unter den Tarif — nach gewissen Richtungen hin begeben hat. Momente, welche dem Tarife Veranlassung geben könnten, vom Absender ein gewisses Entsagen auf seine Rechte zu verlangen, werden sich aus dem Umstande ergeben, daß an dem Frachtvertrage außer dem Absender und dem Frachtführer noch eine dritte Person, der Empfänger, interessiert ist. Solange dieser aus dem zwischen Absender und Frachtführer zu seinen Gunsten wirkenden Vertrage noch keine den Rechten des Absenders aus dem Werkvertrage entgegenstehenden Rechte erworben hat, ist es gerechtfertigt, wenn dem Absender ein bestimmender Einfluß auf den Vertrag, sogar bis zum Grade der

Kündigung, eingeräumt ist. So ist es nach geltendem Recht geregelt, und deshalb ist es nicht richtig, wenn man den Frachtvertrag als einen Vertrag zugunsten des Empfängers, mit der gewollten Wirkung, daß dieser ein unmittelbares Recht auf die Beförderungsleistung habe, als einen Vertrag zugunsten eines Dritten im Sinne des § 328 Absatz 1 BGB charakterisiert. Der Empfänger hat im Moment des Vertragsabschlusses noch kein Recht, er erlangt ein solches erst mit der Ankunft des Gutes, d. h. mit der Vollendung eines großen Teiles der vom Absender mit dem Frachtführer vereinbarten Beförderungsleistung — und nur unter der Bedingung, daß der Absender sich nicht während des „Rollens des Gutes" oder gar bis zur Übergabe des Frachtbriefes (!) dahin entscheidet, ihm die Erlangung dieses Rechts abzuschneiden. Das Recht des Empfängers entsteht somit nicht durch den Abschluß des Frachtvertrages, sondern — eigentlich zunächst unbeabsichtigt — nebenher durch den Gang der Beförderungsleistung, durch eine „Reflexwirkung", die sich infolge des Erfüllungsgeschäfts mit dem Augenblick auslöst, wo die Beförderung bis zur Ankunft des Gutes am Auslieferungsorte gediehen ist (also § 328 Abs. 2 BGB).

Dieses Recht des Absenders, freiwillig auf die Entwickelung des Frachtvertrages in gewisser Weise einzuwirken, insbesondere das Gut unterwegs anzuhalten, ist das sog. „Verfolgungsrecht, Hemmungsrecht, droit de suite, right of stoppage in transitu", im weiteren Sinne das Recht des Absenders, bezüglich des rollenden Gutes den ursprünglichen Frachtvertrag modifizierende Verfügungen oder Anweisungen zu treffen, das Recht des Absenders zu nachträglichen Verfügungen.

II. **Freiwillige nachträgliche Verfügungen.** Der Artikel 15 zählt die verschiedenen Verfügungen auf, welche der Absender nachträglich treffen darf, und bestimmt, daß nachträgliche Verfügungen oder Anweisungen anderen als des angegebenen Inhalts unzulässig sind. Diese Bestimmung bezieht sich, wie keiner Erörterung bedürfen sollte (siehe aber Eger 181, 182, 190), naturgemäß nicht auf solche späteren Anweisungen, zu welchen die Eisenbahn den Absender ausdrücklich in gewissen Fällen auffordert, z. B. im Falle des Artikels 18 (1) bei Beförderungshindernissen, des Artikels 24 (1) bei Ablieferungshindernissen. Diese Fälle unterscheiden sich augenfällig von denen des Artikels 15 durch ihre Unfreiwilligkeit, sie gehen nicht ursprünglich vom Absender aus. Auch kann man die Befugnis des Absenders zur Belastung des Gutes mit Nachnahme auf der Versandstation (Art. 13 (1)) nicht als eine nachträgliche Verfügung im Sinne des Artikels 15 auffassen; denn, wie oben erörtert, erfolgt der Auftrag zur Erhebung der Nachnahme bei der Auflieferung des Gutes. Ebensowenig gehört hierher das Recht des Absenders, selbst oder durch einen vorher im Frachtbrief bezeichneten Bevollmächtigten der Zoll- usw. Behandlung beizuwohnen (Art. 10 (4)), oder zur Geltendmachung der Rechte aus dem Frachtvertrage gegen die Eisenbahn (Art. 26). Denn dabei handelt es sich nicht um einseitige Verfügungen des Absenders über das rollende Gut, die an der Durchführung des Transportes irgendeine Änderung bewirken sollen, und denen die Eisenbahn unterworfen ist, sofern es der „regelmäßige Transportverkehr" gestattet — nur solche sind im Artikel 15 berücksichtigt —. Das Recht aus Artikel 10 (4) ist beschränkt auf das Zugegensein bei dem Zollakt, und Artikel 26 betrifft auch nicht

Verfügungen, die den **Weg** des Gutes beeinflussen sollen, vielmehr
hat bei ihnen das Gut seine Reise bereits beendet. Die Ausführungen
Egers nach dieser Richtung sind insofern anfechtbar, als die von
ihm aufgeführten Beispiele gerade **nicht** geeignet erscheinen, seine
Behauptung zu beweisen, daß Artikel 15 (1) Satz 3 nicht die weit-
gehende Bedeutung habe, alle anderen nachträglichen Verfügungen
auszuschließen. In jenen Beispielen handelt es sich, wie gezeigt,
gar nicht um nachträgliche Verfügungen im Sinne des Artikels 15 (1),
sondern um Verfügungen, die ganz andere Zwecke verfolgen. Hin-
fällig aber erscheint auch der Einwand, es liege in jener Bestimmung
eine unzulässige Einschränkung der aus der Rechtsnatur des Frachtvertrages sich ergebenden Rechte, die geradezu gegen diese Rechtsnatur verstoße (181). Die Vorschriften des Rechts der Schuldverhältnisse sind allgemein dispositiver Natur, namentlich auch die
des Vertragsrechts und insbesondere auch des Rechts vom Werkvertrage. Wenn nun in Tarifen gewisse Änderungen getroffen werden,
denen das Publikum sich unterwirft, so ist nicht einzusehen, inwiefern derartige durch Erwägungen der Zweckmäßigkeit geschaffene
Änderungen der Rechtsnatur des Frachtvertrages entgegenstehen.
Endlich ist nicht einzusehen, inwiefern Artikel 15 (1) Satz 3 nicht
im Einklang steht mit Artikel 15 (5). Denn die Bestimmung, die
Eisenbahnen sollen die Ausführung der im Absatz (1) vorgesehenen
Verfügungen nur aus Gründen des Verkehrs verweigern dürfen,
bezieht sich nicht nur auf die im Absatz (1) Satz 1 genannten Verfügungen, sondern ebenso auch auf die in Satz 2 genannten, bezüglich
deren Absatz (5) geradezu bestimmt, von welchen Gründen sie sich
bei der Zulassung oder Verweigerung nachträglicher Nachnahmen
oder Frankierungen leiten lassen soll. Es läßt sich hierin also ein
Widerspruch nicht erblicken.

III. **Zulässiger Inhalt der nachträglichen Verfügungen** siehe
Absatz (1). Gibt der Absender in seiner Verfügung nicht an, daß
das Gut in anderer Weise zurückzubefördern ist, so ist die bisherige
Beförderungsweise beizubehalten (Eilgut oder Frachtgut): IZ **1906**
253. Will er Eilgut als Frachtgut oder umgekehrt Frachtgut als
Eilgut zurück- oder weiter usw. befördern, so bedarf es der Aus-
stellung eines neuen Frachtbriefes (sei es eines vom Absender selbst
oder auf sein Ersuchen von der betr. Güterabfertigung ausgestellten),
VerZtg 1904 421, 459; IZ 1904 160. Andere nachträgliche Verfügungen des Absenders als die in Absatz 1 aufgeführten sind unzu-
lässig, weil sie dem Artikel 15 (1) widersprechen würden, gemäß
Artikel 4 nichtig wären und eine unberechtigte Bevorzugung eines
Interessenten in sich schließen würden. Vgl. dazu Übk zum VBR
Artikel 11 und GAV § 42.

IV. **Voraussetzungen der Ausübung des Rechts.** a) Der Absender kann sein Recht nur ausüben, wenn er in der Lage ist,
das Frachtbriefduplikat vorzulegen. (Er braucht es aber nicht
auszuhändigen.) Einem Dritten verleiht der Besitz des Duplikats
keine Rechte über das Gut, auch nicht dem Empfänger. Namentlich
erwirbt der Empfänger nicht das Verfügungsrecht dadurch, daß
ihm der Absender das Duplikat aushändigt: RGEE **13** 160. Für
diesen Fall ruht vielmehr jedes Verfügungsrecht bis zur Ankunft
des Gutes. Nur insofern ist der vom Absender ihm übertragene
Besitz des Duplikats für den Empfänger von Bedeutung, als ihm
nach 15 (2) Satz 2 ein Schadensersatzanspruch gegen die Eisenbahn

zusteht, wenn diese eine nachträgliche Verfügung des Absenders ohne Vorzeigung des Duplikats befolgt.

Änderungen der Bestimmungsstation während des Transports sind nur unter Vorweisung des Duplikats möglich: IZ **Oe 1899** 316.

Mündliche, ebenso telephonische Abänderung der Bestimmungsstation ist ungültig: EE **Oe 22** 126.

b) Bei Verlust des Frachtbriefduplikats, ein Fall, für den IÜ keine Entscheidung enthält, wird zu prüfen sein, ob der im Frachtbrief genannte Empfänger der Verfügung ohne Vorlegung des Duplikats zustimmt. Tut er es, so wird dem Antrag stattzugeben sein, (denn einen Schadensersatzanspruch gegen die Eisenbahn hat dann der Empfänger hieraus nicht mehr) natürlich unter genügenden Vorsichtsmaßregeln, Revers, Sicherheit usw. Sonst wird der Inhalt der Verfügung von Bedeutung sein, namentlich werden nur solche Verfügungen der Beachtung wert sein, welche weder die Person des Empfängers noch die Bestimmungsstation abändern. Eine gesetzliche Verpflichtung der Eisenbahn zur Befolgung solcher Verfügungen besteht jedoch nicht. Vgl. dazu: von der Leyen Goldschmidts Z **39** 80; Gerstner IÜ 258/259 und Rosenthal 134 — auch Eger 193 —; anders Schwab 175. — Sie lehnen eine Verpflichtung der Eisenbahn zur Befolgung derartiger Verfügungen ebenfalls ab. Siehe jedoch Düringer-Hachenburg § 455 Note III.

Anders liegt der Fall beim Ablieferungshindernis der Annahmeverweigerung durch den Empfänger. Artikel 24 (1).

c) Der Absender ist nur berechtigt zu nachträglichen Verfügungen in der Zeit (Rundnagel 89):

1. Vom Abschluß des Frachtvertrages an während der Beförderung bis zur Ankunft des Gutes. (Art. 15 (1) (2).)

2. Nach Ankunft des Gutes am Bestimmungsorte so lange, bis der Frachtbrief dem Empfänger übergeben ist oder dieser der Eisenbahn die Klage auf Übergabe des Frachtbriefs und Auslieferung des Gutes zugestellt hat, m. a. W. bis zum Eintritt des Empfängers in den Frachtvertrag. (Art. 15 (4), 16.)

3. Auch nach dieser Zeit, wenn der Empfänger einmal erklärt hat, von seinen Rechten keinen Gebrauch machen zu wollen. Diese Erklärung ist unwiderruflich (vgl. Art. 16 II 3.)

V. Bedeutung des Frachtbriefduplikats. Der Grund, weshalb dem Frachtbriefduplikat eine derartige das Verfügungsrecht des Absenders einschränkende Bedeutung beigelegt worden ist, liegt in Momenten, die außerhalb des Frachtvertrages, in dem Kausalgeschäft zu suchen sind, das die Beförderung veranlaßte. Die Ware wird häufig vor Abgang von der Versandstation dem Absender bereits vom Empfänger bezahlt, oder es werden, z. B. bei den russischen Holz-, Flachs- und Hanfsendungen, von Banken erhebliche Vorschüsse auf das Gut gegeben, so daß ein Mittel vorhanden sein muß, dem Absender die Verfügungsgewalt über das Gut zu nehmen, wie es durch Abnahme des Duplikats geschieht. So wird das Duplikat aus der ursprünglichen Quittung im Interesse des Absenders zu einer Urkunde im Interesse des Empfängers, dazu bestimmt, das Verfügungsrecht des Absenders bereits während der Beförderung zu beschränken.

VI. Prüfung der Berechtigung zur nachträglichen Verfügung durch die Eisenbahn. Die Eisenbahn ist nicht berechtigt oder gar verpflichtet, zu prüfen, ob die nachträgliche Verfügung des Absenders materiell gerechtfertigt ist. Dazu ist sie deshalb auch meist nicht in der Lage, weil sie das dem Frachtgeschäft zugrunde liegende Verhältnis zwischen Absender und Empfänger (das Kausalgeschäft) nicht kennen wird. Sie ist nur befugt, zu prüfen, ob formell, nach Frachtrecht, der Absender zur Erteilung seiner Anweisung berechtigt ist. (Staub § 433 Anm. 4; Düringer-Hachenburg § 433 II 1; ROH 25 331.) Die Gefahr der Übersendung der nachträglichen Verfügung an die Eisenbahn trägt der Absender. Jedoch haftet die Eisenbahn auch hier für ihre Leute, wenn die Anweisung nicht weiter gegeben wird.

Die Eisenbahn ist insbesondere auch nicht berechtigt, den Anweisungen anderer Personen deshalb zu folgen, weil sie sich als Eigentümer des Gutes ausweisen (ROH 25 330), vgl. Staub § 435 Anm. 2. Der Eigentümer kann an das Gut nur heran dadurch, daß er sich den Anspruch — des Absenders oder des Empfängers — auf Herausgabe gegen die Eisenbahn pfänden und überweisen läßt. (ZPO 808 I, 809, 846 ff., 916 ff., 928, 930.) Ob der im Frachtbrief genannte Absender der tatsächliche Absender ist, hat Eisenbahn nicht zu prüfen: ROH 22 133. Näheres Artikel 26 IV.

Beispiel: Der Absender hat die Nachnahmeforderung einem Dritten abgetreten und ihm den Nachnahmeschein übergeben. Danach hat er unter Vorlegung des Frachtbriefduplikats gemäß Artikel 15 (1) (2) die Nachnahme zurückgezogen. Der Dritte klagt gegen die Eisenbahn, weil sie, ohne die Vorlegung des Nachnahmescheins zu verlangen, dem Antrage stattgegeben habe. Klage ist abgewiesen, weil der Dritte keine am Frachtvertrage beteiligte Person ist: IZ Oe 1904 197.

VII. **Haftung der Eisenbahn für Befolgung nicht berechtigter Verfügungen und Nichtbefolgung berechtigter Verfügungen.** Die Eisenbahn haftet z. B. für Lieferfristüberschreitung infolge einer von der Versandbahn zu Unrecht befolgten Verfügung des nicht mehr im Besitz des Frachtbriefduplikats befindlichen Absenders: IZ Oe 1905 136. Der Schadensersatzanspruch gehört zu den in Artikel 27 (3) erwähnten Ansprüchen aus dem internationalen Frachtvertrage: EE Oe 21 176 gegen Eger IÜ Bem. 98 und Schwab 234, die eine obligatio ex lege annehmen. IZ F 1904 269: Der im Frachtbrief nicht bezeichnete wirkliche Absender hat keine Rechte aus dem Frachtvertrage gegen den Frachtführer. (Vgl. dazu die an dieser Stelle weiter zitierten gleichgerichteten französischen, dagegen aber die österreichischen Entscheidungen: IZ Oe 1896 403; 1901 77 (Adresse: an A für B! Siehe dazu IZ 1902 133, wo diese gemäß § 2 (8) der Ausf.-Best. für unzulässig erklärt wird).) Vgl. auch Artikel 26 (4) Anm.: Eisenbahn haftet für vollen Schaden, auch für entgangenen Gewinn: Befolgt die Eisenbahn eine andere Anweisung als eine solche des Absenders — etwa des künftigen Empfängers —, so haftet sie für die Folgen, die z.'B. dem Absender daraus entstehen können, daß das Gut entgegen seiner Absicht im Zollinlande verkauft werden mußte, wofür er eine Konventionalstrafe an sein Syndikat zu zahlen hat: RG D IZ 1895 354. So auch Rosenthal 143. A. A. Gerstner IÜ 262, der Haftung wie für Verlust des Gutes annimmt. — Die Nichtbeachtung einer ordnungsmäßigen Verfügung des Absenders, das Gut dem Empfänger nicht auszuliefern, verpflichtet die Eisenbahn zum Schadensersatz an den Absender, auch ohne daß dieser Ersatz vom Absender verlangt hat: IZ Oe 1902 159. Liegt dem Absender an beschleunigter Weitergabe seiner nachträglichen Verfügung, so muß er das zum Ausdruck bringen: IZ S **1895** 368. Irrtümliche Ablieferung an den Empfänger trotz gegenteiliger rechtzeitiger Anweisung des Absenders macht die Eisenbahn schadensersatzpflichtig: Arch **81** 52; EE 1 132.

VIII. **Die Form der nachträglichen Verfügung** ist in Absatz 6 bestimmt, der auf die Ausf.-Best. § 7 verweist. Es ist das Formular der Anlage 4 zu verwenden. Diese Formen sind zum Schutz der Eisenbahn wie auch des Empfängers geboten. Absatz (7) bezieht sich auch auf Absatz (6) Satz 2. Gerstner 260; Rosenthal 138; Hilscher 149, EE **Oe 22** 283. A. A. Schwab 179.

Vgl. IZ **I** 1907 368: Die Nichtbeachtung der vorgeschriebenen Formen, namentlich Nichtbenutzung des Formulars, begründet aber keine absolute Nichtigkeit der Verfügung, sofern dadurch der Zweck der Vorschrift nicht illusorisch gemacht wird (z. B. Absender und Empfänger sind eine Person (?)). IZ **Oe** 1897 369: Gut bereits avisiert, aber noch nicht abgenommen. Empfänger gerät in Konkurs, nimmt aber ab, ehe die in Aussicht stehende nachträgliche Verfügung ordnungsmäßig eingeht. (A. A. IZ F **1894** 159). IZ **Oe** **1905** 136: Schutz des Empfängers gegen eine ohne Vorlegung des Duplikats getroffene und beachtete nachträgliche Verfügung. Namentlich aber IZ **Oe** **1906** 177: Eine nachträgliche Verfügung des Absenders, welche nicht auf dem vorgeschriebenen Formular erteilt und im Frachtbriefduplikat nicht vermerkt ist, ist nichtig. A. A. IZ U **1909** 274 (?) (Kurie Budapest 4. 3. 1908): Eine vom Absender gegebene, der im österr. Betr.-Reglement vorgeschriebenen Form nicht entsprechende nachträgliche Verfügung ist für die Eisenbahn verbindlich, sobald ihre Organe sie an ne h men. Ihre Nichtbefolgung bedeutet eine grobe Fahrlässigkeit (EE **25** 255). Die Ansicht Budapest dürfte für IÜ 15 (7) u. a. deshalb nicht zutreffen, weil im IÜ absichtlich ursprünglich in den Ausf.-Best. (§ 7 zu Art. 15) die Benutzung eines Formulars vorgeschrieben war und es hieß: „Jede Verfügung des Absenders, welche nicht auf dem vorgeschriebenen Formular erteilt wird, gilt als unverbindlich." Auf Antrag eines deutschen Delegierten wurde in der Berner Konferenz von 1886 (P **III** 35) diese Bestimmung über die Form der nachträglichen Verfügungen in das IÜ selbst herübergenommen und statt der Unverbindlichkeit die Nichtigkeit formwidriger Verfügungen dekretiert. (Vgl. IZ **1909** 277.)

Artikel 16.

Auslieferung der Güter am Bestimmungsort.

(1) Die Eisenbahn ist verpflichtet, am Bestimmungsorte dem bezeichneten Empfänger gegen Bezahlung der im Frachtbriefe ersichtlich gemachten Beträge und gegen Bescheinigung des Empfanges den Frachtbrief und das Gut auszuhändigen.

(2) Der Empfänger ist nach Ankunft des Gutes am Bestimmungsorte berechtigt, die durch den Frachtvertrag begründeten

Rechte gegen Erfüllung der sich daraus ergebenden Verpflichtungen in eigenem Namen gegen die Eisenbahn geltend zu machen, sei es, daß er hierbei in eigenem oder in fremdem Interesse handle. Er ist insbesondere berechtigt, von der Eisenbahn die Übergabe des Frachtbriefs und die Auslieferung des Gutes zu verlangen. Dieses Recht erlischt, wenn der im Besitz des Duplikats befindliche Absender der Eisenbahn eine nach Maßgabe des Artikels 15 entgegenstehende Verfügung erteilt hat.

(3) Als Ort der Ablieferung gilt die vom Absender bezeichnete Bestimmungsstation.

Artikel 17.

Pflichten des Empfängers bei der Annahme der Güter.

Durch Annahme des Gutes und des Frachtbriefes wird der Empfänger verpflichtet, der Eisenbahn die im Frachtbrief ersichtlich gemachten Beträge zu bezahlen.

Bemerkungen.

IÜ 16, 20, 21, 19. EVO 76—79, 63, 97. HGB 435, 436, 441, 468. VBR 53, 54. Übk zum VBR 12. — SVE XV (Art. 10). MSVE 34. DVE XV, XVI (Art. 10 a—c). DDVE LIV. P I 25, 26, 69. P II 33—35, 99—101. P III 76. R I 75, 83. R II 17, 99, 153. — Gerstner IÜ 264. Gerstner NSt 84. Rosenthal IÜ 149, 161. Fritsch IÜ 641, 642. Eger IÜ 203, 216. von der Leyen Goldschmidts Z **39** 80. Calmar 133, 135. Hilscher 103, 112. Schwab 198, 199. v. Rinaldini 191. Rundnagel 26. Marchesini 1 344, 388, 408, 395. Düringer-Hachenburg III 591, 593, 394, 609. Lehmann-Ring II 338, 340.

I. **Verpflichtung der Eisenbahn.** Artikel 16 behandelt im Gegensatz zu Artikel 17, der die Pflichten des Empfängers aus dem Frachtvertrage regelt, die Pflichten der Eisenbahn und die ihnen entsprechenden Rechte des Empfängers. Die Hauptpflicht der Eisenbahn aus dem Frachtvertrage besteht in der Ablieferung des Gutes an den Empfänger nach beendeter Beförderung.

1. Die **Ablieferung des Gutes**, seine Aushändigung an den Empfänger ist die regelmäßige Endigungsursache des Frachtvertrages, die eigentliche Zweckerfüllung des Beförderungsvertrages. Man hat darunter denjenigen Vorgang zu verstehen, durch welchen die Eisenbahn den ihr vom Absender über das Gut anvertrauten Gewahrsam mit ausdrücklicher oder stillschweigender Einwilligung des Empfängers aufgibt. (von der Leyen Goldschmidts Z 16 86; Rundnagel 26; OLG Hamburg 2 186; ROH 6 273; 14 293; RGEE 13 16; Düringer-Hachenburg § 429 II 3 b; Lehmann-Ring § 429 Anm. 6; Staub § 429 Anm. 7; IZ D 1897 24; IZ F 1897 330 (tatsächliche Abnahme).) Diese Verpflichtung zur Aufgabe des Beförderungsgewahrsams besteht sowohl gegenüber dem Absender (Abs. (1)) als Folge des mit ihm

abgeschlossenen Beförderungsvertrages, als auch gegenüber dem Empfänger unter den in Abs. (2) näher dargelegten Voraussetzungen.

2. Inhalt der Verpflichtung zur Ablieferung.

a) Gegenstand der Ablieferung muß das Gut selbst sein. Es genügt nicht zur Gewahrsamsaufgabe die Benachrichtigung des Empfängers von der Ankunft des Gutes, ebensowenig die Aushändigung des Frachtbriefes allein.

b) Form der Ablieferung. Den Regelfall bildet die tatsächliche Übergabe (IZ B 1899 517) des Gutes nach Einlösung des Frachtbriefes gegen Quittungsleistung, sei es durch Aushändigung des Stückguts auf dem Güterboden oder vermittels des bahnamtlichen Rollfuhrmannes, oder durch Zuführung des Güterwagens auf das Freilade- oder auf das Anschlußgleis.

α) Ablieferung ist auch dann erfolgt, wenn die Eisenbahn unter Aushändigung des Frachtbriefs an den Empfänger mit dessen stillschweigender Zustimmung das Gut nach beendetem Transport zum Zwecke der zollamtlichen Behandlung im Zollschuppen der Eisenbahn der Zollbehörde ausgefolgt hat. Damit hat sie ihre custodia über das Gut aufgegeben, die mit der Pflicht zur Beförderung den wesentlichen Inhalt des Frachtvertrages ausmacht. Eine weitere Haftung kann aus dem Frachtvertrage für spätere Ereignisse nicht abgeleitet werden. (Haftung als Bauherrin des Zollschuppens: RGZ 67 335; RG Arch 1908 971; EE 24 385; IZ D 1897 24; IZ Oe 1904 34). Ebenso liegt es bei Neuübernahme des Gewahrsams durch die Eisenbahn bei Abschluß eines neuen Frachtvertrages mit dem Empfänger über dasselbe Gut (Reexpedition) oder bei Übernahme des Gutes auf Grund eines besonderen Verwahrungsvertrages u. a. m. Jedenfalls setzt der Begriff der Ablieferung nicht voraus die Aufgabe jeglichen Gewahrsams, es genügt die des Beförderungsgewahrsams. Das bei der Ablieferung einzuhaltende Verfahren regeln nach Artikel 19 die gesetzlichen und reglementarischen Bestimmungen der Ablieferungsstation.

β) Die Bescheinigung des Empfanges ist eine einfache administrative Formalität, deren Mangel nicht ohne weiteres die Nichtablieferung des Gutes konstatiert. Die Eisenbahn kann den Vollzug der Ablieferung auch auf andere Art nachweisen: IZ I 1899 595. Die Eisenbahn hat aber die Richtigkeit der Unterschriften auf der Empfangsbescheinigung zu beweisen, wenn sie sich auf sie beruft: IZ I 1899 29.

γ) Eine notwendige Voraussetzung der „Ablieferung" bildet die Übergabe des Frachtbriefes nicht (so namentlich Rundnagel 28 und dort Zitierte). Das Verfügungsrecht des Absenders erlischt jedoch (16 (2)) durch die Übergabe des Frachtbriefs auch dann, wenn das Gut im Gewahrsam der Eisenbahn geblieben ist. (Art. 15 (4), 16 (2)).

δ) Andrerseits genügt z. B. die Zuführung eines Wagens mit Gut auf das Anschlußgleis allein nicht, es bedarf noch einer ausdrücklichen oder stillschweigenden Einverständniserklärung des Empfängers (EE Oe 18 201; auch ROH 8 27; RGZ 67 335: tatsächliches Verfügen des Empfängers).

ε) Der Frachtvertrag und damit die Haftung der Eisenbahn endet auch nach französischem Recht nicht mit der Avisierung von der Ankunft der Sendung, sondern erst mit der wirklichen Auslieferung der Sendung an den Empfänger: IZ F 1902 287 94 und F 1896 368.

Über die Haftpflicht der Eisenbahn für die Beschädigungen während der Zufuhr zur Behausung siehe IZ F 1902 94.

c) Der „bezeichnete" Empfänger ist derjenige, wie er im Frachtbrief oder durch nachträgliche Verfügung angegeben ist. Ob er materiell zur Empfangnahme auf Grund des Kausalgeschäfts berechtigt ist, hat die Eisenbahn zu prüfen kein Recht.

Beispiele. Eisenbahn haftet für Ablieferung an einen anderen als den nachträglich bezeichneten Empfänger: IZ F 1897 435; an eine andere als die im Frachtbrief bezeichnete Person: IZ F 1897 438 (Haftung für Lieferfristüberschreitung dabei); IZ Oe 1897 601; 1903 11 und 311; IZ B 1904 97; OLG Stuttgart D IZ 1899 236 (Ablieferung an nur einen von zwei Adressaten). Die Eisenbahn ist aber nicht verpflichtet, die Berechtigung des Inhabers des Avises zu prüfen: IZ Oe 1903 182; F 1898 597; 1902 230; I 1894 257.

Aushändigung an einen nicht legitimierten Empfänger ist Verlust; Eisenbahn haftet aber nicht, wenn sie nachweist, daß kein Schaden entstanden ist: IZ RG D 1903 206.

d) Bestimmungsort = Ort der Ablieferung = der vom Absender bezeichneten Bestimmungsstation, die er gemäß Artikel 6 (1) c in den Frachtbrief eingetragen oder die er durch nachträgliche Verfügung bestimmt hat. Ist als Wohnort des Empfängers ein Ort bezeichnet, der nicht mit der Empfangsstation identisch ist, so gilt als Ablieferungsort dennoch die Bestimmungsstation, und die Eisenbahn haftet nach IÜ für den Transport doch nur bis zur Empfangsstation, auf die Weiterbeförderung finden die Bestimmungen des Artikels 19 Anwendung (Artikel 30 (2)), der besagt, daß sich die Entscheidung der Frage, ob die Eisenbahn das Gut einem nicht an der Bestimmungsstation wohnenden Empfänger zuzuführen habe, nach den für die abliefernde Bahn geltenden gesetzlichen und reglementarischen Bestimmungen richtet. Besteht nach diesen Bestimmungen eine solche Verpflichtung, so ist, da nach Artikel 30 (2) der internationale Transport an der Empfangsstation endet, der anschließende Transport kein internationaler, sondern ein interner. Dagegen folgt aus Artikel 30 (2), 16 (1) andrerseits, daß in dem Falle, wo der Bestimmungsort und die Empfangsstation identisch sind, der internationale Transport erst endet mit der Aushändigung, also möglicherweise erst mit der Zuführung in die Wohnung. (So auch Gerstner IÜ 267, NSt 87, Fritsch S. 642 gegen Eger, der unter Bestimmungsstation in 16 (3) den „Bahnhof" versteht, was offenbar schon mit Rücksicht auf den französischen Text falsch sein dürfte sowie mit Rücksicht auf den Wortlaut des Frachtbriefformulars und endlich auf Artikel 19, der ja dann 16 (3) widerspräche!)

e) Zeit. Die Ankunft entscheidet, nach dem klaren Wortlaut der Vorschrift, nicht das Ankommenmüssen; so Gerstner IÜ 267; Düringer-Hachenburg § 435 V 2; Lehmann-Ring § 435 III 1; Staub § 435 Bem. 1; Rundnagel 264 und die von ihm Zitierten; EE LG Cöln 23 377; Janzer-Burger § 76 II.

Dagegen RG EE 16 339; Rosenthal 141; Hertzer 113; Eger (108 zu Art. 16) ohne Begründung. Auch von Rinaldini S. 194.

Gleichgültig ist, ob die Lieferfrist schon abgelaufen ist oder nicht; mit der Ankunft entsteht das Recht.

Auch die französischen Eisenbahnen haben dem Empfänger, dem die Ankunft des Gutes am Bestimmungsort avisiert ist, und der den Frachtbrief eingelöst hat, die Sendung ohne Verzug zur Verfügung zu stellen. Sie verzichten damit auf Ausnützung des noch verbleibenden Restes der Lieferfrist: IZ **F 1904** 98. Siehe jedoch IZ **Oe 1905** 283, wo der Empfänger mit seiner Klage auf Ersatz der infolge vergeblich versuchter Abholung einer ihm avisierten Sendung entstandenen Auslagen abgewiesen wurde, weil er bei Bezahlung der Fracht sich seinen darauf gehenden Anspruch nicht vorbehalten hatte (Art. 44 (3) Satz 2).

II. **Rechte des Empfängers.** 1. Der Empfänger hat, den Pflichten der Eisenbahn entsprechend, das Recht, in den Frachtvertrag einzutreten und von der Eisenbahn die Übergabe des Frachtbriefs und die Auslieferung des Gutes zu verlangen. Dieses Recht entsteht erst mit der Ankunft des Gutes am Bestimmungsorte (vgl. I 2 e).

2. Außer dem Recht auf Aushändigung des Frachtbriefs und des Gutes kann der Empfänger nach Ankunft des Gutes auch die sonstigen durch den Frachtvertrag begründeten Rechte geltendmachen, z. B. das Recht auf Entschädigung wegen Minderung, Beschädigung Lieferfristüberschreitung u. ä., nicht aber wegen Verlustes des Gutes; denn die Geltendmachung der Ansprüche des Empfängers ist an die Ankunft des Gutes am Bestimmungsorte geknüpft. Diese kann aber bei Verlust nicht wohl in Frage kommen. Das einzige Recht des Empfängers ohne Rücksicht auf die Ankunft des Gutes ist das aus Artikel 15 (2) Satz 2 wegen einer ohne Vorlegung des Frachtbrief-Duplikats befolgten nachträglichen Verfügung des Absenders.

3. Das Recht des Empfängers zu Verfügungen über das Gut entsteht und zerstört das Verfügungsrecht des Absenders in dem Moment, wo er nach Ankunft des Gutes auf der Bestimmungsstation den ihm übergebenen Frachtbrief annimmt (und nicht etwa nach Einsichtnahme in den Frachtbrief — ev. durch Rückgabe des Frachtbriefs — erklärt, er verzichte auf die durch die Übergabe des Frachtbriefs für ihn begründeten Rechte (Düringer-Hachenburg § 433 V 3a), (Art. 24 (1) Satz 4)). Dem steht gleich die Zustellung der Klage auf Übergabe des Frachtbriefs und Aushändigung des Gutes (Art. 16 (2 Satz 2, Art. 15 (4)).

4. Besichtigungsrecht des Empfängers. Die Eisenbahn ist nicht verpflichtet, dem Empfänger das Gut vor Einlösung des Frachtbriefs zur Besichtigung und Untersuchung vorzuzeigen; denn sie ist nur verpflichtet, Zug um Zug zu leisten. Reindl VerZtg **1903** 1424 (gegen Hertzer ebenda S. 881), ebenso CA IZ **1903** 234, 310, **1908** 182; VerZtg **1908** 429, **1909** 755; Staub § 438 Anm. 3. P I 48 ff. (nein!). Aber Denkschr. z. HGB S. 3267: „Es wird nach den Grundsätzen von Treu und Glauben davon auszugehen sein, daß dem Empfänger eine äußere, dei Geschäftsbetrieb des Frachtführers nicht störende Besichtigung erlaubt werden muß.“ Ähnlich liberal — aber ohne Statuierung, ja unter ausdrücklicher Verneinung eines Rechts AAV.

III. Die **Pflichten des Empfängers.** 1. Der Empfänger als solcher kann von der Eisenbahn nicht zur Annahme des Gutes und des Frachtbriefs gezwungen werden — es sei denn, er wäre gleichzeitig Absender: RG EE 17 219; Lehmann-Ring § 435 Nr. 5, § 436 Nr. 2.

2. Seine Verpflichtung entsteht erst kraft Gesetzes (Art. 17) durch die Annahme von Gut und Frachtbrief. Diese beiden Akte bilden zusammen den Verpflichtungsgrund, die Annahme nur des einen oder des anderen begründet die Verpflichtung nicht.

Ebensowenig wie die Übergabe muß die Übernahme stets eine körperliche sein, es genügt die tatsächliche Übernahme des Gutes

— nicht genügt die Übernahme des Frachtbriefs allein — in die Ver
fügungsgewalt, durch die de Frachtführer von der Aufbewahrungs-
pflicht befreit wird: OL G(KG) 6 96; OLG Hamburg Goldschmidts Z
40 542. Sie liegt insbesondere auch in der Abfuhr durch den vom
Empfänger allgemein mit Abrollung der für ihn anlangenden Sendungen beauftragten Spediteur: EE LG Chemnitz 19 337. Auch, wenn
Gut und Frachtbrief dem Empfänger in seiner Abwesenheit überbracht
werden, und er z. B. nachträglich sich weigert, das Gut zurückzugeben
ROH 20 410. Empfänger ist auch der sog. Adreßspediteur: KG EE
24 348. Die Annahme des Frachtbriefs ist in der Regel schon darin
zu erblicken, daß der Empfänger den ihm vorgelegten Frachtbrief nicht
beanstandet (Düringer-Hachenburg § 436 II 2). Eine Anfechtung der
Annahme wegen Irrtums ist unstatthaft. Nachträgliche Zurückgabe
des Frachtbriefs oder des Gutes nach erfolgter Annahme hebt die eingetretene Wirkung nicht auf (Düringer-Hachenburg ebenda). Es muß
sich aber um das im Frachtbrief genannte Gut handeln: OLG Karlsruhe Bad Rspr. 1904 309; EE Oe 22 371. Der Empfänger einer Sendung
von 10 Körben Fische löste den Frachtbrief mit Nachnahme ein und
erhielt zunächst nur 3 Körbe, die er auch vorbehaltlos annahm. Das
Eintreffen der restlichen 7 wurde ihm noch innerhalb der Lieferfrist
avisiert. Er fand sich erst später zur Annahme ein, die er verweigerte,
weil die Sendung inzwischen verdorben war. Sein Schadensersatzanspruch ist abgelehnt, weil nach IÜ und auch sonst keine Bestimmung
bestehe, welche die Eisenbahn dem Publikum gegenüber verpflichtet,
eine aus mehreren Stücken bestehende Stückgutsendung in einem
Wagen zu befördern, auch nicht erwiesen sei, daß gerade durch die
Verladung in zwei Wagen das Verderben der noch innerhalb der Lieferfrist eingetroffenen restlichen Fische herbeigeführt sei. Durch Annahme eines Teiles sei er übrigens auch zur Annahme des Restes verpflichtet: IZ Oe 1903 202. — Der Auftrag des Empfängers an den
bahnamtlichen Rollfuhrunternehmer, er solle bahnlagerndes Gut ihm
zuführen, führt nach italienischem Recht nicht zur Annahme des
Gutes, wenn das Gut dem Rollfuhrunternehmer daraufhin zur Abfuhr ausgehändigt wird, weil dieser nur ein „nachfolgender Frachtführer" sei: IZ I 1902 228. Eisenbahn haftet nicht für Verlust des
Gutes, der infolge verspäteter Abnahme entsteht: IZ B 1897 198.
Wenn die Eisenbahn dem Empfänger trotz vorheriger Feststellung
des Verlustes des Gutes dessen Eingang mitteilt und Fracht
und Nachnahme von ihm einzieht, ehe das Gut gefunden ist,
so kann er die gezahlte Summe zurückverlangen; denn nur die
Abnahme des Gutes verpflichtet den Empfänger zur Zahlung:
IZ 1908 291.

3. Der Umfang der Verpflichtung ergibt sich aus Artikel 16 (1)(2)
und 17. Der Empfänger hat zu zahlen die im Frachtbrief ersichtlich
gemachten Beträge (16 (1), 17); er wird berechtigt gegen Erfüllung
der aus dem Frachtvertrag sich ergebenden Verpflichtungen (16 (2)
Satz 1, 17).

Der Empfänger ist nach Artikel 16 (1) (2), 17 verpflichtet zur
Zahlung derjenigen aus dem Frachtvertrage sich ergebenden Beträge,
die im Frachtbrief ersichtlich gemacht sind, „le montant de créances
résultant de la lettre de voiture", auch wenn sie falsch sind; IZ Oe
1899 324. Das soll dasselbe bedeuten wie die Bestimmung der EVO
§ 76 (4) „nach Maßgabe des Frachtbriefs" (so auch Schwab 205, 212,
Gerstner IÜ 270, NSt 85, 86).

Man wird jedoch nicht so weit gehen können, daß hierunter „nur der ziffernmäßig im Frachtbrief berechnete Betrag zu verstehen sei, vielmehr gehört dazu auch dasjenige, „worauf im Frachtbrief Bezug genommen ist, also insbesondere der Tarif". Es soll keineswegs eine Skripturobligation geschaffen werden, das ergibt schon die Bestimmung des Artikel 12, daß bei unrichtiger Anwendung der Tarife und bei fehlerhafter Frachtberechnung das zu wenig Geforderte nachzuzahlen, das zuviel Erhobene zu erstatten ist. (So auch Rosenthal 155, Schwab a. a. O., Janzer-Burger 179, Gerstner a. a. O.) OLG (Hamburg) **16** 133; EE **25** 135: Die Verpflichtung des Empfängers zur Zahlung der Fracht umfaßt auch nach IÜ nicht nur die im Frachtbriefe vermerkten, sondern alle tarifmäßig auf Grund des Frachtvertrages geschuldeten Beträge. Der Empfänger ist zur Nachzahlung auch verpflichtet, wenn im Frachtbrief versehentlich ein zu geringer Frachtbetrag angerechnet ist. — Nicht vollständige Eintragungen im Frachtbrief (Bezugnahme auf Begleitpapiere oder Tarife) ROH **20** 410; **21** 181. — Die Beträge brauchen nicht zahlenmäßig aus dem Frachtbrief ersichtlich zu sein: EE OLG Frankfurt **22** 295. — Danach sind vom Empfänger auch die Frachtzuschläge zu zahlen RGEE **2** 436; ROH **21** 181. — Auch Lagergeld, das vom Absender nach Lage des Frachtbriefs veranlaßt ist RGZ **15** 76. — Desgleichen Nachzoll, und zwar selbst vom Adreßspediteur: KG IZ **1908** 366 und EE **24** 348: Artikel 17 legt dem Empfänger nur die Verpflichtung auf, der Eisenbahn die im Frachtbrief ersichtlich gemachten Beträge bei der Annahme zu zahlen. Eine Verpflichtung der Eisenbahn, diese Beträge einzuziehen, besteht nicht. Die Vorschrift des Artikels 20, die Eisenbahn habe bei der Ablieferung alle Frachten und Gebühren einzuziehen, stelle sich nicht als ein den Schutz des Empfängers bezweckendes Gesetz dar. Unterläßt sie daher die Einziehung bei der Abnahme des Gutes, so begründet das kein Schadensersatzrecht des Empfängers. Dieser bleibt vielmehr verpflichtet zur Zahlung derjenigen Beträge, die nach Artikel 11 zu entrichten sind. Das sind aber nicht nur die im Frachtbriefe selbst ersichtlich gemachten, zahlenmäßig nachgewiesenen, sondern auch diejenigen, die sich aus den in Bezug genommenen Reglementen und Tarifen berechnen lassen. Zu den letzteren gehören auch die Zollvorschriften und -tarife. So auch Bolze **23** S. 250/251. Nr. 483. A. A. für EVO das sehr anfechtbare Urteil des Reichsgerichts vom 16. 6. 09 Jurist. Wochenschrift **1909** 502. Die Eisenbahn hat nicht die Verpflichtung zur Nachprüfung der abverlangten Zollgebühren, LG Kassel in Spedu.SchiffZtg **1908** 488. Vgl. auch IZ F **1901** 326. — Der Frankierungsvermerk schließt nicht ohne weiteres für den Empfänger die Befreiung von der Zahlung des Zolls in sich. IZ D RG **1897** 224. RG **Arch 1898** 145. — Empfänger muß, um die Ware zu erhalten, den im Frachtbrief ersichtlich gemachten Betrag bezahlen, auch wenn er ihn für falsch berechnet hält. IZ **Oe 1900** 161 (Vgl. Art. 12 (4)). — Vgl. auch IZ **CA 1909** 151, wo nachgewiesen wird, daß Eger zu weit geht, wenn er behauptet, der Empfänger habe nicht lediglich die aus dem Frachtbrief ersichtlichen, sondern alle durch den Frachtvertrag begründeten Forderungen zu tragen. Das sagt das Gesetz nirgends. — Betr. Frachtzahlung bei unterwegs eingetretenem Verlust des Gutes vgl. Reindl VerZtg **1903** 1233; IZ **1904** 26; VerZtg **1904** 1079; Böthke EE **24** 302, 404.

Artikel 18.

Beförderungshindernisse.

(1) Wird der Antritt oder die Fortsetzung des Eisenbahntransportes durch höhere Gewalt oder Zufall verhindert, und kann der Transport auf einem andern Wege nicht stattfinden, so hat die Eisenbahn den Absender um anderweitige Disposition über das Gut anzugehen.

(2) Der Absender kann vom Vertrage zurücktreten, muß aber die Eisenbahn, sofern derselben kein Verschulden zur Last fällt für die Kosten zur Vorbereitung des Transportes, die Kosten der Wiederausladung und die Ansprüche in Beziehung auf den etwa bereits zurückgelegten Transportweg entschädigen.

(3) Wenn im Falle einer Betriebsstörung die Fortsetzung des Transportes auf einem andern Wege stattfinden kann, ist die Entscheidung der Eisenbahn überlassen, ob es dem Interesse des Absenders entspricht, den Transport auf einem andern Wege dem Bestimmungsorte zuzuführen oder den Transport anzuhalten und den Absender um anderweitige Anweisung anzugehen. Falls das Gut auf einem andern Wege dem Bestimmungsort zugeführt wird, ist die Eisenbahn berechtigt, die Zahlung der Mehrgebühren zu fordern.

(4) Befindet sich der Absender nicht im Besitze des Frachtbriefduplikats, so dürfen die in diesem Artikel vorgesehenen Anweisungen weder die Person des Empfängers noch den Bestimmungsort abändern.

Bemerkungen.

EVO 74, 61, 73, 99. HGB 428, 455, 471. VBR 55 (Zus. I und V). Übk zum VBR 13; GAV § 40. — SVE XVI (Art. 11). DVE XVI (Art. 11). DDVE LIV. P I 26, 27. P II 34, 35, 102, 103, 141. P III 47, 48. R I 75, 83. R II 17, 99, 153. — Gerstner IÜ 271. Gerstner NSt 88. Rosenthal IÜ 143. Fritsch IÜ 642. Eger IÜ 222. Reindl EE 25 17. von der Leyen Goldschmidts Z 39 78; 65 22. Calmar 136. Hilscher 153. Schwab 187. v. Rinaldini 183. Marchesini 1 333. Staub §§ 428[6], 455[4], 456[9].

I. Der Artikel handelt von den sog. Beförderungshindernissen. Er versteht darunter Störungen durch höhere Gewalt oder Zufall, welche die Beförderung, so wie sie ursprünglich geplant, unmöglich machen. Es handelt sich nur um Störungen, die sich nach erfolgtem Abschluß des Frachtvertrages, aber nicht nach der Ankunft am Empfangsorte herausstellen. Ob das Hindernis von gewisser Dauer sein muß, oder ob nur solche in Frage kommen, denen voraussichtlich irgendwie abgeholfen werden kann, ist nicht gesagt, jedenfalls gehört nicht dazu Verlust des Gutes. (Vgl. Gerstner IÜ 273 (vorübergehende), Rosenthal 144 (auch dauernde), Schwab 188 (jede belangreiche Transporthinderung, Dauer ist irrelevant).)

II. Es wird unterschieden

a) der Fall, daß die Beförderung nicht auf einem anderen als dem in Aussicht genommenen Wege, einem Hilfswege stattfinden kann, ohne Rücksicht darauf, ob die Beförderung bei ihrem Beginn oder während ihres Ganges gestört wird: hier ist stets der Absender um eine anderweitige Disposition über das Gut anzugehen (Art. 18 (1)) — von

b) dem Fall, daß die Beförderung auf einem anderen Wege stattfinden kann, für den Bestimmungen nur getroffen sind, wenn es sich um Gut handelt, dessen Beförderung bereits begonnen: Die Eisenbahn hat dann zu wählen, je nach dem mutmaßlichen Interesse des Absenders, ob sie das Gut auf dem Hilfswege befördern will, oder ob sie es anhalten und den Absender um anderweite Anweisung angehen will. Wählt sie den letzteren Ausweg, so liegt die Sache wie im Absatz 1.

c) Handelt es sich dagegen um Gut, dessen Beförderung noch nicht begonnen, aber auf einem anderen Wege möglich ist, so ist in Artikel 18 hierfür keine ausdrückliche Entscheidung getroffen. Es folgt aber aus Artikel 18 (1) e contrario, daß die Eisenbahn, weil eben der Transport auf einem anderen Wege ohne Befragen des Absenders möglich ist, diesen wählen kann, aber unter Berücksichtigung des Artikels 6 (1) l.

III. Ist Antritt oder Fortsetzung der Beförderung infolge Zufalls oder höherer Gewalt unmöglich, und kann die Beförderung des Gutes auf einem Hilfswege nicht erfolgen, so steht dem Absender (18 (2)) das Recht des Rücktritts vom Vertrage zu — jedoch gegen „Reugeld", wenn kein Verschulden der Eisenbahn vorliegt —, oder er kann anderweit über das Gut verfügen. Zu Verfügungen jedoch, durch welche die Person des Empfängers oder der Bestimmungsort geändert wird, dazu würde auch der Rücktritt vom Vertrage gehören (so Rosenthal 145, a. M. Schwab 190), muß der Absender — ebenso wie bei freiwilligen nachträglichen Verfügungen — das Frachtbriefduplikat vorlegen, offenbar aus dem Grunde, daß das Interesse des etwa im Besitze des Frachtbriefduplikats befindlichen Empfängers gewahrt wird.

Jenes „Reugeld" stellt sich dar — Art. 18 (2) — als Entschädigung der Eisenbahn für ihre Kosten.

Betr. „höhere Gewalt" und „Zufall" siehe Artikel 30.

IZ Oe 1907 267: Eisenbahn ist verpflichtet, den Verfügungsberechtigten von einer unterwegs eingetretenen Beschädigung des Gutes (Selbstentzündung von Kunstwolle) zu verständigen, welche die Zweckmäßigkeit des Weitertransportes in Frage stellt, und vor Ausführung der Weiterbeförderung seine Weisungen einzuholen. — EE U 24 41: Mangelnde Zolldokumente sind ebenfalls Beförderungshindernis.

IV. Betriebsstörung ist gleichbedeutend mit jedem Beförderungshindernis — so Gerstner IÜ 274, Schwab 191, Hilscher 153, Rosenthal 147 (mit Rücksicht auf den französischen Text) gegen Eger, der nur das den „Betrieb" im engeren Sinne störende Ereignis darunter verstehen will (231), ohne jedoch dafür einen anderen Grund anführen zu können, als daß es sich hier um eine Ausnahmebestimmung handle, die strikt zu interpretieren sei. Der französische Text, spricht worauf Gerstner und Rosenthal schon hinweisen, im Artikel 18 (1) wie (2) von „transport interrompu", „interruption" bezüglich des „transport", so daß aus ihm die von Eger herbeigezogene Unterscheidung willkürlich erscheint. Sie beachtet auch nicht genügend den Sprachgebrauch, der ja erst allmählich — aber in Österreich-Ungarn noch heute nicht — zu der begrifflichen Unterscheidung von Betrieb und Verkehr gekommen ist. Daß man an diese Unterscheidung nicht gedacht haben kann ergibt ein Blick in die grundlegenden Verhandlungen (P II 35), wo über diesen Punkt keine Scheidung beobachtet wird: Verkehrshindernisse, zeitweilige Verhinderung des Eisenbahntransports, Hindernis des Transports, Betriebsstörung. So wird man unter Betriebsstörung im Sinne 18 (2) auch zu verstehen haben: Ein-, Aus- und Durchfuhrverbote, Maßnahmen der Zoll- und Polizeibehörde. Gleichgültig ist, ob von dem Beförderungshindernis das Gut, die Beförderungsmittel oder das Bahnpersonal und die Bahnanlagen betroffen werden (Rosenthal 144).

V. Ablieferungshindernisse siehe Artikel 24.

Artikel 19.

Verfahren bei Ablieferung der Güter.

Das Verfahren bei Ablieferung der Güter sowie die etwaige Verpflichtung der Eisenbahn, das Gut einem nicht an der Bestimmungsstation wohnhaften Empfänger zuzuführen, richtet sich nach den für die abliefernde Bahn geltenden gesetzlichen und reglementarischen Bestimmungen.

Bemerkungen.

IÜ 16, 17, 20, 21, 30. EVO 85, 76, 78, 79. HBG 468, 471, 435, 436, 441. VBR 56 (Zus. V). Übk zum VBR 12. Landesrecht zu Art. 19 Zusammenstellung S. 60. — SVE XVI (Art. 12). MSVE 34, 35. DVE XVI, XVII. DDVE LIV, LV. P I 27, 69. P II 35, 36, 103. R I 75. — Gerstner IÜ 279. Gerstner NSt 89. Rosenthal IÜ 149, 156. Fritsch IÜ 643. Eger IÜ 233. Calmar 140. Hilscher 103. Schwab 216. v. Rinaldini 191. Marchesini 437. Staub § 468³. IZ 1908 226: (F) Über das Verfahren bei der Ablieferung und insbesondere die Avisierung der am Bestimmungsorte ankommenden Güter. — IZ 1908 291: Zahlung der Nachnahme durch den Empfänger trotz des Verlustes des Gutes.

Die Artikel 16 und 30 behandeln die materiellen internationalen Vorschriften, betreffend die Voraussetzungen der Verpflichtung der Eisenbahn und die Verpflichtung der Eisenbahn selbst, das Gut dem Empfänger auszuhändigen. Im Gegensatz zu ihnen gibt Artikel 19 Aufschluß über das Verfahren, über die Art und Weise, in welcher Form die Eisenbahn jener Verpflichtung nachzukommen hat. (Gerstner IÜ 279, NSt 89.) Dieses Verfahren ist in zweckmäßiger Weise nicht einheitlich für sämtliche Vertragsstaaten geregelt, sondern nach dem Grundsatze des internationalen Privatrechts: locus regit actum, der Ordnung durch die am Ablieferungsorte geltenden gesetzlichen und reglementarischen Bestimmungen überlassen. Nach diesen Bestimmungen richtet sich namentlich auch die Entscheidung der Frage, ob die Eisenbahn verpflichtet ist, dem Empfänger die Ankunft des Gutes zu avisieren. Sie gehört nicht begrifflich zur Ablieferungspflicht, wie die Tatsache zur Genüge beweist, daß in Frankreich IZ F 1896 441 und wenigstens allgemein auch in Italien eine derartige Pflicht für die Eisenbahnen nicht besteht. (Vgl. Gerstner IÜ 280 und NSt 89 gegen Eger 240.) Das IÜ selbst hat an keiner Stelle, wie auch Eger zugibt, über diese Verpflichtung Anordnung getroffen. Deshalb ist sowohl die Frage, ob zu avisieren ist, als diejenige, wie es zu geschehen hat, den für die abliefernde Bahn geltenden gesetzlichen und reglementarischen Bestimmungen überlassen. Vgl. Ausf.-Best. § 6.

Beispiele: IZ F 1893 379, 1897 225, 1900 401: Die französischen Eisenbahnen sind nicht verpflichtet, dem Empfänger die Ankunft des Gutes zu avisieren. Wohl aber sind sie dazu berechtigt. Kosten trägt Empfänger: IZ F 189 8101. Ebensowenig sind zur Avisierung verpflichtet die italienischen Eisenbahnen im inneritalienischen, wohl dagegen im internationalen Verkehr: IZ I 1903 14.

Die Avisierung erfolgt zur Begründung der Pflicht, Lagerkosten zu zahlen. Dabei kommt es nur auf die Absendung des Avises an: IZ F 1896 105, 1897 225. „Telegraphischer“ Avis ist einer Avisierung „per Boten“ nicht gleich zu achten: IZ F 1899 716.

Nichteingang des nachweislich mit der Post abgesendeten Avises begründet kein Recht des Empfängers auf Schadensersatz: IZ Oe 1897 512; ebensowenig falsche Zustellung an anderen Adressaten, der daraufhin das Gut bezieht: IZ Oe 1903 182 (vgl. Art. 24: IZ Oe 1907 263). Verzicht auf die Avisierung: IZ Oe 1902 11.

Ablieferung an die Behausung IZ F 1898 748: Die Verpflichtungen des Frachtführers enden in dem Zeitpunkt, wo die Güter vor der Haustür des Empfängers abgeladen sind.

In Rußland besteht keine Verpflichtung zur Ablieferung ins Haus: IZ F 1901 83; vielmehr werden die aus dem Auslande kommenden Güter auf dem Zollschuppen ausgeliefert: IZ F 1898 597, und die Eisenbahn haftet nicht, wenn Empfänger das Gut dort nicht abholt.

Artikel 20.

Rechte und Pflichten der Empfangsbahn.

Die Empfangsbahn hat bei der Ablieferung alle durch den Frachtvertrag begründeten Forderungen, insbesondere Fracht- und Nebengebühren, Zollgelder und andere zum Zwecke der Ausführung des Transportes gehabte Auslagen sowie die auf dem Gute haftenden Nachnahmen und sonstigen Beträge einzuziehen, und zwar sowohl für eigene Rechnung als auch für Rechnung der vorhergehenden Eisenbahnen und sonstiger Berechtigter.

Bemerkungen.

IÜ 16, 17, 19, 21. EVO 63, 76—79, 97. HGB 435, 436, 441, 468. VBR 57. Übk zum VBR 12; GAV § 43. — DVE XVII (Art. 12 b). DDVE LV. P I 80, 81. P II 36, 103, 104. R I 75. — Gerstner IÜ 282. Gerstner NSt 90. Rosenthal IÜ 165. Fritsch IÜ 643. Eger IÜ 241. von der Leyen Goldschmidts Z **39** 64. Calmar 141. Schwab 199. v. Rinaldini 191. Marchesini **1** 401. Düringer-Hachenburg **III** 618.

Das Recht und die Pflicht der Empfangsbahn zur Einziehung aller Forderungen ist eine notwendige Folge der Transportgemeinschaft (vgl. Art. 1, 5, 23, 27) der am einzelnen Beförderungsvertrage beteiligten Eisenbahnen. Die „Empfangsbahn", chemin de fer destinataire (Formular des Frachtbriefs), chemin de fer dernier transporteur (Art. 20), die „Ablieferungsbahn" (Art. 23 (2)) ist diejenige, welche das Gut dem Empfänger abzuliefern verpflichtet ist im Gegensatz zu der in Artikel 6 (1) b erwähnten Versandbahn.

„Bei der Ablieferung" und zwar Artikel 23 (2) unter ihrer Verantwortung. Dabei ist zu beachten, daß nach Artikel 21 das Pfandrecht nur so lange dauert als der Beförderungsgewahrsam! Daher Zug um Zug.

Alle durch den Frachtvertrag begründeten Forderungen. „la totalité des créances résultant de la lettre de voiture", also nach Maßgabe des Frachtbriefs, entsprechend den die Pflicht des Empfängers begründenden Vorschriften in Artikel 16 und 17. (EVO § 76 (5) geht von anderen Erwägungen aus, vgl. Gerstner NSt 90/91.) Fracht und Nebengebühren: 11 (1) (3); 12 (1) (Frankatur). Zollgelder, auch Zollstrafen: 11 (2), 10. Andere Auslagen: die nicht tarifarisch festgelegt sind: 11 (2). Nachnahmen: 6 (1) k, 13. Sonstige Beträge: d. h. die Aufzählung ist nicht erschöpfend, es gehören hierzu noch die Frachtzuschläge 7 (4); etwaige Strafgelder polizeilicher oder strafrechtlicher Natur 10 (3); die in Artikel 15 (8) näher bezeichneten Kosten aus nachträglichen Verfügungen; Kosten für Feststellungen aus Artikel 25, soweit sie nach Landesrecht den Absender oder Empfänger treffen u. a. m. Für Rechnung der vorhergehenden Eisenbahnen: Artikel 23 (1) und (3). Sonstige Berechtigte: namentlich 13 (3) Nachnahmen nach Eingang, Frachtzuschläge (Art. 7 (4)), Kosten aus nachträglichen Verfügungen (Art. 15 (8)) und Verfügungen bei Beförderungshindernissen (18 (2) (3)), für Mängelfeststellungen (Art. 25).

IZ **Oe** 1904 56: Wird erst nach der Ablieferung eine falsche Deklaration entdeckt, so ist trotz des Artikels 20 die Versandbahn zur Einziehung des Frachtzuschlages legitimiert.

Artikel 21.

Pfandrecht der Eisenbahn.

Die Eisenbahn hat für alle im Artikel 20 bezeichneten Forderungen die Rechte eines Faustpfandgläubigers an dem Gute. Dieses Pfandrecht besteht, solange das Gut in der Verwahrung der Eisenbahn oder eines Dritten sich befindet, welcher es für sie innehat.

Artikel 22.

Wirkungen des Pfandrechts.

Die Wirkungen des Pfandrechts bestimmen sich nach dem Rechte des Landes, wo die Ablieferung erfolgt.

Bemerkungen.

IÜ 16, 17, 20. EVO 63, 76—79, 97. HGB 435, 436, 441, 468. VBR 58, 59. Landesrecht zu Art. 22 Zusammenstellung S. 128. — SVE XVI (Art. 12). MSVE 34. DVE XVII (Art. 12 a—d). DDVE LV. P I 27—29, 69—70, 84, 94. P II 36, 103, 104. P III 77. R I 75. — Gerstner IÜ 285. Gerstner NSt 91. Rosenthal Ü 66. Fritsch I Ü 643. Eger IÜ 248, 253. von der Leyen Goldschmidts Z 39 80, 81. Calmar 141. Hilscher 164. Schwab 210. v. Rinaldini 191. Marchesini 1 388, 401. Staub § 440[14]. Düringer-Hachenburg III 618.

I. **Begründung und Bedeutung des Pfandrechts.** Ebenso wie dem Landfrachtführer gebührt der Eisenbahn das Recht, sich für ihre Forderungen aus dem Frachtvertrage in den Fällen an das in ihrem Besitze befindliche Gut halten zu dürfen, in denen Absender oder Empfänger nicht freiwillig zu deren Begleichung sich bereit finden. Das IÜ hat diesem Rechte dahin Ausdruck gegeben, daß es der Eisenbahn auf Grund ihrer Forderungen die Stellung eines Faustpfandgläubigers einräumte. Damit ist, wie Rosenthal treffend hervorhebt (170), „das die moderne europäische Gesetzgebung im Gegensatz zum römischen Rechte beherrschende Prinzip, daß das Wesen des Mobiliarpfandrechts auf der Detention des Pfandobjekts durch den Pfandgläubiger beruhe, zu einer einheitlichen Grundlage des internationalen Eisenbahnfrachtrechts gemacht". Es soll der Eisenbahn, solange sie im Besitze des Gutes ist, das Recht der vorzugsweisen Befriedigung für ihre Forderungen geben dadurch, daß sie sich an das Gut halten, es also unter Umständen — die sich nach dem Rechte des Landes der Ablieferung bestimmen, Artikel 22 — verkaufen darf, um zu ihrem Gelde zu kommen.

Dieses Faustpfandrecht entsteht als gesetzliches Pfandrecht durch den Abschluß des internationalen Eisenbahnfrachtvertrages — vgl. oben Artikel 8 — und es besteht, solange die Eisenbahn das Gut im Beförderungsgewahrsam hat, sei es, daß sie diesen selbst ausübt, sei es, daß es ein andrer für sie innehat (etwa die Zollbehörde oder der bahnamtliche Rollfuhrmann).

II. **Subjekt des Pfandrechts** ist die „Eisenbahn", darunter ist entsprechend der ganzen Anlage des internationalen Frachtvertrages im IÜ — Artikel 1, 5, 20—23, 27 — die Transportgemeinschaft aller an dem betreffenden Frachtbetrage beteiligten Eisenbahnen zu verstehen. Das folgt namentlich aus Artikel 20 und der dort aufgestellten Verpflichtung der Empfangsbahn, alle durch den Frachtvertrag begründeten Forderungen einzuziehen. Weil nach dem IÜ die einzelne beteiligte Bahn nicht berechtigt ist, ihre Beträge für sich einzutreiben, kann auch nicht jeder einzelnen Bahn für ihre Beträge das Pfandrecht am Gute zugestanden sein. (So Gerstner IÜ 288 und NSt 91 gegen Eger 248, 249.) Wer im einzelnen Falle namens der Transportgemeinschaft das Pfandrecht ausübt, ist eine

andere Frage; das ist im Laufe der Beförderung einmal jede der
beteiligten Eisenbahnen, bis schließlich die Verwirklichung des
Pfandrechts durch die Empfangsbahn gemäß Artikel 20 eintritt.
(Vgl. aber Rosenthal 168/169; dagegen wie Gerstner Fritsch 643.)

III. **Die vom Pfandrecht geschützten Forderungen** der Eisen-
bahn sind die in Artikel 20 aufgezählten, wie sie aus dem Frachtbrief
ersichtlich sind, im Gegensatz zum internen deutschen Recht (§ 76 (5)
EVO), wo es sich auf alle durch den Frachtvertrag begründeten
Forderungen bezieht (Gerstner IÜ 288, 283; NSt 90; Rosenthal 170.
A. A. Eger, vgl. oben Artikel 16/17 und dagegen IZ 1909 151). —
Dazu gehören auch die Forderungen früherer Frachtführer, des
Absenders aus Nachnahme und der Zollverwaltung.

IV. **Dauer des Pfandrechts.** Das Pfandrecht des IÜ unterscheidet sich von dem des HGB § 440 Absatz 3 und damit dem
der EVO § 76 (5) dadurch, daß es nur so lange besteht, als das Gut
in der Verwahrung der Eisenbahn oder eines Dritten sich befindet
(s. I a. E.), also nicht wie dort noch drei Tage über den Tag der
Auslieferung hinaus. Damit hat das IÜ auf die Aufnahme des speziell
deutschrechtlichen Folgerechts verzichtet, weil es in der Mehrzahl
der anderen Vertragsstaaten nicht oder doch nicht unbestritten in
Geltung war (vgl. P I 29 und Gerstner IÜ 288; Rosenthal 168;
Fritsch 643). Die Empfangsbahn ist daher im internationalen Verkehr
verpflichtet, das Gut nur Zug um Zug gegen sofortige Begleichung
der Forderungen an den Empfänger auszuhändigen, sonst macht sie
sich den mitbeteiligten Bahnen gegenüber wegen Aufgabe des Pfandrechts ersatzpflichtig.

V. Die **Wirkungen des Pfandrechts** überweist das IÜ dem
Rechte des Landes zur Regelung, in welchem die Ablieferung erfolgt.
Damit sollte bestimmt werden, daß alle übrigen, im IÜ nicht geordneten Fragen betreffs des Pfandrechts dem Landesrecht überlassen sein sollten, weil es nicht möglich war, eine Einheitlichkeit hierüber bei den Verhandlungen zu erzielen (P I a. a. O.) (Die Einzel-
heiten ergeben sich aus der oben zitierten Zusammenstellung des
Berner Central-Amts.) Es handelt sich dabei um die Rangordnung
zwischen Ansprüchen der Eisenbahn und der Zollverwaltung, diejenige der Ansprüche mehrerer Frachtführer (die Rangordnung der
Bahnen der Transportgemeinschaft entscheidet sich nach IÜ dahin,
daß alle beteiligten gleichberechtigt nach dem Verhältnis ihrer
Forderungen zu befriedigen sind) und namentlich um die Formen
des etwa nötigen Pfandverkaufs (Gerstner IÜ 289).

Artikel 23.

Beförderungsgemeinschaft der Eisenbahnen.

(1) Jede Eisenbahn ist verpflichtet, nachdem sie bei der Aufgabe oder der Ablieferung des Gutes die Fracht und die andern aus
dem Frachtvertrage herrührenden Forderungen eingezogen hat,
den beteiligten Bahnen den ihnen gebührenden Anteil an der Fracht
und den erwähnten Forderungen zu bezahlen.

(2) Die Ablieferungsbahn ist für die Bezahlung der obigen Beträge verantwortlich, wenn sie das Gut ohne Einziehung der darauf haftenden Forderungen abliefert. Der Anspruch gegen den Empfänger des Gutes bleibt ihr jedoch vorbehalten.

(3) Die Übergabe des Gutes von einer Eisenbahn an die nächstfolgende begründet für die erstere das Recht, die letztere im Kontokorrent sofort mit dem Betrage der Fracht und der sonstigen Forderungen, soweit dieselben zur Zeit der Übergabe des Gutes aus dem Frachtbriefe sich ergeben, zu belasten, vorbehaltlich der endgültigen Abrechnung nach Maßgabe des ersten Absatzes dieses Artikels.

(4) Aus dem internationalen Transporte herrührende Forderungen der Eisenbahnen untereinander können, wenn die schuldnerische Eisenbahn einem andern Staate angehört als die forderungs berechtigte Eisenbahn, nicht mit Arrest belegt oder gepfändet werden, außer in dem Falle, wenn der Arrest oder die Pfändung auf Grund einer Entscheidung der Gerichte des Staates erfolgt, dem die forderungsberechtigte Eisenbahn angehört.

(5) In gleicher Weise kann das rollende Material der Eisenbahnen mit Einschluß sämtlicher beweglichen, der betreffenden Eisenbahn gehörigen Gegenstände, welche sich in diesem Material vorfinden, in dem Gebiete eines andern Staates als desjenigen, welchem die betreffende Eisenbahn angehört, weder mit Arrest belegt noch gepfändet werden, außer in dem Falle, wenn der Arrest oder die Pfändung auf Grund einer Entscheidung der Gerichte des Staates erfolgt, dem die betreffende Eisenbahn angehört.

Bemerkungen.

VBR 60. — DVE XVII (Art. 12 d). DDVE LV. P I 29, 60, 78 bis 81 (Art. 8 u. 12 d). P II 37, 41—44. P III 48/49, 77/78. R I 75. — Gerstner IÜ 290. Gerstner NSt 92. Rosenthal IÜ 48, 293. Fritsch IÜ 644. Eger IÜ 256. von der Leyen Goldschmidts Z 39 62. Calmar 141. Hilscher 235, 245, 250. Schwab 71. Marchesini 1 401. Düringer-Hachenburg III 619, 620.

I. Verhältnis der an einem internationalen Frachtvertrage beteiligten Eisenbahnen zu einander.

Der Grundgedanke, von dem das IÜ bei der Regelung des internationalen Eisenbahnfrachtvertrages ausgeht, daß sämtliche an der Beförderung beteiligte Eisenbahnen eine Gemeinschaft bilden, und zwar, wie das namentlich im Artikel 27 des näheren zum Ausdruck kommt, derart, daß die ganze Beförderung als ein einheitliches Ganzes sich darstellt, hat zur Folge, daß den einzelnen an dieser Gemeinschaft beteiligten Bahnen eine Sicherstellung für ihre aus einem solchen internationalen Frachtvertrage herrührenden Forderungen geboten werden muß. Denn es ist den einzelnen beteiligten Bahnen infolge des einheitlichen Frachtvertrages in der Regel die Möglichkeit genommen, sich während des Laufes des Gutes für ihre anteiligen Frachtbeträge und die etwaigen sonstigen Gebühren und Auslagen bezahlt zu machen.

Während demgemäß im Artikel 20 der Empfangsbahn das Recht und die Pflicht auferlegt wird, darüber zu wachen, daß das Gut nicht eher in die Hand des Empfängers gelangt, bis alle auf ihm lastenden Gebühren bezahlt sind, und zwar nicht nur die der Empfangsbahn zustehenden, sondern auch die aller vorhergehenden Bahnen, trifft Artikel 23 nähere Anordnung darüber, in welcher Weise die an einem Transporte beteiligten Eisenbahnen zu den ihnen zukommenden Frachtanteilen gelangen. Er bestimmt, daß jede Bahn, z. B. auch die Versandbahn bei Frankatursendungen, welche die Fracht oder andere aus dem Frachtvertrage herrührende Forderungen eingezogen hat, den etwa beteiligten Bahnen deren Anteile herauszuzahlen hat (Abs. (1)), und daß ferner die Ablieferungsbahn, wenn sie ihrer in Artikel 20 aufgestellten Pflicht nicht nachkommt, diese Auszahlung auch ohne Rücksicht auf die Einziehung zu bewirken hat. Indes soll die Zahlung nicht in barem Gelde erfolgen, sondern (Abs. (3)) im Wege der laufenden Rechnung (vgl. dazu Artikel 57 (1) 5 und Artikel III des Reglements betreffend die Errichtung eines Central-Amtes), dergestalt, daß die einzelnen Bahnen sich untereinander in Höhe ihrer Anteile belasten, und zwar gleichgültig, ob es sich um frankierte oder nicht frankierte Sendungen handelt, nur mit dem Unterschiede, daß bei frankierten Sendungen eine Belastung der vorhergehenden, bei nicht frankierten eine Belastung der nachfolgenden Bahnen stattzufinden hat (vgl. Gerstner IÜ 295; NSt 94; Rosenthal 49/50; Fritsch 644). Daraus ergibt sich, daß nicht die einzelnen Rechnungsposten, sondern schließlich nur das Saldo, das sich aus dem Kontokorrent der verschiedenen Bahnen untereinander ergibt, zur Barzahlung gelangen kann. (von der Leyen Goldschmidts Z. 39 65; Rosenthal 50.) Die nähere Regelung des Abrechnungsverfahrens ist ein Hauptgebiet für die Tätigkeit der einzelnen Verbände.

II. **Einschränkung des Arrestes und der Pfändung:** 1. Bei Forderungen der Eisenbahnen untereinander, die aus dem internationalen Transporte herrühren, bestehen nach dieser Richtung gewisse Bedingungen. Als solche Forderungen sind nicht nur anzusehen die aus einem speziellen internationalen Eisenbahnfrachtvertrage herrührenden, sondern auch alle sonstigen dem im IÜ geregelten internationalen Eisenbahnfrachtverkehr entspringenden Forderungen, z. B. für Wagenmiete und für Wagenreparaturen. So Gerstner NSt 94; CA IZ 1900 83; OLG Breslau VerZtg 1900 860; A. A. Reindl VerZtg 1900 594, auch eine gleiche Meinung ebenda 503, 853; Eger 256; Rosenthal 294.

Derartige Forderungen dürfen, wenn die schuldnerische Bahn einem anderen Staat als die forderungsberechtigte Bahn angehört, nur mit Arrest belegt oder gepfändet werden auf Grund einer Entscheidung eines Gerichts des Staates, dem die gläubigerische Bahn angehört.

2. Ebenso ist es mit dem rollenden Material. Auch hier muß ein Urteil eines Gerichts des Staates vorliegen, dem der Eigentümer des rollenden Materials angehört.

3. Ob auf Grund eines derartigen ausländischen Urteils eine Pfändung möglich ist, oder welche weiteren Voraussetzungen zu erfüllen sind, entscheidet sich mangels dahin gehender Vorschriften des IÜ nach Landesrecht. (Gerstner IÜ 298; Fritsch 644.)

4. Diese einschränkenden Vorschriften finden keine Anwendung, wenn die beiden in Frage kommenden Bahnen demselben Staate angehören.

Artikel 24.

Ablieferungshindernisse.

(1) Bei Ablieferungshindernissen hat die Ablieferungsstation den Absender durch Vermittlung der Versandstation von der Ursache des Hindernisses sofort in Kenntnis zu setzen und seine Anweisung einzuholen. Wenn ein Antrag auf Benachrichtigung schon im Frachtbrief gestellt ist, so muß die Benachrichtigung an den Absender sofort auf telegraphischem Wege geschehen. Das Gut haftet für die Kosten der Benachrichtigung. Verweigert der Empfänger die Annahme des Gutes, so steht dem Absender das volle Verfügungsrecht auch dann zu, wenn er das Frachtbriefduplikat nicht vorweisen kann. In keinem Falle darf das Gut ohne ausdrückliches Einverständnis des Absenders zurückgesandt werden.

(2) Im übrigen richtet sich — unbeschadet der Bestimmungen des folgenden Artikels — das Verfahren bei Ablieferungshindernissen nach den für die abliefernde Bahn geltenden gesetzlichen und reglementarischen Bestimmungen.

Bemerkungen.

EVO 81, 74 (4) 1, 76 (1). HGB 437, 373 II—IV. VBR 61 (Zus. V). Übk zum VBR 14. GAV § 44. Landesrecht zu Art. 24 (2) Zusammenstellung S. 60 und IZ 1909 a 2 Teil II. — SVE XVIII (Art. 13). DVE XVIII (Art. 13). DDVE LV. P I 31, 70. P II 37, 107. P III 78. R I 75. R II 17, 99, 153. — Gerstner IÜ 298. Gerstner NSt 95. Rosenthal IÜ 161. Fritsch IÜ 644. Eger IÜ 269. Reindl EE 25 18. von der Leyen Goldschmidts Z 39 81; 65 22. Calmar 142. Hilscher 157. Schwab 216. v. Rinaldini 209. Marchesini 1 281, 423. Staub § 437⁴. Düringer-Hachenburg III 603. Muschweck, Über das Wesen der Ablieferungshindernisse, SpedSchiffZ XIV Nr. 20—23. Eger, De Benachrichtigung des Absenders von Ablieferungshindernissen im internationalen Eisenbahnfrachtverkehr EE 25 442. Senckpiehl, Die nachträgliche Annahmebereitschaft des Empfängers beim Frachtvertrage EE 21 204. Rundnagel, Dasselbe Thema EE 21 398.

I. **Begriff des Ablieferungshindernisses:** Das Beförderungshindernis (Art. 18) stört den Antritt oder die Fortsetzung der Be-

förderung, das Ablieferungshindernis hat die Vollendung der Beförderung zur Voraussetzung und stört die Eisenbahn in der Erfüllung ihrer Ablieferungspflicht aus dem Frachtvertrage am Ablieferungsort, am Bestimmungsort. Beispiele sind: die Unauf-
findbarkeit des Empfängers, seine Weigerung, das Gut anzunehmen
(oder abzunehmen), Pfändung des Anspruchs auf Herausgabe des
Gutes durch einen Dritten, zollamtliche oder polizeiliche Beschlagnahme, Konkurseröffnung über das Vermögen des Empfängers,
sonstige Störungen. Kein Ablieferungshindernis ist die zeitweise Unmöglichkeit der Verzollung: IZ D 1901 363 (Landg. Elberfeld). (Beförderungshindernis?) Dagegen Ablieferungshindernis, wenn Empfänger den nachweislich abgesandten Avis nicht erhält. Er ist zur
Zahlung von Lagergebühr verpflichtet: IZ F 1899 477; I 1903 124
ebenso bei Arrest, jedoch hat die Eisenbahn dafür zu sorgen durch
Verkauf (?), daß die Lagergebühren nicht zu hoch werden (?): IZ F
1898 526.

    II. Grundsätze nach I Ü. Allgemeine Ablieferungshindernisse.
1. Die Ablieferungsstation muß den Absender sofort — hat er vorsorglich
im Frachtbrief für diesen Fall schon Antrag auf Benachrichtigung
gestellt, sogar telegraphisch — von der Ursache, nicht nur der Tatsache des Ablieferungshindernisses benachrichtigen und ihn um seine
Anweisung ersuchen. Diese Mitteilung erfolgt durch Vermittlung
der Versandstation, und zwar auch, wenn es sich um die telegraphische
Benachrichtigung handelt. Hierin kommt das eigentliche Vertragsverhältnis zwischen Absender und Eisenbahn besonders deutlich
zum Ausdruck: noch ist der Absender allein verfügungsberechtigt.
Der Absender hat auf diese Anfrage hin, die ihm durch die Versandstation zugeht, bei dieser seine Anweisung zu erteilen, und zwar, wie
sich aus Satz 4 e contrario ergibt, unter Vorlegung des Frachtbriefduplikats. Das folgt nicht ohne weiteres aus Artikel 15; denn wie
oben dargelegt, ist dort von freiwilligen nachträglichen Verfügungen
des Absenders die Rede. Der Absender wird sich auch aus praktischen Gründen, weil er sich dort am besten erkundigen kann, an
die Versandabfertigung wenden (P II 38 zu Art. 25; Düringer-Hachenburg § 438 Note III).

    IZ F 1904 270: Bei unvollständiger Adresse des Empfängers
besteht dennoch eine gewisse Nachforschungspflicht der Empfangsstation, jedenfalls aber die Pflicht zur Benachrichtigung des Absenders.

    IZ D (Großh. Amtsgericht Hungen) 1901 425: Weigerung des
benachrichtigten Absenders, eine Verfügung zu treffen.

    IZ F 1897 658: Der rechtmäßig erteilten Anweisung ist unver-
züglich Folge zu leisten, auch wenn sie eingeht, ehe die Eisenbahn
von dem Ablieferungshindernis dem Absender Mitteilung gemacht
hat, dieser vielmehr aus der Korrespondenz mit dem Empfänger
davon Kenntnis hat.

    IZ Oe 1907 263: Verlust der Mitteilung an den Absender auf
der Post (s. auch Art. 29).

    2. Verweigerung der Annahme durch den Empfänger:
Der Absender bedarf zur Erteilung der von ihm geforderten Anweisung
des Duplikats nicht. Von diesem Erfordernis sieht man aus praktischen
Gründen ab: einmal bedarf es, wenn der Empfänger auf seine Rechte
aus dem Frachtvertrage verzichtet hat, nicht mehr eines Schutzes
dieser Rechte gegenüber dem Absender, dann aber scheitert ein Ver-

langen auf Vorlegung des Duplikats regelmäßig an der Säumigkeit des Empfängers in der Rücksendung des ihm übermittelten Duplikats an den Absender.

Umfang der Haftung der Eisenbahn für Güter, welche sie wegen verweigerter Abnahme auf Lager genommen hat: IZ **Oe 1904** 378; IZ **Oe 1907** 187; für Vieh IZ **S 1901** 240. EE **Oe 21** 157: Keine Haftung für Frostschäden an lagernden Gütern; denn die Eisenbahn haftet auch nicht während der Beförderung für solche.

3. Die **Kosten der Benachrichtigung** des Absenders gehören zu den im Artikel 20 genannten, für die gemäß Artikel 21 die Eisenbahn an dem Gute ein Faustpfandrecht hat.

4. Besonders wichtig ist die Bestimmung des Satzes 5, daß in **keinem Falle** das Gut ohne ausdrückliches Einverständnis des Absenders nach der Abgangsstation **zurückgesandt** werden darf; eine derartige eigenmächtige Maßnahme der Eisenbahn würde regelmäßig mit einer Schädigung des Absenders (nochmalige Fracht u. s. f.) verbunden sein. (Vgl. über die Gründe dieser Vorschrift Gerstner IÜ 300.)

III. **Sonstiges Verfahren richtet sich nach Landesrecht.** Nach Landesrecht entscheidet sich auch die Berücksichtigung des Gläubigerverzuges: Janzer VerZtg **1908** 269.

1. Für **Deutschland** kommt namentlich EVO § 81 in Betracht, wenn die Benachrichtigung des Absenders nicht tunlich, oder er mit Erteilung der Anweisung säumig, oder die erteilte Anweisung nicht ausführbar ist. Dann kann die Eisenbahn entweder das Gut auf Gefahr und Kosten des Absenders auf Lager nehmen (keine Haftung für Frostschaden IZ **Oe 1904** 378, **1907** 187 (s. oben II 2)) unter Endigung ihrer Haftung aus dem Frachtvertrage, oder sie kann es bei einem Spediteur oder einem öffentlichen Lagerhause für Rechnung und Gefahr des Verfügungsberechtigten hinterlegen. Handelt es sich um schnell verderbliche Güter, oder ist kein Spediteur oder Lagerhaus vorhanden, so kann sie derartige Güter sofort, andere 4 Wochen nach Ablauf der lagerzinsfreien Zeit, Güter, die ein so langes Lager nicht vertragen (sei es, daß sie an Wert dadurch unverhältnismäßig verlieren oder daß bei ihnen die Lagerkosten in keinem Verhältnis zum Werte stehen würden), schon früher ohne Förmlichkeit bestmöglich verkaufen. Von der Hinterlegung, vom bevorstehenden und erfolgten Verkauf sind jedoch Absender und Empfänger zu benachrichtigen, es sei denn, daß dies untunlich. Dem Absender ist der Verkaufserlös nach Abzug der Auslagen und Gebühren zur Verfügung zu stellen. Der Verkaufserlös ist ihm zu verzinsen: IZ **U** und **VDEV 1899** 760.

2. Internationales Recht. Beispiele. IZ **F 1896** 368: Eisenbahn haftet vom Eintritt des Ablieferungshindernisses an für das Gut als Depositar. IZ **B 1895** 172: Keine Verpflichtung zum Verkauf leichtverderblicher Güter zwecks Vermeidung von Wagenstandgeld. IZ **B 1899** 478: Die Eisenbahn genügt ihren Verpflichtungen, wenn sie den Absender über die Ansprüche des Empfängers auf dem laufenden hält. IZ **F 1894** 159: Verpflichtung zur Einholung von Anweisung des Absenders auch bei leichtverderblichem Gut. IZ **F 1897** 372: Nichtbeachtung von Formalitäten kann zu Schadensersatz nur verpflichten, wenn sie Ursache des Schadens ist. IZ **F 1901** 153: Ist der Empfänger nicht zu ermitteln, so darf nicht sofort (wie bei Annahmeverweigerung), sondern erst nach Ablauf von 6 Monaten Verkauf des Gutes erfolgen

(Dekret vom 13. August 1810). IZ **F 1902** 257: Die Eisenbahn ist weder verpflichtet, den Empfänger, der die Annahme verweigert hat, von dem Verkauf des Gutes zu unterrichten noch diesen Verkauf am Empfangsorte vorzunehmen. IZ **F 1904** 305: Haftung für Nichtbeachtung von Formalitäten nur, wenn diese die Ursache des erlittenen Schadens war. IZ **Oe 1894** 33: Ein schriftliches Gebot des Absenders ist beim Verkauf zu berücksichtigen. IZ **Oe 1900** 256: Grobe Fahrlässigkeit, wenn trotz vom Absender verlangter Rücksendung Verkauf des Gutes erfolgt. IZ **Oe 1901** 54: Absender ist vom beabsichtigten Verkaufe auch zu benachrichtigen, wenn der Frachtbrief eingelöst ist. Ansprüche auf Schadensersatz wegen Nichtbeachtung der Vorschriften verjähren nach allgemeinem Recht. IZ **Oe 1901** 239: Absender braucht vom beabsichtigten Verkaufe nicht benachrichtigt zu werden, wenn er der Eisenbahn die Verfügung erteilt hat, sie solle über eine vom Empfänger nicht angenommene Sendung „ohne weiteres nach Belieben disponieren". IZ **U 1896** 212: Verkauf durch einen Spediteur ist kein „öffentlicher" im Sinne des Gesetzes. IZ **U 1899** 717: Absender ist zu benachrichtigen vom beabsichtigten Verkaufe. IZ **U 1907** 12: Benachrichtigung des Absenders ist unnötig bei Gütern, die schnellem Verderben unterliegen, z. B. in faulendem Zustande befindlicher Mais.

IV. **Nachträgliche Annahmebereitschaft des Empfängers.** Für das deutsche Recht ist ein infolge zu später Einbringung von der Berner Revisionskonferenz unbehandelt gelassener Antrag der Niederlande (R II 100) bereits entschieden, es solle der Eisenbahn gestattet sein, dem Empfänger die Ware abzuliefern, falls er die Verweigerung der Annahme zurücknimmt, bevor die vom Absender verlangte Anweisung eingetroffen ist. Nach § 81 (2) EVO darf das Gut in solchem Falle nur mit Zustimmung des Absenders nachträglich abgeliefert werden, der ja gemäß Artikel 24 (1) Satz 4 sogar ohne Frachtbriefduplikat verfügen kann. (Vgl. auch IZ LG München **1897** 840: Das Verfügungsrecht des Absenders lebt wieder auf. Die Ausführungen des Urteils sind noch heute von Bedeutung. S. a. IZ **1906** 107.)

In allen anderen Fällen von Ablieferungshindernissen kann jedoch (§ 81 (2) Satz 2 Art. 24 (2)) das Gut dem nachträglich zur Annahme bereiten Empfänger abgeliefert werden, solange nicht die etwa anders lautende Verfügung des Absenders unterdes eingegangen ist. (Neu aufgenommen zur Beseitigung einer Rechtsunsicherheit Begr.)

Der von den Niederlanden gestellte Antrag ist nicht, wie Eger annimmt (279), schon jetzt in IÜ 16 (2) erledigt. Hier ist nur gesagt, daß der Empfänger so lange sich zur Annahme bereit erklären kann, als keine nachträgliche freiwillige Verfügung des Absenders eingegangen ist. Hat er dagegen schon auf sein Recht verzichtet, so kann Artikel 16 (2) gar nicht mehr in Frage kommen (vgl. 16 II 3; 15 IV a. E) ganz abgesehen davon, daß die Verfügung des Absenders, um die es sich im vorliegenden Falle handeln würde, nicht eine freiwillige nach Maßgabe des Artikels 15 sein könnte, sondern eine von der Eisenbahn veranlaßte aus Artikel 24 (1). Vgl. Eger 199 und dort Zitierte. Hierbei sei bemerkt, daß Eger in Rosenthal keine Stütze für seine Ansicht findet; denn dieser Verfasser hat unter IV auf S. 152 mit keinem Wort von dem hier vorliegenden Fall gesprochen. Er erläutert vielmehr, daß der Empfänger sein Recht nur so lange geltend machen kann, als nicht der Absender eine entgegenstehende Verfügung ge-

troffen hat. Der Fall, daß der Empfänger zunächst auf sein Recht
verzichtet hat, ist gar nicht berührt. Ebenso verhält es sich mit dem
Zitat aus Schwab, wo ebenfalls nur der bei Rosenthal besprochene
Fall zur Darstellung gelangt. Gerade Schwab würde wohl gegen
Eger zu zitieren sein; denn er sagt ausdrücklich: Das Recht (des
Empfängers) erlischt, wenn vor dessen Ausübung eine entgegenstehende
Verfügung seitens des Absenders rechtsgültig erteilt ist. Denn daraus
folgt, daß das Recht nur einmal ausgeübt werden kann, entweder in
positiver oder in negativer Richtung.

Zu beachten ist namentlich die Ausführung Calmars 144 gegen
CA IZ 1894 30: Es sei unbillig, einerseits den Absender zur Verfügung über ein Gut aufzufordern, dessen Annahme der Empfänger
ausdrücklich verweigert, andrerseits ihn durch die inzwischen erfolgte Auslieferung in die Unmöglichkeit zu versetzen, es einem
Dritten, dem er es inzwischen verkauft, zu übergeben. Dadurch
könne er leicht in die Lage kommen, dem neuen Käufer wegen der
Nichtlieferung schadensersatzpflichtig zu werden. Vgl. auch Senckpiehl
EE 21 204; SpedSchiffZtg **1907 393.**

Hierbei wird man aber den Ausführungen Reindls **EE 21 398 ff**
Beachtung schenken müssen: Dem Zwecke der ganzen Beförderung
würde es zuwiderlaufen, wollte man der Eisenbahn die Auslieferung
an den nachträglich empfangsbereiten Empfänger lediglich wegen
seines früheren Verzichts auch dann untersagen, wenn die Benachrichtigung von dem Ablieferungshindernis noch nicht an den Absender abgegangen ist. So lange würde seinem Verfügungsrecht noch
nicht zu nahe getreten sein (Gerstner NSt 95).

Artikel 25.

Feststellung von Verlust, Minderung und Beschädigung der Güter.

(1) In allen Verlust-, Minderungs- und Beschädigungsfällen
haben die Eisenbahnverwaltungen sofort eine eingehende Unter
suchung vorzunehmen, das Ergebnis derselben schriftlich fest
zustellen und dasselbe den Beteiligten auf ihr Verlangen, unter
allen Umständen aber der Versandstation mitzuteilen.

(2) Wird insbesondere eine Minderung oder Beschädigung des
Gutes von der Eisenbahn entdeckt oder vermutet oder seitens
des Verfügungsberechtigten behauptet, so hat die Eisenbahn den
Zustand des Gutes, den Betrag des Schadens und, soweit dies
möglich, die Ursache und den Zeitpunkt der Minderung oder Beschädigung ohne Verzug protokollarisch festzustellen. Eine proto
kollarische Feststellung hat auch im Falle des Verlustes statt
zu finden.

(3) Die Feststellung richtet sich nach den Gesetzen und Regle
menten des Landes, wo dieselbe stattfindet.

(4) Außerdem steht jedem der Beteiligten das Recht zu, die gerichtliche Feststellung des Zustandes des Gutes zu beantragen.

Bemerkungen.

EVO 82, 83, 97 (2) (3). HGB 464, 471, 438. VBR 62 (Zus. V). Übk zum VBR GAV § 39, 45. Landesrecht zu Art. 25 (3) Zusammenstellung S. 139. — SVE XVIII, XIX (Art. 13, 14). MSVE 41. DVE XVIII, XIX (Art. 14). DDVE LV. P I 31, 70. P II 37, 107/108. P III 49, 50, 78. R I 75. R II 16, 29. — Gerstner IÜ 301. Gerstner NSt 96. Rosenthal IÜ 173. Fritsch IÜ 645. Eger IÜ 282. von der Leyen Goldschmidts Z **39** 81; **65** 23. Calmar 146. Hilscher 99. Schwab 222. v. Rinaldini 215. Rundnagel 274. Marchesini 1 412, 423. Staub § 438[14], 464[1].

I. Die **Hauptpflicht** des Frachtführers **ist die Ablieferung** des Gutes in gleicher unbeschädigter Beschaffenheit an den Empfänger, wie es der Absender zur Beförderung aufgegeben hat. Er ist dafür verantwortlich, wenn er dieser Hauptpflicht nicht genügt. Nun liegt es ebenso im Interesse der Eisenbahn wie in dem der aus dem Frachtvertrage berechtigten Personen, in einem Falle, wo der Frachtführer seiner Verpflichtung voraussichtlich wegen Verlustes, Minderung oder Beschädigung des Gutes nicht wird nachkommen können, die Ursachen hierfür festzulegen. Es sind zur Erreichung dieses Zweckes zwei Mittel anwendbar, entweder die Feststellung durch das Gericht oder die durch die Eisenbahn selbst. Das letztere Verfahren wird den Vorzug der Schnelligkeit und Billigkeit, jenes den der Gründlichkeit und daher im allgemeinen der größeren Zuverlässigkeit haben. Die Eisenbahn wird, schon aus Gründen der Aufsicht über einen ordnungsmäßigen Verkehrsdienst, von ihren Feststellungen zur etwaigen Verhütung späterer Unregelmäßigkeiten aber selbst im Falle gerichtlicher Beweisaufnahme nicht abstehen.

II. Dementsprechend ordnet IÜ an, daß (Art. 25 (1)) in allen Fällen, in denen Verlust, Minderung oder Beschädigung von Gut vorzuliegen scheint, von Amts wegen eine — auch in dienstlichem Interesse — eingehende **sofortige Untersuchung** einzuleiten ist, ev. auch auf Antrag eines Beteiligten. Ihr Ergebnis ist stets schriftlich festzulegen, um späteren Auseinandersetzungen zur Grundlage zu dienen, und der Versandstation mitzuteilen, den anderen Beteiligten auf ihr besonderes Verlangen.

1) **Beteiligte**, d. h. die aus den Begleitpapieren als Interessenten Festzustellenden — nur Absender und Empfänger und beteiligte Bahnen. Andere am Frachtvertrage gar nicht beteiligte Personen sind davon nicht zu unterrichten, wie **Eger** 290 unter Berufung auf **Rosenthal** verlangt (Rosenthal behauptet das **nicht** S. 174). — Es können nur jene in Frage kommen, weil einmal sonst die Eisenbahn regelmäßig kein zuverlässiges Mittel hat, das Interesse festzustellen, und schließlich jedem gegenüber zur Mitteilung verpflichtet wäre. So auch **Oe VerZtg 1905** 1365.

2) **Das Ergebnis ist den Beteiligten** nur auf ihr Verlangen mitzuteilen; eine Abschrift (EE 24 356) muß jedoch nach IÜ nicht mitgeteilt werden (anders österr. Betr.-Regl. § 82 (2)); es genügt, wenn Einsicht in die Feststellung gewährt wird. Einsicht in die sonstigen

den Fall betreffenden Akten, außer in die sog. Tatbestandsaufnahme, kann nicht verlangt werden. (Vgl. aber IZ U **1894** 403; **1895** 303.)

III. Handelt es sich um teilweisen Verlust (Minderung) oder Beschädigung des Gutes — sei es, daß sie die Eisenbahn entdeckt oder vermutet oder der Verfügungsberechtigte behauptet — so ist ein Protokoll aufzunehmen und in ihm 1. der Befund über den Zustand des Gutes (z. B. hinsichtlich der Verpackung, des Gewichts, ob eine Beschädigung wahrzunehmen ist), 2. der Betrag des Schadens, 3. die Zeit der Minderung oder Beschädigung (damit auch der Ort derselben) und 4. schließlich möglichst auch die Ursache festzustellen. Letzteres ist namentlich auch nötig mit Rücksicht auf Artikel 31 (2). Im Falle des Verlustes kann der Befund zu 1. natürlich nicht aufgenommen werden (Gerstner IÜ 305; Rosenthal 174).

Gut und Verpackung s. Artikel 31 (1) Ziffer 2. (EE **Oe 17** 340; EE LG München I **18** 159; EE LG Lübeck **21** 161. Aber RGEE **19** 193; Rundnagel 147.)

IV. Landesrecht greift gemäß Artikel 4 aber nur ein, soweit nicht materiell wie formell in Artikel 25 (1) (2) bereits Vorschriften enthalten sind. Es entscheidet also namentlich, ob bei der Feststellung Zeugen und Sachverständige zuzuziehen sind, wer die Kosten zu tragen hat. (Wegen der Kosten scheint a. A. Gerstner N St97. Eger 293 legt sie stets der Eisenbahn auf, auch wenn sie später obsiegt, gibt aber dafür keinen Grund an.) Die gerichtliche Feststellung richtet sich nach Landesrecht.

V. Beweiskraft der Tatbestandsaufnahme. (Gerstner IÜ 304) freie Beweiswürdigung des Richters. Es empfiehlt sich daher möglichst sorgfältige Anfertigung. EE LG Mülhausen **18** 343 öff. Urkunde, s. auch RGZ **64** 169. Namentlich bezüglich der Feststellungen der Ursache ist Vorsicht geboten. Sie läßt sich nicht immer ermitteln. Bloße Vermutungen sind da sehr oft schädlich.

VI. Die Nichtbefolgung eines etwaigen Antrages des Empfängers auf Feststellung von ihm behaupteter Mängel des Gutes berechtigt diesen, die Abnahme des Gutes zu verweigern (Art. 44 (3)); auch sind trotz Zahlung von Fracht und sonstigen Gebühren sowie Annahme des Gutes Entschädigungsansprüche wegen solcher Mängel nicht erloschen, die nach Art. 25 hätten festgestellt werden müssen (Art. 44 (2) Ziffer 3 und 4).

Die Eisenbahn ist nicht verpflichtet, den Empfänger vor Auslösung des Frachtbriefs von der mangelhaften Beschaffenheit des Gutes zu verständigen. Auch ist es unzulässig, in den Frachtbrief eine Erklärung des Absenders aufzunehmen, daß das Gut mangelhaft sei: IZ **Oe** 1901 147.

Vorbemerkung zu Artikel 26—46.

In diesem, dem vierten Abschnitte werden die Ansprüche gegen die Eisenbahn wegen Nichterfüllung des internationalen Eisenbahnfrachtvertrages erörtert. Die Aktivlegitimation ist aus Artikel 26, die Passivlegitimation u. s. f. aus Artikel 27 und 28 zu ersehen. In Artikel 29 ist die Haftung der Eisenbahn für ihre Leute angeordnet. Die Grundsätze der Haftung für Verlust, Beschädigung und Lieferfristüberschreitung sind in den Artikeln 30—43 enthalten,

und zwar sind getrennt behandelt die Haftung für Verlust und Beschädigung (Artikel 30—38) sowie für Versäumung der Lieferfrist
(Artikel 39 und 40). Daran schließen sich an gemeinsame Bestimmungen für Verlust, Beschädigung und Lieferfristüberschreitung
(Art. 42—44) sowie über Erlöschen der Ansprüche gegen die Eisenbahn (Art. 44—46).

Artikel 26.

Aktivlegitimation.

(1) Zur gerichtlichen Geltendmachung der aus dem internationalen Eisenbahnfrachtvertrage gegenüber der Eisenbahn
entspringenden Rechte ist nur derjenige befugt, welchem das
Verfügungsrecht über das Frachtgut zusteht.

(2) Vermag der Absender das Frachtbriefduplikat nicht vorzuzeigen, so kann er seinen Anspruch nur mit Zustimmung des
Empfängers geltend machen, es wäre denn, daß er den Nachweis
beibringt, daß der Empfänger die Annahme des Gutes verweigert hat.

Bemerkungen.

IÜ 8, 15. EVO 99. HGB 455, 471. VBR 63 (Zus. I und V). Übk
zum VBR 18. — SVE XIX, XX (Art. 15). MSVE 38. DVE XIX
(Art. 15). DDVE LIV. PI 32, 70. P II 39, 108, 109.
P III 50. RI 75, 83, 165, 269. — Gerstner IÜ 311. Gerstner
NSt 98. Rosenthal IÜ 275. Fritsch IÜ 645. Eger IÜ 296. Reindl
EE 16 14. von der Leyen Goldschmidts Z 39 80; 49 409.
Calmar 148. Hilscher 180, 225. Schwab 232. v. Rinaldini 267.
Rundnagel 264. Marchesini 2 242.

I. **Das Verfügungsrecht über das Frachtgut.** Der Artikel behandelt die Aktivlegitimation zur gerichtlichen Geltendmachung
der aus dem Frachtvertrage entspringenden Rechte gegen die Eisen
bahn und macht sie abhängig vom Verfügungsrecht über das Fracht
gut. Dieses Recht aber ergibt sich aus Artikel 15, 16.

Danach ist verfügungsberechtigt:

1. bis zur Ankunft des Gutes auf der Bestimmungsstation nur
der Absender,

2. von diesem Zeitpunkte bis zur Übergabe des Frachtbriefes
oder bis zur Zustellung der Klage seitens des Empfängers gegen die
Eisenbahn auf Übergabe des Frachtbriefes und des Gutes beide nebeneinander nach dem Grundsatze, daß derjenige berechtigt ist, der
zuerst verfügt,

3. nach der Übergabe des Frachtbriefes nur der Empfänger,
der nun

a) entweder Frachtbrief und Gut annehmen kann; dann bleibt
er verfügungsberechtigt (Art. 15 (4), 16 (2)), oder

b) zwar den Frachtbrief annehmen, aber das Gut nicht ab-
nehmen kann; auch dann bleibt er verfügungsberechtigt (Art. 44 (3)),
oder

c) die Annahme verweigern kann. Durch diesen Verzicht auf sein Verfügungsrecht lebt dasjenige des Absenders wieder auf: Art. 24 (1) Satz 4. Hier ist aber zu beachten, ob der Empfänger tatsächlich seine Rechte aus dem Frachtvertrage aufgeben, oder ob er von seinem Recht aus Artikel 33 Gebrauch machen will: IZ 1902 164 EE S 18 358. (Vgl. hierzu namentlich IZ F 1902 124 und die Redaktionsbemerkung S. 132.)

II. **Die gerichtliche Geltendmachung** von Ansprüchen gegen die Eisenbahn durch den Absender ist aber an die Vorzeigung des Duplikatfrachtbriefes in allen Fällen oder doch an die Zustimmung des Empfängers geknüpft — abgesehen von dem einzigen Falle, daß der Empfänger die Annahme des Gutes verweigert hat.

Dieser letztere Fall ist — trotzdem nach Artikel 24 (1) Satz 4 dem Absender das Verfügungsrecht bei seinem Vorliegen auch dann zusteht, wenn er das Frachtbriefduplikat nicht vorweisen kann — zweckmäßigerweise nach Neuaufnahme jener Vorschrift nicht gestrichen; sie ist deshalb nicht, wie Eger meint, überflüssig, weil sich aus ihr e contrario ergibt, daß es in allen anderen Fällen des Verlustes des Duplikats (diese behandelt 26 (2)) der Zustimmung des Empfängers bedarf. (So Gerstner 313 Anm. 6a; Rosenthal 276. A. A. Schwab 235/236).

III. **Der Kreis der hier interessierenden Rechte.** Nur frachtvertragliche Ansprüche, d. h. solche, bei denen es sich um die vertragsmäßige Leistung, um Vertragserfüllung, Schadensersatz wegen mangelhafter oder unterlassener Erfüllung handelt, sind hier gemeint. (Rosenthal 277; Gerstner IÜ 314/315.) Auch Ansprüche auf Frachterstattung oder Erstattung von Frachtzuschlägen (Art. 12 (4) Ausf.-Best. § 5 (2)) gehören hierher.

Nachnahmen kommen ihrer Natur nach nur dem Absender zu, daher zählt sie Eger wohl irrtümlich hierher (302), so auch Gerstner IÜ 315 Anm. 11. 232/233.

Nicht stehen in Frage alle Ansprüche, die auf IÜ beruhen, so z. B. nicht der Anspruch wegen Verletzung der Beförderungspflicht Artikel 5, aus einer vorläufigen Verwahrung Artikel 5 (2); ferner 15 (2) Satz 2: Entschädigungsanspruch des Empfängers wegen Befolgung einer nachträglichen Verfügung ohne Vorlegung des Duplikatfrachtbriefes. Vgl. auch Schwab 326 und Rosenthal 277 Anm. 4.

IV. Auch nur Ansprüche des Absenders oder des Empfängers, nicht etwa des Eigentümers des Gutes als solchen — er hat vielleicht einen außervertraglichen Anspruch —, werden in Artikel 26 behandelt.

Beispiele: Wegen Aktivlegitimation des aus dem Frachtbriefe nicht ersichtlichen Eigentümers siehe auch Artikel 15 VI. IZ B 1900 367: Kein Klagerecht des aus dem Frachtbrief nicht ersichtlichen Eigentümers der Sendung. IZ B 1903 345: Desgleichen. IZ F 1897 841: Desgleichen. Siehe auch IZ F 1908 106 und IZ B 1907 406 (s. Art.15(4)) IZ F 1906 216: Ev. Klagerecht des Geschäftsherrn bei verspäteter Ablieferung einer Sendung an seinen Geschäftsreisenden. — Der Empfänger hat kein Klagerecht, solange das Gut nicht am Bestimmungsorte angekommen ist. Näheres siehe IZ B 1900 365. Dagegen, wenn er von der Sendung nach deren Ankunft keinen Besitz ergriffen hat, wohl aber die ihm aus dem Frachtvertrage zukommenden Rechte geltend macht, nachdem der Absender ausdrücklich auf seine Rechte verzichtet hatte: IZ B 1908 172. Nach Empfangnahme des Gutes durch den Adressaten ist nur dieser klageberechtigt, nicht aber der

im Besitze des Duplikats befindliche Absender, wenn er auch den
Adressaten entschädigt hat: IZ F 1898 660. — Der Empfänger kann
die ihm aus dem Frachtvertrage zustehenden Rechte nur ausüben,
wenn er das Gut annimmt: IZ I 1900 125 [bzw. das „svincolo"
erledigt hat, d. h. den Frachtbrief angenommen und die Transportkosten bezahlt hat. So für das italienische Recht (!). IZ I 1908 389]
Der Empfänger wird auch dann verfügungsberechtigt, wenn ihm
das Gut infolge einer ungültigen nachträglichen Verfügung des Absenders ausgeliefert wurde: IZ Oe 1909 441. — Nach österreichischem
Recht ist die Eisenbahn nicht kostenpflichtig, wenn der Reklamant
mit Erfolg Klage erhebt, ehe seine bei der Eisenbahn angebrachte
Reklamation — die nicht als Mahnung, sondern als außergerichtliche
Geltendmachung eines Anspruchs anzusehen ist — erledigt ist: IZ Oe
1900 284. Durch die Wahl des Weges der außergerichtlichen Reklamation begibt sich der Reklamierende so lange des Rechts auf
Geltendmachung des Anspruchs im Klagewege, bis jene entschieden
ist. IZ U 1900 288. Siehe auch Artikel 15 (4).

Artikel 27.

Haftpflicht der Bahnen in der Beförderungsgemeinschaft. Klage.

(1) Diejenige Bahn, welche das Gut mit dem Frachtbriefe
zur Beförderung angenommen hat, haftet für die Ausführung
des Transportes auch auf den folgenden Bahnen der Beförderungsstrecke bis zur Ablieferung.

(2) Jede nachfolgende Bahn tritt dadurch, daß sie das Gut
mit dem ursprünglichen Frachtbriefe übernimmt, nach Maßgabe
des letzteren in den Frachtvertrag ein und übernimmt die selbständige Verpflichtung, den Transport nach Inhalt des Frachtbriefes auszuführen.

(3) Die Ansprüche aus dem internationalen Frachtvertrage
können jedoch — unbeschadet des Rückgriffs der Bahnen gegeneinander — im Wege der Klage nur gegen die erste Bahn oder gegen
diejenige, welche das Gut zuletzt mit dem Frachtbriefe übernommen
hat, oder gegen die diejenige Bahn gerichtet werden, auf deren
Betriebsstrecke der Schaden sich ereignet hat. Unter den bezeichneten Bahnen steht dem Kläger die Wahl zu.

(4) Die Klage kann nur vor einem Gerichte des Staates an-
hängig gemacht werden, in welchem die beklagte Bahn ihren Wohnsitz hat, und welches nach den Gesetzen dieses Landes zuständig ist.

(5) Das Wahlrecht unter den im dritten Absatze erwähnten
Bahnen erlischt mit der Erhebung der Klage.

Artikel 28.

Widerklage oder Einrede.

Im Wege der Widerklage oder der Einrede können Ansprüche aus dem internationalen Frachtvertrage auch gegen eine andere als die im Artikel 27, Absatz (3), bezeichneten Bahnen geltend gemacht werden, wenn die Klage sich auf denselben Frachtvertrag gründet.

Bemerkungen.

IÜ 47—56. EVO 100. HGB 432, 468, 469, 471. VBR 64, 65. Übk zum VBR 17, 18. — SVE XX, XXI (Art. 16, 17). MSVE 39. DVE XX, XXI (Art. 16, 17). DDVE LIV. P I 32—34, 70. P II 40, 41, 44, 110. P III 78, 79, 50. R I 77. — Gerstner IÜ 315. Gerstner NSt 98. Rosenthal IÜ 277. Fritsch IÜ 646. Eger IÜ 306, 321. Calmar 148, 151. Hilscher 183, 226. Schwab 237, 238. v. Rinaldini 280. Rundnagel 267. Marchesini 1 508; 2 281, 295, 332, 292. Staub § 432[10], 469[5 10]. Düringer-Hachenburg III688.

Der Artikel 27 enthält materiellrechtliche und formelle — prozeßrechtliche Vorschriften.

I. Absatz (1) und (2) ziehen materiellrechtliche Folgerungen aus der in den Artikeln 1 und 5 statuierten Transportgemeinschaft, indem sie die gesamtschuldnerische Haftung aller an einem Beförderungsvertrage beteiligten Bahnen für dessen frachtbriefmäßige Erfüllung erklären, sowohl der annehmenden Bahn, der neben der Haftung für die Ausführung auf ihren eigenen Strecken die auf den anschließenden fremden Strecken auferlegt wird, als auch der anschließenden Bahnen, die vom Augenblick des Eintritts in den Vertrag die gleiche Verpflichtung auch für die vorhergehenden und ihnen folgenden Strecken übernehmen. Es haftet „einer für alle, alle für einen".

Es würde sich nun daraus ergeben, daß der aus dem Frachtvertrage Berechtigte nach seiner Wahl jede der beteiligten Bahnen im Wege der Klage in Anspruch nehmen könnte. Hierin jedoch treffen die prozeßrechtlichen Vorschriften des Artikels aus Zweckmäßigkeitsgründen einschränkende Bestimmungen, „um dem Berechtigten die Verfolgung seiner Rechte so leicht als möglich zu machen" (P I 33).

II. Die erste Bahn oder die Bahn, welche das Gut zuletzt mit dem Frachtbrief übernommen hat (EE Oe 16 111; IZ Oe 1899 598; IZ F 1900 441. oder diejenige Bahn, auf deren Strecke sich der Schaden ereignet hat, stehen dem Berechtigten als Beklagte zur Wahl und — Artikel 28 — im Wege der Widerklage oder Einrede auch andere Bahnen, wenn die Klage sich auf denselben Frachtvertrag stützt, wie Widerklage oder Einrede (P II 111).

Das Gesamtschuldverhältnis der Bahnen untereinander soll jedoch durch diese Wahl nicht beeinflußt werden: „Unbeschadet des Rückgriffs der Bahnen gegeneinander" erfolgt die Wahl (27 (3)).

Die Bahn, welche das Gut und den Frachtbrief zuletzt erhalten hat, braucht nicht die Empfangsbahn zu sein, es kann auch eine vor-

hergehende sein! Vgl. auch Rundnagel 271. Der Berechtigte hat
diesen Beweis zu führen. Sache der beklagten Bahn ist es, nachzuweisen, daß sie nicht die letzte ist, sondern weitergegeben hat. —
Hahn § 2 zu Artikel 429; Staub 4 zu § 469. A. A. Rosenthal 280.
Auch den Nachweis hat der Berechtigte zu führen, daß er die Bahn
verklagt hat, auf deren Strecke sich der Schaden ereignet hat:
(Düringer-Hachenburg § 469 II 3 c). Nicht nötig ist damit gesagt,
daß der Schaden auf dieser Strecke verursacht sein muß: Düringer-
Hachenburg § 469 II 3 c. Rundnagel 271.

III. Der Berechtigte kann nur eine der drei Bahnen verklagen,
nicht etwa zwei oder alle drei; hat er gegen eine dieser drei Klage
erhoben (27 (5)), so erlischt damit sein Wahlrecht, auch wenn er schließlich mit dieser Klage abgewiesen werden sollte („nur" gegen die erste).
Es erlischt aber nicht, wenn er eine andere Bahn als eine der drei
verklagt, insbesondere also nicht, wenn er fälschlicherweise eine Bahn
verklagt, auf deren Strecke seiner Vermutung nach der Schaden entstanden ist, und es sich herausstellt, daß der Schaden auf einer andern
entstanden ist, oder wenn er fälschlicherweise nicht die Bahn verklagt,
welche das Gut zuletzt mit dem Frachtbrief übernommen hat. (Rundnagel 269 gegen Eger 321; Rosenthal 281; Schwab 240.)

IV. Gerichtsstand des Wohnsitzes der beklagten Bahn.

Dieser richtet sich nicht nach dem Orte der betr. Bahnstation,
die nicht als Zweigniederlassung der Eisenbahn angesehen werden
kann: IZ Oe 1900 285. Passivlegitimation für Frachterstattung vgl.
Artikel 12 II. Der Frachtvertrag ist ein Werkvertrag, es kann
daher am Bestimmungsorte als am Erfüllungsorte geklagt werden:
RGIZ 1906 314; RGIZ 1906 396. Vgl. auch IZ Oe 1899 764; IZ F
1899 186.

V. Dem Beklagten, der seinerseits bereits aus 27 (3) gegen eine
der drei Bahnen Klage erhoben hat, steht die Beschränkung des
27 (5) nicht entgegen (Düringer-Hachenburg § 469 IV), er kann
außerdem im Wege der Widerklage oder der Einrede (z. B. zum
Zwecke der Aufrechnung) seine Ansprüche gegen die Klägerin geltend
machen, auch wenn sie weder erste noch letzte noch die Bahn ist,
auf deren Strecken sich der Schaden ereignete.

Artikel 29.

Haftung der Eisenbahn für ihre Leute.

Die Eisenbahn haftet für ihre Leute und für andere Personen,
deren sie sich bei Ausführung des von ihr übernommenen Transportes bedient.

Bemerkungen.

EVO 5, 38, 63 (8), 76 (8), 78, 84. HGB 431, 458, 471. VBR 66.
Übk zum VBR GAV § 36, 38. — DVE XXI (Art. 17 a). DDVE LV,
LVI. P I 34, 71. P II 48, 111. P III 79. R I 77. — Gerstner IÜ
320. Gerstner NSt 100. Rosenthal IÜ 177. Fritsch IÜ 647. Eger
IÜ 325. von der Leyen Goldschmidts Z 39 81. Calmar 152. Hilscher
185. Schwab 242, 249. v. Rinaldini 17. Rundnagel 20. Marchesini

1 286; **2** 1 und 8.   Staub § 472[11].   Düringer-Hachenburg **III** 659, 680. IZ **1901** 139: Die Haftung der Eisenbahn für die Eisenbahngepäckträger. VerZtg **1901** (Nr. 23) Hertzer, Die Haftung des Frachtführers für seine Leute. VerZtg **1906** 273: Hertzer, Die Haftung der Eisenbahn für ihr Personal nach dem HGB und der EVO.

I. **Grund der Bestimmung.** Zur Erfüllung der ihr aus dem Frachtvertrage entspringenden Pflichten bedarf die Eisenbahn neben ihren mechanischen Hilfsmitteln der Arbeitskraft ihrer Bediensteten. Wie sie regelmäßig bei Erfüllung dieser Pflichten bis zur höheren Gewalt haftet (s. Art. 30), so ist ihr auch ohne Einschränkung die Haftung für ihre Hilfspersonen auferlegt, um ihr den Einwand abzuschneiden, der eingetretene Schaden sei von einer solchen Hilfsperson verschuldet, hinsichtlich deren sie eine culpa in eligendo nicht treffe. Während sie jedoch nach allgemeinen Grundsätzen — wenigstens was das in Deutschland geltende allgemeine bürgerliche Recht betrifft (BGB § 278) — nur ein Verschulden ihrer Erfüllungsgehilfen in gleicher Weise zu vertreten hätte wie eigenes Verschulden, muß sie nach Artikel 29 IÜ für jede Handlung, auch schuldlose Handlungen ihres Personals eintreten, soweit sie aus dem Beförderungsvertrage überhaupt haftet. (Entsprechend HGB § 458; EVO § 5).

II. **Kreis der Personen.** 1. Leute, d. h. die ständig, und andere Personen, d. h. die bei Gelegenheit von der Eisenbahn verwendet werden. Der Relativsatz bezieht sich auch auf Leute. (So wohl auch Entwurf eines Reichs-Eisenbahngesetzes S. 79.) Entscheidend ist, ob die betr. Personen „kraft ihrer dienstlichen Stellung Gelegenheit hatten, auf die Beförderung, welche den Grund zur Aufrollung der Haftungsfrage bietet, einzuwirken" (Gerstner 322), gleichgültig dagegen, ob „eine Handlung in Frage steht, die der Angestellte unmittelbar bei Ausführung der ihm obliegenden Verrichtungen vorgenommen hat" (Denkschrift z. HGB I 261, II 259 Rundnagel 21), oder ob sich die betreffende Person unberechtigterweise mit dem Gute zu schaffen machte. Kraft seiner dienstlichen Stellung kann jeder Bedienstete unter Umständen in die Lage kommen, sich z. B. an einem Gut zu vergreifen, auch ohne daß es seiner besonderen dienstlichen Tätigkeit entsprechen mußte, ohne daß er überhaupt oder gerade im speziellen Falle mit dem Gute etwas zu tun hätte. (Vgl. Beispiele bei Gerstner IÜ 323 — aber auch Entwurf eines Reichs-Eisenbahn-Gesetzes S. 79.) Deshalb ist es nicht gerechtfertigt, wenn ausgeführt wird, die Eisenbahn hafte nur für das Personal der eigentlichen Transportverwaltung, vornehmlich das Güterabfertigungspersonal, sowie die Leute, welche die Beförderungsmittel unterhalten und bedienen, nicht aber für die in anderen Geschäftszweigen der Eisenbahnverwaltung (Kassen-, Rechnungs-, Buchhaltungs- usw. Dienst) beschäftigten Organe (Eger 329/330). Die Eisenbahn ist ausgesprochene Beförderungsanstalt. Man kann daher nicht von vornherein bestimmte Kategorien ausschließen. Indes bedarf es im speziellen Falle stets der Prüfung, ob der betreffende Bedienstete als Erfüllungsgehilfe in Frage kommt. Vgl. hierzu Rundnagel 25; Düringer-Hachenburg § 431 II 3 a; Cosack 438; Makower 1432 auch Schott 362. Aber Ruckdeschel 171; RGZ **7** 127.

2. Es müssen Leute der „Eisenbahn" sein, d. h. die im Dienste der Verwaltung als Eisenbahn stehen (Gerstner IÜ 322; Rosenthal 197).

3. Gemäß Artikel 27 (1) (2) ist es gleichgiltig, ob die Leute gerade der Bahn angehören, die — entsprechend 27 (3) (5) und 28 — passiv legitimiert ist. Es genügt, daß sie einer der am speziellen Transporte beteiligten Eisenbahnen angehören, da ja eine Bahn für alle Bahnen haftet.

4. Man wird jedoch nicht so weit gehen können, daß man fordert, die schädigende Handlung müsse während der Dienstzeit begangen sein (Rundnagel 24), es genügt RGZ 7 127 ff. „eine gewisse Beziehung zur Anstellung" (z. B. Diebstahl eines Güterbodenarbeiters während der dienstfreien Zeit an Gut, das er selbst vorher zu dem Lagerplatz des betr. Kurswagens gekarrt oder während der Dienstzeit sich zwecks späterer Abholung versteckt hatte), deren Feststellung praktisch garnicht so schwer sein kann.

III. **Inhalt und Umfang der Haftung.** 1. Der Artikel regelt nur die Haftung aus einem Frachtvertrage (Gerstner IÜ 324); denn er spricht nur von Leuten und anderen Personen, deren sich die Eisenbahn bei Ausführung des von ihr übernommenen Transports bedient. Daher bezieht sich Artikel 29 einmal nicht auf Handlungen, welche außerhalb jeden Frachtvertragsverhältnisses sich ereignen. IÜ regelt ja nur diese Verhältnisse. So kommen nicht in Frage unerlaubte Handlungen, die Leute der Eisenbahn frachtrechtlich Unbeteiligten gegenüber begehen; z. B. Diebstahl eines Güterbodenarbeiters bei seinem Hauswirt.

2. Es kommen nicht in Frage Handlungen, die vor dem Abschluß des Frachtvertrages liegen; namentlich für Erteilung falscher Tarifauskunft vgl. OLG Hamburg **D** IZ **1908** 329; OLG **16** 133; EE **25** 8: Eisenbahn haftet für falsche vor Abschluß des Frachtvertrages erteilte Auskunft nicht, wenn der Beamte nicht zu Auskünften bahnseitig bestellt war. Ähnlich OLG Colmar EE **18** 333. Ebenso IZ **Oe 1905** 307 und EE **22** 5 schon mit Rücksicht auf die Gleichheit der Tarife, die sonst illusorisch wäre. In gleichem Sinne IZ **F 1898** 101 und IZ **Oe 1901** 202. Abweichend IZ **Oe 1899** 710 und **1903** 11. Vgl. auch Artikel 12 II 3. — Eine Haftung aus dem Frachtvertrage fällt also ganz fort. Was aber die mögliche Haftung aus andern Gründen betrifft, so sei für Deutschland hierzu bemerkt: Eine gesetzliche Auskunftspflicht besteht auch außerhalb des IÜ nicht. Es soll jeder auf Grund der gehörig veröffentlichten Tarife sich selbst unterrichten. Auch eine freiwillige vertragliche Übernahme der Haftung für Tarifauskünfte ist nicht üblich, sie ist für die Preußisch-Hessischen Bahnen sogar ausdrücklich untersagt. Auch die Auskunftsstellen erteilen ihre Auskünfte nach bestem Wissen, aber ohne Gewähr. So käme höchstens die Haftung aus unerlaubter Handlung in Betracht (§ 676 BGB). Hierzu ist zu berücksichtigen, daß der Eisenbahnfiskus für Auskünfte seiner subalternen Bahnbeamten, die sich als auf unerlaubter Handlung beruhend darstellen, schon deshalb nicht haftet, weil es sich bei ihnen nicht um solche Organe handeln wird, durch deren außervertragliches Handeln er nach §§ 31, 89 BGB haftbar gemacht werden kann. Aber auch der Auskunft Erteilende wird, selbst wenn ihn Fahrlässigkeit trifft, aus unerlaubter Handlung nicht verantwortlich zu machen sein; denn § 823 kann nicht in Betracht kommen, da er den vorliegenden Fall nicht schützt (OLG Hamburg **16** 133). So käme allein § 826 BGB in Frage (RG Gruchot Beitr. **47** 105), der Fall der wissentlich falsch erteilten Auskunft. Der aber dürfte nie praktisch werden.

3. Als Handlung, die vor Abschluß des Frachtvertrages liegt, fällt auch weg Diebstahl an dem nach Artikel 5 (2) Satz 2 in vorläufige Verwahrung genommenen Gut.

4. Ebenso greift die hier geregelte Haftung nicht ein, wenn der Frachtvertrag beendet ist: Diebstahl an Gut, das dem vom Empfänger mit der Abfuhr beauftragten Fuhrmann übergeben ist.

5. Dagegen gehört hierher die gesamte Haftung aus dem Frachtvertrage, wie sie in den nachfolgenden Artikeln erörtert wird, auch die aus Artikel 15 (4): Befolgung einer unzulässigen nachträglichen Verfügung.

6. Die Frage, ob Frachterfüllungshandlungen vorliegen, ist wegen der Verjährung wichtig: RG **D** IZ 1898 665.

IV. **Beispiele.** Die Post, welcher z. B. die Benachrichtigung an den Absender von einem Ablieferungshindernis übergeben ist, zählt nicht zu den Leuten der Eisenbahn im Sinne des Artikels 29: IZ **Oe** 1899 480, 1907 263. Ähnlich für Avis an den Empfänger: IZ **Oe** 1897 512 und IZ **Oe** 1903 182: Zustellung des Avises an falschen Adressaten, der dann das Gut bezog.

Eisenbahn haftet für Zollstrafen, die infolge unrichtiger Abwägung durch ihre Leute und dadurch verursachter falscher Gewichtsdeklaration verwirkt sind; das Abwägen auf Antrag des Absenders gehört zu den Beförderungshandlungen: IZ **Oe** 1897 599. (A. A. jedoch IZ **Oe** 1897 839. Es sei Sache des Absenders, sich von der Richtigkeit der Abwägung zu vergewissern, da diese zwecks Feststellung des Gewichts zur Frachtberechnung erfolge, nicht aber zu anderen Zwecken. Die Eisenbahn sei keine öffentliche Wägeanstalt.)

Die Eisenbahn haftet für den Diebstahl an Gegenständen großen Wertes, der nachweislich durch ihre Leute ausgeführt wurde, auch wenn der Wert nicht deklariert wurde: IZ **F** 1907 366. Anderer Ansicht IZ **Oe** 1909 395 bezüglich bedingungsweise zur Beförderung zugelassener Gegenstände (Brillantenkollier).

Die Haftung für den Rollfuhrunternehmer richtet sich gemäß Artikel 19 nach Landesrecht. Für Deutschland EVO § 63 (8).

OLG Stettin 3 25: Eisenbahn haftet für ihre Leute, das hindert aber nicht, daß daneben diese für außervertragliche Schäden haften; z. B. einem bahnamtlichen Rollfuhrunternehmer gehen die Pferde durch, das Gut, welches er zum Empfänger fährt, fällt vom Wagen und wird beschädigt. Empfänger kann sich auch an ihn halten.

LG München I EE 23 359: Dagegen steht der Absender nicht etwa mit dem bahnamtlichen Rollfuhrunternehmer in einem Vertragsverhältnis derart, daß er sich an ihn halten könnte, wenn er das Gut an einen unberechtigten Dritten statt an den Empfänger ablieferte. Auch 823 und 831 BGB kommen nicht in Betracht, 823 bezieht sich nicht auf obligatorische Rechte, 831 hat zur Voraussetzung, daß zwischen dem Geschäftsherrn und dem Geschädigten nicht etwa ein Vertrag besteht.

Überhaupt haften die Leute den Verkehrsinteressenten nicht vertraglich, (z. B. der bahnamtliche Rollfuhrunternehmer dem Empfänger), denn sie stehen mit diesen in keinem Vertragsverhältnis. IZ **D** (?) 1896 295.

Wegen Haftung für Streik siehe bei Artikel 30: Höhere Gewalt.

Artikel 30.

Haftung der Eisenbahn für Verlust, Minderung oder Beschädigung.

(1) Die Eisenbahn haftet nach Maßgabe der in den folgenden Artikeln enthaltenen näheren Bestimmungen für den Schaden, welcher durch Verlust, Minderung oder Beschädigung des Gutes seit der Annahme zur Beförderung bis zur Ablieferung entstanden ist, sofern sie nicht zu beweisen vermag, daß der Schaden durch ein Verschulden des Verfügungsberechtigten oder eine nicht von der Eisenbahn verschuldete Anweisung desselben, durch die natürliche Beschaffenheit des Gutes (namentlich durch inneren Verderb, Schwinden, gewöhnliche Leckage) oder durch höhere Gewalt herbeigeführt worden ist.

(2) Ist auf dem Frachtbrief als Ort der Ablieferung ein nicht an der Eisenbahn liegender Ort bezeichnet, so besteht die Haftpflicht der Eisenbahn auf Grund dieses Übereinkommens nur für den Transport bis zur Empfangsstation. Für die Weiterbeförderung finden die Bestimmungen der Artikels 19 Anwendung.

Bemerkungen.

IÜ 33, 36, 19. EVO 84, 80, 88, 91, 76, 85. HGB 429, 438, 456, 457, 459—462, 465, 467, 468, 471. VBR 67 (Zus. V). Übk zum VBR 17. — SVE XXI, XXII (Art. 18). MSVE 41. DVE XXI, XXII (Art. 18). DDVE LV, LVI. P I 34, 71. P II 35, 36, 45, 111. P III 79. R I 77, 83. — Gerstner IÜ 325. Gerstner NSt 101. Rosenthal IÜ 181. Fritsch IÜ 647. Eger IÜ 333. von der Leyen Goldschmidts Z 39 81. Calmar 154. Hilscher 187. Schwab 242, 249. v. Rinaldini 218. Rundnagel 16, 40. Marchesini 2 14, 23, 27. Staub §§ 456[1], 472[11]. Düringer-Hachenburg III 653, 655, 686.

A. **Allgemeine Grundsätze** für die Schadenshaftung für Verlust, Minderung oder Beschädigung des Gutes.

I. Der Frachtführer und wie er die Eisenbahn übernimmt die Garantie für die Unversehrtheit des ihm übergebenen Gutes: salvum fore recipere (Meili, Moderne Verkehrsanstalten S. 45), das übernommene Gut soll ebenso unversehrt wieder abgeliefert werden, wie es aufgeliefert ist. Während aber nach allgemeinem Recht der Schuldner aus dem Werkvertrage nur für Vorsatz und Fahrlässigkeit — also für Verschulden einzustehen hat, führen die besonderen Verhältnisse des Frachtgeschäfts, in gesteigerter Weise noch diejenigen des Eisenbahnfrachtgeschäfts, zu einer strengeren Regelung. Dem Absender ist es im Falle einer Beschädigung des Gutes, ebenso bei Verlust eines solchen, so gut wie nie möglich, deren Zeit und Ort, geschweige denn den schuldigen Täter nachzuweisen, ebenso wie ihm jede Möglichkeit einer Kontrolle über die Ausführung des Transportes im einzelnen, über die Behandlung des Gutes während der

Beförderung entzogen ist. Dazu kommt noch, daß die Verkehrsinteressenten auf die Benutzung der Eisenbahn allein geradezu angewiesen sind, der infolge ihrer einzigartigen Schnelligkeit und Billigkeit gegenüber allen anderen Frachtführern für das Landfrachtgeschäft ein tatsächliches Monopol zusteht.

II. Diese Gründe rechtfertigen die Einführung einer erheblich gesteigerten Haftung der Eisenbahn, die dahin geregelt ist, daß sie ohne Rücksicht auf ihr bzw. ihrer Leute Verschulden bis zur höheren Gewalt ausschließlich haftet, d. h. auch für Zufall. Diese Haftung fällt nur weg, wenn die Eisenbahn gewisse in Artikel 30 ff. aufgeführte Haftausschließungsgründe für sich anführen und beweisen kann. Eine vertragliche Abänderung dieser Grundsätze ist ausgeschlossen, weil sich aus dem Grundsatz der Tarifgleichheit ergibt.

III. Als Ausgleich für diese außerordentlich strenge Haftung treten indes gewisse Einschränkungen ein:

1. Einmal ist, was den Umfang der Entschädigung anbetrifft, bestimmt, daß die Eisenbahn regelmäßig nur den gemeinen Handelswert bzw. Wert des Gutes zu ersetzen hat, nicht aber den ganzen nachweisbaren Schaden (Art. 34 und 37).

Dieser mildernde Ausgleich für die strenge Haftung findet nicht statt:

   a) wenn der Absender durch Deklaration des Interesses und die damit verbundene höhere Gebührenleistung zum Ausdruck gebracht hat, daß die Sendung besonderen Wert für ihn habe (Art. 38);

   b) oder wenn der entstandene Schaden durch Arglist oder grobe Fahrlässigkeit der Eisenbahn oder ihrer Leute entstanden ist (Art. 41).

In diesen Fällen erhöht sich die Ersatzleistung über den gemeinen Handelswert bzw. Wert hinaus bis zum Betrage des (im ersteren Falle durch die Höhe des deklarierten Interesses beschränkten, im übrigen unbeschränkten) nachweisbaren Schadens.

2. Zweitens, was den Grund der Haftung anbetrifft, so haftet die Eisenbahn nicht, obwohl die Schäden am Gute während und infolge der Beförderung eingetreten sind:

   a) wenn der eingetretene Schaden die Folge einer besonderen charakteristischen Gefährdung ist, die während der gewählten Beförderungsart einzutreten pflegt (Art. 31);

   b) wenn der eingetretene Schaden sich als Gewichtsverlust darstellt, der sich aus der natürlichen Beschaffenheit des Gutes ergibt (Art. 32);

es sei denn, daß ihr nachgewiesen wird, daß der Schaden nicht aus diesen Gründen entstanden sein kann.

IV. Während die Eisenbahn das Vorliegen der in Artikel 30 aufgeführten Momente, welche zur Befreiung von ihrer Haftung führen, nachweisen muß, trifft sie in den zu III 2 a und b aufgeführten Momenten (Art. 31 und 32) diese Beweislast nicht, weshalb man letztere bevorrechtigte, jene nicht bevorrechtigte Haftbefreiungsgründe genannt hat (Rundnagel 69 ff.).

V. Besondere Grundsätze gelten für die Haftung wegen Lieferfristüberschreitung (Art. 39 und 40).

B. Die Voraussetzungen der Haftung. I. Schaden, welcher durch Verlust, Minderung oder Beschädigung des Gutes entstanden ist.

1. Verlust (perte totale) liegt vor, wenn die Eisenbahn außerstande ist, das Gut bestimmungsgemäß auszuliefern (Gerstner IÜ 327; Rundnagel 40; Düringer-Hachenburg § 390 II 3 a; Lehmann-Ring § 390 Nr. 5; ROH 4 14; 15 30).

Beispiele: Gänzlicher Untergang durch Zerstörung, z. B. durch Feuer: IZ F 1901 48. — Verschleppung oder Diebstahl, so daß der Aufenthalt des Gutes nicht festzustellen, — Auslieferung an einen unberechtigten Empfänger, so daß die Eisenbahn das Gut nicht wieder erhalten kann: IZ U 1895 146; EE Oe 19 128; RGEE 19 144; RGEE 10 306; vgl. aber EE F 15 132, wo ohne Verschul jen der Eisenbahn (jedoch ist zur Haftbefreiung nötig Verschulden des Berechtigten usw.). Siehe auch EE Oe 9 128; EE Oe 19 156 und 19 199; EE Oe 16 64; EE F 19 111; EE U 23 274. — Auch Ablieferung an den infolge nachträglicher Verfügung nicht mehr berechtigten frachtbriefmäßigen Empfänger EE OLG München 7 284; EE U 10 101; EE Oe 17 249. — Wegen Beschlagnahme, Pfändung oder Arrest EE F 22 354 (Beförderungshindernis) siehe Artikel 18. — Die Verweigerung der Auslieferung des Gutes durch die Eisenbahn steht dem gänzlichen Verlust gleich, unter dem alle Umstände zu verstehen sind, die den Empfänger an der Empfangnahme des Gutes hindern: IZ B 1908 173 und EE 24 379. — Auch bei Vermutung aus Artikel 33 liegt Verlust vor, z. B. auch bei Nichtanzeige von einem Ablieferungshindernis innerhalb 30 Tagen nach Ablauf der Lieferfrist: IZ F 1901 83. — Die Klausel „Auf Gefahr des Absenders" schließt nur die Haftung für teilweisen Verlust oder teilweise Beschädigung, nicht aber für gänzlichen Verlust aus: IZ I 1894 258.

Gänzlicher Verlust liegt auch vor, wenn einzelne selbständige Teile verloren gegangen sind, nicht jedoch bei Untergang unselbständiger Teile: EE Oe 22 67 und 137.

Wegen Höhe des Schadens siehe Artikel 34.

2. Minderung (perte partielle) ist teilweiser Verlust (Art. 34), Quantitätsverringerung. Wann sie oder wann Vollverlust vorliegt, ist Tatfrage. Meist wird es sich um Güter handeln, die als Wagenladungen befördert werden: Massengüter als Kohlen, Flachsballen, Getreide in Säcken. Bildet die Sendung nach Handelsgebrauch oder der Auffassung des wirtschaftlichen Lebens ein Ganzes, so ist Teilverlust möglicherweise gleich Totalverlust. Beispiel: Garnitur echten alten Porzellans. Vgl. das Beispiel von Rundnagel (S. 42): Gehen von einer aus 100 Sack Mehl bestehenden Wagenladung 99 Sack verloren: Teilverlust, geht von einer aus 100 Sack Mehl bestehenden Stückgutsendung 1 Sack verloren: Vollverlust. Die Unterscheidung ist von Bedeutung für Artikel 44 (1): die Annahme des Gutes durch den Empfänger. „Beim Stückgut bildet das einzelne, im Frachtbrief als selbständige Einheit verzeichnete Stück, beim Wagenladungsgut die gesamte Wagenladung — sind mehrere auf einen Frachtbrief abgefertigt, jede einzelne — das Objekt der Annahmehandlung." Rundnagel S. 242. Vgl. auch Gerstner IÜ 327. Notwendig ist, daß der verbleibende Teil im Verhältnis zum Ganzen seinen Wert behält. Verliert er diesen, so kann Beschädigung für ihn, Minderung für den verlorenen Teil in Frage kommen: ein Faß Wein ist zum Teil ausgelaufen, der Rest hat dadurch an Qualität verloren (Gerstner a. a. O.). Bei unteilbaren Gegenständen kann es sich nicht um Minderung, sondern nur um Beschädigung handeln. Vgl. IZ B 1904 306.

Eisenbahn haftet nur für wirklichen Abgang während der Beförderung. Ergibt sich bei der Verwiegung auf der Empfangsstation ein Mindergewicht gegenüber dem auf der Versandstation, so beweist diese Feststellung zunächst gegen die Eisenbahn, die ihrerseits den Gegenbeweis zu führen hat. Führt sie den Gegenbeweis, so haftet sie nicht für die Gewichtsdifferenz, wohl aber hat sie die einmalige Wiegegebühr zurückzuzahlen, weil sie falsch verwogen hat: EE Oe 20 253. Sie haftet für die zuviel berechnete Fracht: IZ I 1904 172. Beweispflicht der Bahn siehe auch EE Oe 23 357. Ist die Verwiegung gegen Wiegegebühr schuldhaft falsch erfolgt, so wird sich aus den Grundsätzen über Verschulden ergeben, ob die Eisenbahn dem Absender oder Empfänger für die Folgen haftet, z. B. Zollstrafen. Doch wird dabei sehr zu berücksichtigen sein, daß einmal die Verwiegung in erster Linie der Frachtberechnung dienen soll, andrerseits dem Absender zur Kontrolle des Ergebnisses meist sichere Grundlagen zur Verfügung stehen. Vgl. dazu Reindl VerZtg 1900 323.

Beispiele: Gegen die Gewichtsangabe im Frachtbrief ist Gegenbeweis z. B. dadurch zu führen, daß in einer Kiste nicht mehr enthalten gewesen sein kann, weil sie bei Ankunft bis an den Rand ordnungsmäßig vollgepackt war: IZ AG Mülhausen 1902 87. — Gegen die Gewichtsangabe im Frachtbrief ist auch bei plombierten Sendungen Gegenbeweis der Eisenbahn zulässig: EE F 21 265. — Haftung für Fehler bei der bahnamtlichen Abwägung von Stückgut: IZ Oe 1898 321. — Eisenbahn haftet für das von ihr durch Verwiegung festgestellte Gewicht und kann sich nicht später mit unzulänglichen Wiegeeinrichtungen entschuldigen: IZ U 1896 271. — Aber: Ein Irrtum bei der Verwiegung kann jederzeit in beiderseitigem Interesse richtiggestellt werden. Eisenbahn haftet dann nicht für die Gewichtsdifferenz, sondern hat nur die Mehrfracht zu zahlen: IZ U 1904 172. — Vgl. dazu auch Artikel 8 III.

Höhe des Schadens: Artikel 34.

3. Beschädigung ist Veränderung des Gutes in seiner äußeren oder inneren Unversehrtheit, die zu einer Wertverminderung führt, im Gegensatz zur „Minderung" (oben 2) als Quantitätsverringerung eine materielle qualitative Verringerung, aber nur, soweit sie sich nicht als Verlust darstellt: arg. ex Artikel 37: Es muß wenigstens ein Minderwert bestehen bleiben.

Beispiele: Zerbrechen, Zerspringen, Verbiegen, Zerkratzen, Verwirren (z. B. des Inhalts von Flachsballen beim Umladen), Naßwerden; Hopfen RGEE 6 243; Gußeisen IZ F 1897 373. Annehmen von Gerüchen RGZ 60 45; RGEE 19 127. — Vermischen mit Sand EE U 9 5. — Verunreinigung mit Mehl gefüllter Säcke durch darauf sitzende Käfer: EE OLG Oldenburg 23 128. — Auch bei Beseitigung der Folgen der Verunreinigung kann dennoch Beschädigung vorliegen, wenn Minderwert bestehen bleibt: EE LG München I 19 127.

Sinken des Verkaufswertes infolge langen Lagerns ist nur dann Beschädigung, wenn eine Qualitätsverschlechterung zugrunde liegt, nicht jedoch, wenn die Mode sich ändert, so gegen ROH 20 347 Düringer-Hachenburg § 390 II 3 b; Lehmann-Ring § 390 Nr. 5; Staub § 414 Anm. 3, § 429 Anm. 6; Rosenthal 190 und mit sehr treffender Begründung Rundnagel 42 Anm. 8. Andere Frage ist, ob nicht Lieferfristüberschreitung zum Schadensersatz verpflichten kann.

Höhe des Schadens: Artikel 37.

4. Gut: kann auch die Umhüllung der Ware sein, nämlich dann, wenn die Ware nur in der Umhüllung versandt werden kann, so Glasballons bei Flüssigkeiten: EE LG München **18** 159, EE **21** 161 LG Lübeck (auch IZ **1904** 275) und IZ Oe **1901** 244 (wo ein ungenügender Faßverschluß als ein äußerlich erkennbarer Mangel bezeichnet wird, für den die Eisenbahn haftet). — Leere Privatwagen (Kesselwagen) sind Gut: RGIZ **1893** 119; **1894** 289. A. A. IZ F **1896** 129.

II. Schaden, der seit der Annahme des Gutes zur Beförderung bis zur Ablieferung entstanden ist.

1. Annahme zur Beförderung. Siehe Artikel 8 (1) (Anm. I 1—5). Eisenbahn haftet nicht für den Schaden, der während der Lagerung vor der Verladung eingetreten ist: IZ U **1898** 654. — Untergang einer angenommenen Sendung: IZ B **1905** 239. — Absender hat zu beweisen, daß das Gut der Eisenbahn unversehrt übergeben ist, und daß der Fall der Kiste vom Wagen vor der Übergabe das Gut nicht beschädigt habe: OLG München EE **25** 361.

2. Ablieferung. Artikels 16, 17 (auch bezüglich des Artikel 30 (2) Anm. 1). Ablieferung ist der der Annahme seitens des Empfängers (Art. 16, 17) korrespondierende Akt der Eisenbahn, die Aushändigung von Gut und Frachtbrief. Annahme ist die Genehmigung, das Anerkenntnis der Ablieferung durch den Empfänger. Nicht die Ankunft am Bestimmungsorte beendet den Frachtvertrag: IZ F **1898** 446; F **1906** 434.

3. „entstanden ist". Diesen Beweis hat der Geschädigte zu führen. Er muß behaupten und beweisen, daß in der kritischen Zeit, d. h. zwischen Annahme und Ablieferung, Verlust, Minderung oder Beschädigung eingetreten und daß ihm dadurch Schaden entstanden ist. Mehr braucht er nicht zu beweisen, als daß diese in jener Zeit eingetretenen Tatsachen Schaden für ihn gebracht haben, insbesondere braucht er nicht zu beweisen (RGEE **2** 136) wo, wann und durch wen die schädigende Tatsache sich ereignete. So für das allgemeine Frachtrecht: Düringer-Hachenburg § 429 II 4; Lehmann-Ring § 429 Nr. 6; Rosenthal 186; Staub § 429 Anm. 11. Für Eisenbahnfrachtrecht ist diese Frage entschieden durch § 90 EVO bzw. Artikel 33 IÜ für den Fall des Verlustes, aus dem sich klar ergibt, daß den zur Klage Berechtigten die Beweislast treffen soll. Aber ebenso verhält es sich auch bei Minderung oder Beschädigung. (So auch Rundnagel 59.) Vgl. auch Artikel 44 (2) 4 b.

Die Annahme beschädigten Gutes bei der Auflieferung ohne Vorbehalt durch die Eisenbahn (GAV § 21) begründet naturgemäß nicht die Verpflichtung, das Gut in unbeschädigtem Zustande abzuliefern. Es spricht auch keine Vermutung dafür, daß das Gut unbeschädigt aufgeliefert sei, sondern Sache des Absenders ist es, nachzuweisen, daß dies der Fall ist. Auch hier liegt es in aller Interesse, wenn die Eisenbahn in derartigen Fällen entsprechend Artikel 25 eine eingehende Untersuchung einleitet, obwohl sie dazu nicht verpflichtet ist, da sich diese Vorschrift nur auf die während der Beförderung sich einstellenden Schadensfälle bezieht. Eines Anerkenntnisses des Absenders im Frachtbrief über Vorliegen der Beschädigung bedarf es zur Ausschließung der Haftung der Eisenbahn jedoch nicht (Kass. Hof Paris EE **15** 36; IZ **1898** 405; IZ I **1903** 373, aber Kass. Hof Florenz EE **21** 261; IZ I **1905** 9). Vgl. Rundnagel 139 Anm. 6.

III. Haftausschließungsgründe. 1. Beweislast. Die Eisenbahn kann sich von der ihr auferlegten Haftpflicht befreien dadurch, daß sie das Vorliegen gewisser (sog. nicht bevorrechtigter) Haftausschließungsgründe beweist und durch den weiteren Nachweis, daß der Schaden durch jene verursacht ist. (Wegen der bevorrechtigten Haftausschließungsgründe siehe oben A IV und Art. 31 (2), 32 (3).) Es genügt nicht der Nachweis, daß nur von ihr nicht zu vertretende Ursachen den Schaden herbeigeführt haben können, es sei denn, daß sie wegen aller denkbaren Ursachen ein Verschulden nicht trifft. Die Eisenbahn haftet, wenn die Ursache eines nachweislich in der kritischen Zeit entstandenen Schadens nicht aufgeklärt wird. (RGEE **3** 353; RGZ **66** 41 und VerZtg **1907** 148; RGJW **1907** 368.) Von Bedeutung für diese Frage ist es auch, ob der Schaden infolge von Lieferfristüberschreitung eingetreten ist. Siehe dazu Artikel 39.

Als Haftausschließungsgründe kommen die in Artikel 30 aufgeführten, dazu aber noch Artikel 7 (1) in Betracht, und zwar auch soweit nicht ein Verschulden des Verfügungsberechtigten darin zu erblicken ist. (A. A. Rundnagel S. 86 zu EVO § 57 (1); siehe aber Gerstner IÜ 138 und Staub zu § 429, 11 ff. Vgl. oben zu Art. 7 Anm. I.)

2. Verschulden des Verfügungsberechtigten, und zwar jedes Verschulden, auch das leichteste. Trifft ein Verschulden der Eisenbahn mit solchem des Verfügungsberechtigten zusammen, so regelt sich die Entscheidung nach den Grundsätzen über konkurrierendes Verschulden (Gerstner IÜ 331; EE **Oe 23** 155; RGEE **22** 295; RG JW **1906** 12). Da IÜ über konkurrierendes Verschulden keine Bestimmungen trifft, so ist die Frage, wann es vorliegt, nach den Bestimmungen des Landesrechts zu entscheiden, das auf den betreffenden Fall Anwendung finden müßte. (RGIZ **1908** 298 (304); RGZ **57** 142 und **67** 171.)

Beispiele des Verschuldens: Versehen bei Ausfüllen des Frachtbriefs Artikel 7 (1), der Begleitpapiere Artikel 8 (1); zu enge Verpackung und mangelnde Fütterungseinrichtungen bei jungen lebenden Tieren: EE S **22** 140; EE S **22** 153; Verheimlichung besonderer Beschaffenheit des Gutes: RGZ **15** 151; **20** 78; Abnahmeverzug des Empfängers, so daß das Gut veräußert werden muß: ROH **11** 293. Rundnagel 81; Dronke EE **25** Sonderheft 33.

Äußerlich erkennbare Mängel der Verpackung muß die Eisenbahn in eigenem Interesse rügen, siehe zu 31 (1) 2.

Verfügungsberechtigter siehe Artikel 26 I.

3. Eine nicht von der Eisenbahn verschuldete Anweisung: Unter Anweisung ist jede Art der Anordnung des Verfügungsberechtigten zu verstehen, so namentlich alle vom Absender zu leistenden Eintragungen im Frachtbrief (Rundnagel 83; Janzer-Burger § 84 III 1), in den Begleitpapieren, auf der Adresse oder der Signierung der Frachtgüter; aber auch die nachträglichen Verfügungen (Art. 15), auch die Anweisungen bei Beförderungshindernissen (Art. 18) und Ablieferungshindernissen (Art. 24) können in Frage kommen.

Abgesehen davon, daß nach Artikel 7 (1) der Absender ohne Rücksicht auf Verschulden für die Folgen aller unrichtigen, ungenauen oder ungenügenden Erklärungen im Frachtbrief haftet, haftet er aus Artikel 30 für alle anderen, auch richtigen, nicht von der Eisenbahn verschuldeten Eintragungen, sofern sie zu einem Verlust, zu Minderung oder Beschädigung des Gutes führen. Bestimmte Formen für die Anweisung sind vorgeschrieben u. a. für die nachträglichen Anweisungen, insofern als bei ihnen das Duplikat vorzulegen ist, und sie bei der Versandabfertigung abzugeben sind, bei dem Anerkenntnis aus Artikel 9 (2) oder Ausf.-Best. § 4 (2), für die Vereinbarung über Beförderung im offenen Wagen (Art. 31 (1) Ziff. 1, über Selbstverladung (ebenda Ziff. 3), über Beigabe eines Begleiters (ebenda Ziff. 6); sonst kann die Anweisung auch eine formlose sein. Es muß sich aber um Anordnungen, die auf Grund des Frachtvertrages zu befolgen sind, handeln, nicht nur um Wünsche des Absenders. Reindl EE **21** 188; IZ **1905** 89.

4. **Natürliche Beschaffenheit:** Gewisse Güter sind vermöge ihrer natürlichen Beschaffenheit Veränderungen ausgesetzt, die deshalb, weil sie auch während der Beförderung nicht auszubleiben pflegen, der Eisenbahn nicht zur Last gelegt werden dürfen. Das IÜ macht einen Unterschied zwischen Gütern, bei denen ihre natürliche Beschaffenheit die Ursache eines Schadens sein kann, eine Möglichkeit für ihn bietet (Art. 30) und solchen, bei denen sie so regelmäßig die Ursache für Verlust, Minderung oder Beschädigung begründet, daß die Beschaffenheit geradezu eine besondere Gefahr dafür bildet, daß der Transport nicht ohne Schaden für das Gut ausgeführt werden kann (Art. 31 (1) Ziff. 4 und Art. 32 nebst Ausf.-Best. § 8). Während nun in den Fällen des Artikels 30 die Eisenbahn nachweisen muß, daß die natürliche Beschaffenheit die Ursache des Schadens gewesen ist (z. B. IZ U **1897** 799: Selbstentzündung von Hadern), steht ihr in den beiden anderen Fällen die vom Beschädigten zu widerlegende Vermutung zur Seite, daß der Schaden aus der natürlichen Beschaffenheit des Gutes entstanden ist, wenn er nur daraus entstehen konnte. Näheres siehe bei Artikel 31 (1) 4.

Die Folgen der schädlichen natürlichen Beschaffenheit können in sämtlichen Fällen die gleichen sein. Hierher gehört das Entspringen eines Hundes aus einer ungenügend starken Kiste: IZ F **1893** 301 (auch wenn es sich dabei gleichzeitig um einen nicht bescheinigten Mangel der Verpackung handelt).

Innerer Verderb: Sauerwerden, Zersetzung, Gerinnen, Verfaulen, Verschimmeln, Erfrieren, Zerbrechen. Schwinden: Substanzverlust ohne äußere Einwirkung, Verdunsten (Flüssigkeiten), Eintrocknen (bei feuchten Gütern, frischem Getreide, Hanf, Flachs) vgl. 31 (1) 4 und 32. Gewöhnliche Leckage: Regelmäßiges Dringen gewisser Flüssigkeiten durch die Fugen der Gebinde ohne deren äußere Beschädigung vgl. Artikel 31 (1) 4.

5. **Höhere Gewalt.** Der Begriff ist im IÜ nicht geregelt, seine Merkmale sind nicht bestimmt, sie sind zu finden nach dem in jedem einzelnen Falle zur Anwendung kommenden Landesrechte: RGIZ **1905** 96 (100).

Es muß sich handeln um ein außerhalb des Betriebes der Eisenbahn entsprungenes, durch Hineinwirken in ihren Betriebskreis Schaden verursachendes Ereignis — Naturereignisse, Handlungen Dritter —, das nach menschlichem Ermessen nicht vorauszusehen, und dessen Eintritt und Wirkungen durch Vorkehrungen nicht abwendbar sind, die zu dem zu erreichenden Erfolge nach den Anschauungen des Verkehrs in vernünftigem Verhältnis stehen: Staub § 456 Anm. 7; RGZ **21** 13; **64** 405; **70** 99. Siehe aber Gruchot Beitr. **37** 742 und ferner **28** 1096 (Radreifenbruch nicht); Grünhuts Z **10**

534 ff. Arch. f. ziv. Praxis 78 297. — von der Leyen Goldschmidts Z **33** 433. Gerstner IÜ 105, 333; Rundnagel 90—131; Marchesini 1 82; 2 34; Muschweck SpedSchiffZ **1907** 108.

Die Eisenbahn haftet aber für Zufall, der nicht höhere Gewalt ist, namentlich für Zufälle, die im Verlauf eines Gewerbeunternehmens, als diesem eigentümlich, mehr oder weniger häufig vorzukommen pflegen, und gegen die der Unternehmer daher gerüstet sein muß. Staub § 456 Anm. 9; Goldschmidts Z **40** 536/537 Nr. 283 (OLG Hamburg.) (Vgl. Rundnagel S. 131 Anm. 47.)

Streik der Leute der Eisenbahn begründet nicht die Einrede der höheren Gewalt, da die Eisenbahn unbedingt für ihre Leute haftet. So Schweizer Bundesgericht IZ **1901** 88; EE **17** 319; EE I **20** 113; EE U **21** 293; Baumgarten in EE **21** 328 (vgl. denselben in EE **23** 91; EE **25** Sonderheft S. 1); EE S **23** 386 und Gerstner IÜ 382, NSt 100; Rosenthal 195, 198. — Entgegengesetzter Ansicht (stets höhere G.) sind EE Oe **21** 395 und EE Oe **23** 372. — Eine Mittelmeinung vertreten EE F **21** 236; Goldschmied in EE **22** 102; EE U **22** 276; EE U (Kurie) **23** 399 (auch VerZtg **1906** 121); EE F **25** 140; EE Oe **25** 197. (Wenn der Streik nicht durch die Eisenbahn verschuldet ist! Auch das wenig scharfe Moment der „Unbezwingbarkeit" wird als entscheidend angenommen.)

Weitere Beispiele für höhere Gewalt: IZ B **1900** 402: Beschädigung einer Sendung Spiegel durch einen dem Wagen des bahnamtlichen Rollfuhrunternehmers begegnenden Karren. IZ Oe **1904** 277: Nicht unter allen Umständen außergewöhnlich große Kälte — nur wenn außergewöhnliche Zuschlagsfrist genehmigt. IZ Oe **1906** 440: Nicht Schienenbruch, ebenso Oe **1907** 301. IZ F **1902** 19: Nicht Beschädigung einer Brücke infolge Hochwassers, die schon seit längerer Zeit vorauszusehen. IZ F **1897** 24: Schneesturm (Eisenbahn darf Mehrfracht für dadurch nötig gewordenen Umweg fordern). IZ Oe **1908** 238: Nicht Überfüllung der Empfangsstation. EE Oe **23** 265 (Oberst. GH): H. G. liegt vor, wenn eine Sendung, durch ein vorher in demselben Wagen verladenes Gut (nasse Häute) infiziert, auf Anordnung der Polizei vernichtet wird, sofern Eisenbahn von der infizierenden Wirkung des Gutes und der daraus gebotenen Desinfizierung des Wagens keine Kenntnis hatte (?). RGIZ ┆**1902** 192: Unter Umständen auch ein Ereignis, welches sich im Eisenbahnbetriebe selbst und sogar im Innern eines Eisenbahnwagens zuträgt: Selbstentzündung eines mit Sprengstoff gefüllten Frachtguts, von dessen Inhalt die Eisenbahn keine Kenntnis hatte, falls die Explosion nicht durch falsche Verladeweise mit verschuldet ist; siehe auch RGEE **17** 317; RGEE **18** 204; Puchelts Z **32** 641. Eisenbahn ist verpflichtet, die Folgen eines als höhere Gewalt anzusprechenden Ereignisses nach Möglichkeit abzuschwächen: IZRG **1894** 34. Wegen Diebstahls vom Güterschuppen siehe bei Artikel 41.

6. Wegen des Verhältnisses der Haftausschließungsgründe des Artikels 30 zu denen des Artikels 31 (1) 4 vgl. RGEE **23** 283; JW **1906** 775 Anm.; RGZ **64** 169: Artikel 30 behandelt den Schaden, den gewisse Güter im regelmäßigen Verlauf der Dinge vermöge ihrer natürlichen Beschaffenheit erleiden, während Artikel 31 (1) Ziffer 4 hauptsächlich die Eisenbahn von der Haftung für außergewöhnliche infolge der eigentümlichen Natur des Gutes entstehende Schäden befreien will. Es hieße daher die Befreiungsgründe des Artikels 31 (1) Ziffer 4 da ausschließen, wo sie hauptsächlich ange-

wendet sein wollen, wenn man den außergewöhnlichen Umfang des Schadens allein schon zur Ausschließung der Befreiung und zur Widerlegung der Vermutung des Artikel 31 (2) genügen lassen wollte. Nicht, ob die leichtverletzlichen Güter nur gewöhnlichen Einwirkungen des Betriebes oder ungewöhnlichen, z. B. außergewöhnlichen Rangierstößen, ausgesetzt waren, ist entscheidend, sondern ob Umstände wirksam waren, die für andere als leichtverletzliche Güter in erheblichem Maße gefahrbringend waren. Siehe auch 31 (1) 1.

IV. Gerichtsstand bei Schadensprozessen: Erfüllungsort und damit für die Zuständigkeit des Gerichts bei Schadensprozessen wegen Nichterfüllung usw. maßgebend ist der Ablieferungsort (RGZ 9 52; RGEE 21 390; JW 1905 147 Nr. 30; VerZtg 1906 169).

V. Zu Abs. (2) vgl. Art. 16/17 I 2 d.

Artikel 31.

Beschränkung der Haftung bei besonderen Gefahren.

(1) Die Eisenbahn haftet nicht:

1. in Ansehung der Güter, welche nach der Bestimmung des Tarifes oder nach einer in den Frachtbrief aufgenommenen Vereinbarung mit dem Absender in offen gebauten Wagen transportiert werden:

    für den Schaden, welcher aus der mit dieser Transportart verbundenen Gefahr entstanden ist;

2. in Ansehung der Güter, welche, obgleich ihre Natur eine Verpackung zum Schutze gegen Verlust, Minderung oder Beschädigung auf dem Transport erfordert, nach Erklärung des Absenders auf dem Frachtbriefe (Art. 9) unverpackt oder mit mangelhafter Verpackung aufgegeben sind:

    für den Schaden, welcher aus der mit dem Mangel oder mit der mangelhaften Beschaffenheit der Verpackung verbundenen Gefahr entstanden ist;

3. in Ansehung derjenigen Güter, deren Auf- und Abladen nach Bestimmung des Tarifes oder nach einer in den Frachtbrief aufgenommenen Vereinbarung mit dem Absender, soweit eine solche in dem Staatsgebiete, wo sie zur Ausführung gelangt, zulässig ist, von dem Absender beziehungsweise dem Empfänger besorgt wird:

    für den Schaden, welcher aus der mit dem Auf- und Abladen oder mit mangelhafter Verladung verbundenen Gefahr entstanden ist;

4. in Ansehung der Güter, welche vermöge ihrer eigentümlichen natürlichen Beschaffenheit der besonderen Gefahr ausgesetzt sind, Verlust, Minderung oder Beschädigung, namentlich Bruch, Rost, inneren Verderb, außergewöhnliche Leckage, Austrocknung und Verstreuung zu erleiden:

für den Schaden, welcher aus dieser Gefahr entstanden ist.

5. in Ansehung lebender Tiere:

für den Schaden, welcher aus der mit der Beförderung dieser Tiere für dieselben verbundenen besonderen Gefahr entstanden ist;

6. in Ansehung derjenigen Güter einschließlich der Tiere, welchen nach der Bestimmung des Tarifs oder nach einer in den Frachtbrief aufgenommenen Vereinbarung mit dem Absender ein Begleiter beizugeben ist:

für den Schaden, welcher aus der Gefahr entstanden ist, deren Abwendung durch die Begleitung bezweckt wird.

(2) Wenn ein eingetretener Schaden nach den Umständen des Falles aus einer der in diesem Artikel bezeichneten Gefahren entstehen konnte, so wird bis zum Nachweise des Gegenteils vermutet, daß der Schaden aus der betreffenden Gefahr wirklich entstanden ist.

Bemerkungen.

IÜ 9. EVO 62, 66, 84, 86 (1), 32, 31 (2). HGB 456, 459 I Z. 1 und 2, 471. VBR 68 (Zus. I und V). Übk zum VBR GAV §§ 29, 30, 31. — DVE XXII, XXIII (Art. 18 a). DDVE LVI. P I 34—36, 71. P II 45—47. P III 50, 51. R I 77, 83, 213, 269. R II 16, 71, 72. — Gerstner IÜ 336. Gerstner NSt 102. Rosenthal IÜ 202, Fritsch IÜ 647. Eger IÜ 353. Reindl EE **16** 14. von der Leyen Goldschmidts Z **39** 81; **49** 409; **65** 22. Calmar 161. Hilscher 201. Schwab 255. v. Rinaldini 222. Rundnagel 136 ff. Marchesini **2** 51, 53, 82. Staub § 456[15]. Düringer-Hachenburg **III** 664.

I. **Allgemeines.** Artikel 31 enthält insofern sog. bevorrechtigte Haftbefreiungsgründe (vgl. Artikel 30 A IV), als in Absatz (2) bestimmt ist, daß die Eisenbahn, falls sie nachgewiesen hat, daß eine der in Abs. (1) aufgeführten Gefahren vorliegt, und ferner anzunehmen ist, daß nach den Umständen des Falles ein eingetretener Schaden aus jener Gefahr entstehen konnte, im Gegensatz zum Art. 30 nicht weiter nachzuweisen hat, daß der Schaden daraus entstanden ist, vielmehr die Vermutung aufgestellt ist, der Schaden sei aus ihr entstanden. Demgegenüber ist es Sache des Beschädigten, wenn er die Eisenbahn trotz Vorliegens jener Gefahren in Anspruch nehmen will, seinerseits die Unrichtigkeit der Vermutung im einzelnen Falle

nachzuweisen, d. h. entweder, daß der Schaden im konkreten Falle
aus der von der Bahn nicht übernommenen Gefahr nicht entstehen
konnte, oder daß der Schaden aus einem mit der gefährlichen Beschaffenheit des Gutes nicht zusammenhängenden anderen Grunde
entstanden sei, den die Bahn zu vertreten habe, insbesondere auch
durch Verschulden der Eisenbahn. Vgl. Gerstner IÜ 347/348, IZ Oe
1908 395, auch IZ Oe 1908 231.   Es ist deshalb zu jeder Ziffer angegeben, worin ein derartiges Verschulden der Eisenbahn gesehen
worden ist, das geeignet erscheint, die Haftbefreiungsgründe aufzu-
heben.

Diese sog. bevorrechtigten Haftbefreiungsgründe wurzeln teils
in der Art der Beförderung, teils in der Natur der betr. Güter.

II. Die einzelnen Haftbefreiungsgründe. 1. Beförderung in offen
gebauten Wagen a) Offen gebaute Wagen sind solche, die im Gegensatz
zu den geschlossenen Güterwagen das beförderte Gut nicht oder nicht
völlig von der Außenwelt abschließen; es gehören dahin nicht nur
die offenen Wagen (O- und S-Wagen mit ihren Abarten) ohne Dach,
sondern auch die gedeckten mit durchbrochenen Wänden (Ruⁿd-
nagel 175), sowie die statt offen gebauter Wagen gestellten gedeckten
Wagen, bei denen Undichtigkeiten zur Entstehung eines Schadens
beitragen; denn auch ein undichter gedeckter Wagen ist dem Gute
ein besserer Schutz als der vereinbarte offene Wagen (ROH 25 170;
RGZ 1 14, 10 105; RG EE 1 9—15. A. A. Gerstner 339).

Offen gebauter Wagen liegt auch vor bei Verwendung von
Decken (ROH 12 120, 14 218, 20 238; RGZ 1 14, 10 105, 34 42;
RG EE 10 181, IZ 95 67; OLG Colmar EE 14 49; Budapest in VerZtg
1900 296, OLG Cöln IZ 1894 34 und 1995 67 (oder eines geschlossenen
Behälters, in dem das Gut verwahrt wird, z. B. eines Möbelwagens.
Dieser ist Transportgegenstand, Gut, nicht Wagen.   (RGZ 34 42;
Arch. 1895 1032; EE RG 11 339; EE U 18 311; EE LG München I 24
58.) S. auch bei d.

b) Die Beförderung im o. g. W. muß entweder entsprechend
den Bestimmungen des Tarifs oder nach einer im Frachtbrief aufgenommenen Vereinbarung mit dem Absender erfolgen.   Für diese
Vereinbarung ist keine Form vorgeschrieben (Reindl EE 21 188;
VerZtg 1905 216a).   Sie ist als vorliegend erachtet bei folgenden Vermerken im Frachtbrief: Art der Verpackung: „Wagen, zwei Wagendecken" (RG JW 1906 12; RG Arch. 1892 148; RG EE 22 293 und RG
VerZtg 1904 432). Fehlt ein diesbezüglicher Vermerk im Frachtbrief,
obwohl Absender Beförderung im offen gebauten Wagen verlangt hat,
so steht der Eisenbahn erstens nicht die Vermutung aus Abs. (2) zur
Seite, sie kann sich aber auch nicht auf Artikel 30 berufen und etwa
beweisen, daß der Schaden aus einer nicht von ihr verschuldeten Anweisung bzw. einem Verschulden des Empfängers entstanden.   So
auch Rundnagel 72, Reindl EE 21 188; CA IZ 1905 89; VerZtg 1905
216; RGEE 22 293 gegen OLG Posen VerZtg 1904 1163.

c) Die Eisenbahn muß beweisen, daß im Frachtbrief eine Vereinbarung dieser Art enthalten ist, ebenso bei Ziffer 2, 3 und 6; denn
sie muß den Haftbefreiungsgrund, auf den sie sich beruft, nachweisen,
wenn sie auch das weitere nicht zu beweisen braucht, daß der Schaden
auf diesen Haftbefreiungsgrund zurückzuführen sei.   So auch Reindl
in JDR 5 720. A. A. jedoch Rundnagel S. 139, der verlangt, der Absender solle beweisen, daß der Frachtbrief ein „reiner" gewesen sei;
denn es liege hier ein sog. „qualifiziertes Geständnis" vor.

d) Die besonderen Gefahren: Die Folgen des geringen Schutzes des Gutes gegen äußere Einwirkungen namentlich der Witterung, des Funkenfluges (Petroleumnaphtha in eisernen Barrels RG VerZtg 1898 712; OLG Hamburg EE 15 112; EE 15 140, 113; Seegras in nicht imprägnierten Decken LG München VerZtg 1901 1055; Flachs RG VerZtg 1908 1205), der Erschütterung bei der Beförderung (Verstreuen von Kohle, Kartoffeln, Rüben u. ä.), Diebstahl, aber nur, sofern er von Dritten, d. h. nicht Eisenbahnbediensteten verübt wird (Rundnagel 177, Rosenthal 204, Gerstner 339 Anm. 4, letzterer jedoch mit der Einschränkung, daß er durch Vorsichtsmaßregeln nicht zu vermeiden war, also unter den Begriff der höheren Gewalt fällt). **RG IZ 1909** 478: Keine Haftung für den durch Funkenflug verursachten Brand eines Möbelwagens. Es ist gleichgültig, ob die Zündung durch die den Zug bewegende Maschine oder eine begegnende Lokomotive erfolgt (vgl. auch bei a).

e) Eisenbahn haftet jedoch, wenn ihr Verschulden nachgewiesen wird. Beispiele dafür: Einstellen leicht entzündlichen Gutes unmittelbar hinter der Lokomotive: **RGZ 20** 118; RG EE 6 122 — IZ **D** OLG Darmstadt **1904** 272: Die Eisenbahn darf das in offenen Wagen verladene Gut — entgegen den hierüber bestehenden Anordnungen — nicht unmittelbar hinter der Lokomotive befördern. **IZ B 1906** 181: Nein, Beförderung strohverpackter Salpeterflaschen in offenem Wagen. **IZ B 1901** 456: Artikel 31 (1) 1 findet keine Anwendung, wenn die Gefahr in der Verwendung eines bestimmten Verpackungsmaterials (Stroh) besteht (?). A. A. Reindl VerZtg **1902** 168: Es genügt, daß die Feuergefährlichkeit der Emballage anhaftet. IZ **D**: Schiedsspruch der Generaldirektion d. B. Staatsbahnen **1901** 20: Eisenbahn haftet für den infolge des Zusammenstoßes von zwei Zügen entstandenen Brandschaden. — Verwendung schlechter Kohle, die übermäßigen Funkenflug erzeugt: **RGZ 34** 46. Verwendung schadhafter Wagendecken. RG Arch 92 146, OLG Colmar EE 14 49, IZ 1898 37, RG EE 8 324, IZ F 1903 248, IZ U 1908 136, IZ B 1897 374; da auch, wenn die Leute des Absenders die Schadhaftigkeit der Decken gekannt hätten, darin doch keine für den Absender verbindliche Billigung des Zustandes dieser Decken und ein Verzicht auf Ersatz des durch deren Mangelhaftigkeit entstehenden Schadens zu erblicken sei. — Anderer Ansicht ist RG EE 22 293, RG JW 1906 12 (wie auch ROH 14 218; 20 238) in einer neueren nach BGB ergangenen Entscheidung (vom 11. Nov. 1905), nach der die Frage zu prüfen ist, ob in solchem Falle nicht beiderseitiges Verschulden vorliegt, und welches überwiegt. Ebenso IZ F 1899 525; IZ F 1903 378; IZ I 1896 329; IZ OLG Cöln 1894 34; IZ dasselbe 1895 67. Verwendet die Eisenbahn trotz Vereinbarung offener Wagen solche, die sie freiwillig mit Decken versieht, so liegt ihr deshalb keine weitergehende Haftung ob, da die Verwendung der Decken als Liberalität erscheint. OLG (Kassel) 16 136.

2. **Mangelhafte Verpackung.** a) Die Verpackung richtet sich nach den Bedürfnissen der Eisenbahn; es genügt nicht immer, daß sie die „handelsübliche" ist: VerZtg **1902** 1303.

Ist der Schaden durch äußerlich nicht erkennbare Mängel der Verpackung entstanden, so hat die Eisenbahn deren Vorliegen nachzuweisen. Sie haftet dann nicht und zwar gemäß Artikel 30 in Verbindung mit 9 (3) Satz 1. Sie haftet bei solchen Mängeln auch dann nicht, wenn der Schaden nicht unmittelbar durch sie, sondern durch einen hinzutretenden Zufall entstanden, der bei gehöriger Verpackung keinen oder nur geringen Schaden gebracht hätte. OLG Frankfurt Recht **1903** 268. Wegen nicht bescheinigter Mängel der Verpackung, die äußerlich erkennbar, s. Artikel 9 (3) Satz 2: Absender haftet nur bei Arglist. Die Eisenbahn hat demnach die Pflicht, die Verpackung — äußerlich — zu prüfen, und zwar sorgfältig unter Anwendung ihrer bei dem Beförderungsgewerbe gemachten praktischen Erfahrungen: RGEE **19** 193.

b) Die Eisenbahn hat zu beweisen, daß der Absender die Erklärung gemäß Artikel 9 im Frachtbrief abgegeben hat — besondere Erklärung außerhalb des Frachtbriefs genügt nicht IZ **Oe 1908** 326 — und daß nach den Umständen des Falls der Schaden aus dem Fehlen oder dem angegebenen Mangel der Verpackung entstanden sein kann. So auch Reindl im Jahrbuch d. d. R. **5** 720. (A. A. Rundnagel 139 Anm. 14); denn beweispflichtig für das Vorliegen der bevorzugten Haftbefreiungsgründe ist die Eisenbahn, es ist nicht Sache des Klägers, nachzuweisen, daß sie n i c h t vorliegen, das ist erst Sache der Replik. Vgl. hierzu besonders Marchesini **1** 269/270. Nicht nötig zur Haftbefreiung aus 31 (1) 2 ist außerdem noch das Vorliegen des Anerkenntnisses aus Artikel 9 (2) und Ausf.-Best. § 4. Bei Auflieferung bereits beschädigte Güter siehe Artikel 30 B II 3.

Unterschied von Gut und Verpackung Artikel 30 B I 4.

c) Holzkohlen bedürfen einer Verpackung namentlich auch zum Schutz gegen Verbrennen: IZ **B 1896** 371. Mangel der Verpackung, den der Absender zu vertreten hat, liegt vor, wenn er die Decke nicht ordnungsmäßig über der Ladung befestigt: IZ **F 1897** 367.

Bei Getreide in loser Schüttung haftet Eisenbahn nicht für dessen Verstreuung durch die vom Absender zum Türverschluß verwendeten Bretter hindurch: EE **U 23** 186.

Eisenbahn haftet für Schäden an unverpackt angenommenen Fahrrädern: IZ **F 1895** 143 und 466.

3. S e l b s t v e r l a d u n g und S e l b s t e n t l a d u n g. a) Zur Vereinbarung genügt, daß aus dem Frachtbrief die erfolgte Selbstverladung und die daran sich anschließende Beförderung durch die Eisenbahn zu ersehen ist: RGEE **20** 335; RGIZ **1904** 174. Wegen des Nachweises siehe oben II 1 c.

b) Als Gefahren kommen hauptsächlich Folgen in Betracht, die während der nach der Selbstverladung sich vollziehenden Beförderung eintreten:

Die Ladung verschiebt sich wegen ungenügender Befestigung und wird infolgedessen beschädigt. Fässer und Kisten rollen hin und her. Weitere Beispiele nach Rundnagel 168: „Beschädigung der zu unterst lagernden Güter durch den Druck der über sie gelagerten, Beschädigung durch Regen infolge unterlassener Schließung oder durch Selbsterhitzung infolge unterlassener Öffnung der Luftklappen, Stürzen von Tieren, weil der Absender keinen Sand in den Wagen gestreut, Verwendung ungesäuberter oder sonst unzureichender, z. B. undichter Wagen, die das betreffende empfindliche Gut schädigt, Überschreiten der Lademaße". Spiritus läuft aus, es entsteht ein Brand durch Funkenflug: RGIZ **1904** 174. Fleisch verdirbt, weil der zur Verladung verwendete Wagen ohne Ventilationseinrichtung: IZ **Oe 1902** 54. — Vgl. auch RGIZ **1904** 174: Brand einer selbst verladenen Sendung Spiritus. — Nicht aber ohne weiteres Schäden, die infolge einer von der Eisenbahn unterwegs vorgenommenen Umladung entstanden sind: IZ **F 1905** 285.

c) Verschulden: Eisenbahn hat keine Verpflichtung, die **Art** und Weise der Verladung durch den Absender zu prüfen: LG München I **EE 24 58.** Ebenso IZ **F 1900** 403; besonders nicht daraufhin, ob die Bedeckung sachgemäß erfolgte: IZ **F 1903** 378 und **1904** 100. — Eisenbahn hat, namentlich wenn ihre Leute beim Verladen helfen, darauf zu achten, daß die Ladeprofile nicht auffallend überschritten werden: IZ **Oe 1902** 195.

Eisenbahn haftet nicht für Beschädigung des Gutes infolge Reißens der Kette ihres bei der Verladung verwendeten Kranes, wenn die Verladung tarifmäßig dem Absender obgelegen hat, aber auf sein Verlangen von den Leuten der Bahn besorgt worden ist: IZ **Oe 1907** 16, EE **Oe 22** 1, vgl. auch IZ **Oe 1905** 4. Ebenso EE **B 15** 337: Keine Haftung für Schaden bei Selbstentladen lebender Tiere. A. A. freilich RG EE **20** 351; EE **F 24** 345, wonach Eisenbahn haftet für Schaden an selbst entladenen Tieren, den sie sich infolge Verwendung einer ungeeigneten Ladebrücke zugezogen haben, vgl. IZ **F 1908** 135. Beweislast des Verschuldens trägt Verlader: IZ **B 1895** 173; IZ **1899** 652. (Bedeutung der Tatbestandsaufnahme aus Art. 25); IZ **Oe 1894** 25; IZ **U 1894** 65.

Eisenbahn haftet nicht für Beschädigung von Gütern bei Selbstverladung durch Absender oder Empfänger, wenn diesem ihre Leute dabei helfen (weil vor der Annahme zur Beförderung): IZ **Oe 1894** 65; IZ **B 1895** 355; IZ **B 1899** 188; IZ **B 1901** 242; IZ **B 1907** 75. — Besonders sei erwähnt die Haftung für Stellung nicht gehörig gereinigter **Wagen:** Der Absender ist verpflichtet, die Beschaffenheit der ihm zur Beladung gestellten Wagen zu prüfen. Unterläßt er das, so trifft ihn zum wenigsten ein Mitverschulden (IZ **I 1902** 239; IZ **U 1907** 370; IZ **Oe 1906** 13; Reindl VerZtg **1898** 1273), das mangels einer Bestimmung im IÜ über konkurrierendes Verschulden nach dem am Orte der Verladung geltenden Rechte zu beurteilen ist (RGZ **57** 142). Die Rechtsprechung hat sich allerdings meist für die ungeminderte Haftung der Eisenbahn ausgesprochen, wohl auch aus dem Gesichtspunkte, daß der Schaden dann eben nicht aus der mit der Selbstverladung verbundenen Gefahr, sondern aus einem Verschulden der Eisenbahn entstanden ist. Vgl. dazu — unter Leugnung des Mitverschuldens — IZ **Oe 1903** 94; **1904** 130; EE **Oe 19** 8; **19** 132; **20** 310. IZ **B 1896** 372; **1903** 184. D AG Mülh. EE **17** 276; OLG Karlsruhe EE **11** 415 Anm. 1. — Vgl. dagegen oben II 1 e wegen Annahme mangelhafter Wagendecken durch den Absender. — Siehe auch namentlich in diesem Sinne VDEV IZ **1896** 294 und IZ **1901** 329.

4. **Eigentümliche natürliche Beschaffenheit.** a) Im Gegensatz zu Artikel 30, der die „natürliche Beschaffenheit" der Güter berücksichtigt, hebt Artikel 31 (1) Ziffer 4 die „eigentümliche natürliche Beschaffenheit" hervor. (S. Art. 30 III 5.) Nicht die Möglichkeit der Beschädigung, sondern die Gefahr einer solchen muß in der natürlichen Beschaffenheit begründet sein, dann liegt eine „eigentümliche" natürliche Beschaffenheit vor, die das Gut besonders widerstandsunfähig macht auch gegenüber den unvermeidlichen Einwirkungen während des Beförderungsgeschäftes, wie sie beim Anrücken der Wagen beim Verschiebegeschäft notwendig sind. Es sind die Güter von „leichter Verletzbarkeit" oder „natürlicher Empfindlichkeit". (RGZ **15** 149; RG VerZtg **1904** 432; RG EE **5** 136.) Einfluß der natürlichen Beschaffenheit bei sehr kurzem Transport:

IZ Oe 1904 133. Verderb leicht empfindlicher Güter trotz Innehaltung der Lieferfrist siehe Artikel 39.

b) Die Vermutung, daß der Schaden aus der besonderen Gefahr entstanden sei, ist dadurch allein nicht zu widerlegen, daß der Schaden ein außergewöhnlich großer ist, oder daß die Sendung besonders starken Rangierstößen ausgesetzt war: RGZ **64** 169; LG München VerZtg **1901** 1056; OLG Frankfurt a. M. bei Rundnagel 75 Anm. 8.

Dagegen ist sie unter anderem dann widerlegt, wenn die Beförderung auch für nicht empfindliche Güter „in erheblichem Maße gefahrbringend gewesen" (RGZ **64** 169), wie sich etwa daraus ergibt, daß auch die Kisten, in denen das empfindliche Gut sich befand, zerbrochen sind, oder die Wagenwand eingedrückt ist.

c) Die besonderen Gefahren sind

α) Bruch. Ihm sind ausgesetzt auch bei ordentlicher Verpackung

Eier: RGZ **64** 169; JW **1906** 775; EE **23** 283; IZ **1907** 188; OLG Karlsruhe EE **24** 63; IZ F (Paris) **1896** 104; EE F (Douai) **16** 129; IZ **1899** 482; EE Oe **18** 307; IZ **1902** 163; EE Oe **18** 342; IZ Oe **1902** 199; EE Oe **19** 60; IZ Oe **1904** 105; München VerZtg **1901** 1056; Wien VerZtg **1902** 993; Vereins-Güter-Ausschuß IZ **1902** 361;

Tafelglas: Glasscheiben Hamburg JDR **6** 705; gerahmte Photographien mit Glasscheibe EE U **9** 220; EE LG München I **20** 137; IZ **1903** 281; Kiste Tafelglas IZ Oe **1898** 178; Spiegelglas IZ CA **1903** 107.

Dachschiefer: IZ CA **1903** 38.

Glasballons: mit wenig Stroh umhüllt EE Oe **16** 123; **17** 340; EE LG München I **18** 159. Die beiden letzten Entscheidungen besagen auch, daß die Glasballons nicht Verpackung, sondern selbst besonders zerbrechliches Gut sind.

Marmor: IZ F **1903** 212; EE **20** 17; aber nicht bei sorgfältiger Verpackung: IZ I **1896** 370; **1897** 603, **1898** 272 und 529, **1899** 238, **1905** 9; EE Oe **20** 245; **25** 160.

Kruken: EE F **15** 119.

Gußeisenwaren: Unverpackte oder mangelhaft verpackte sieht als leicht zerbrechlich an EVO § 86 Ausf.-Best. III. Die neuere Rechtsprechung ist zurückhaltender: IZ CA **1905** 405: nur wenn ein im ganzen normal verlaufener Transport vorliegt; IZ F **1903** 276 und 278: es kommt auf die Beschaffenheit der Ware im einzelnen an, z. B. nicht Kochherde, die erfahrungsmäßig sehr selten zerbrechen; so auch IZ Oe **1897** 25 und IZ AG Mainz D **1904** 309.

β) Innerer Verderb: Selbstentzündung bei Holzkohle (IZ I **1897** 226), Briketts, gepreßtem Flachs und Hanf, Kunstwolle, Getreide. — Faulen von Früchten, ebenso Frost: Eier EE OLG Hamburg **23** 142, IZ **1907** 70, Seuff. Arch **41** S. 56 Nr 42. Kartoffeln EE OLG Braunschweig **4** 282; aber EE LG München I **25** 159: Gefrorene Feld- und Gartenfrüchte dürfen nicht unvermittelt der Wärme ausgesetzt werden.

γ) Außergewöhnliche Leckage: Sowohl das durch äußere oder gewaltsame Beschädigung des Gebindes herbeigeführte Auslaufen als auch ein infolge der eigentümlichen Beschaffenheit des Gutes das gewöhnliche Maß überschreitendes Aussickern (RGZ **56** 400; EE **20** 342. Teer durch Sprengen der Fässer LG Karlsruhe Janzer-Burger S. 208); RG EE **7** 154: Neuer Wein durch Gären LG Karlsruhe EE **25** 194; SpedSchiffZtg **1908** 530. Lockerung der Reifen und damit der Dauben bei neuen Fässern: IZ LG Mülhausen Els. **1902** 231:

EE **18** 230. Gerade hieraus folgt, daß Flüssigkeiten nur zusammen mit der sie zunächst umgebenden Umhüllung als Gut in Frage kommen, erst die weiteren Umhüllungen (Stroh und Korb um den Glasballon) bilden die Verpackung. So auch LG Lübeck IZ **1904** 275.

δ) Verstreuung: Getreide in loser Schüttung: EE **Oe 16** 61; IZ **1899** 480; EE U **23** 186; IZ Oe **1903** 313; IZ Oe **1893** 380; **1904** 127. — Steinkohlen in loser Schüttung: IZ I **1897** 227.

d) Verschulden der Eisenbahn: VerZtg **1908** 169 LG Karlsruhe verlangt die Beachtung von klarverständlichen, jedermann in die Augen springenden Aufschriften auf dem Gut, wie „oben", „unten", nicht aber solcher Anweisungen, die zum Lesen einiger Zeit bedürfen. S. auch oben c β.

5. Lebende Tiere. a) Besondere Gefahren bei der Beförderung lebender Tiere: Gegenseitiges Schlagen, Beißen, Ansteckung mit Krankheiten, zu-Falle-Kommen durch die Erschütterung des Wagens im gewöhnlichen Betriebe OL G Karlsruhe Bad. Rspr. **1908** 154, JDR **7** 679, Stürzen bei außergewöhnlichem Rangierstoß, Entspringen von Großvieh (OLG Karlsruhe vom 28. 3. 1908 bei Janzer-Burger 209), Selbstbefreiung aus einer Kiste: RG VerZtg **1908** 377; Entspringen: OLG München VerZtg **1909** 216; Erdrosseln am Halsband: LG Heidelberg 24. 5. 1899 bei Janzer-Burger 209; Ersticken bei lebenden Fischen innerhalb der Lieferfrist (VerZtg **1908** 1129, IZ Oe **1901** 366); Tod auf der Fahrt geborener Kälber, Beschädigung der Kühe: IZ F **1896** 105. Schweine zernagen die Wände und fallen aus dem Wagen. Es wäre auch Sache des verladenden Absenders, die Wagen auf ihre Beschaffenheit zur Viehverladung zu prüfen: IZ U **1907** 370. Weitere Beispiele:

Eisenbahn haftet nicht: IZ B **1896** 373: allein deshalb, weil der Wagen einen heftigen Stoß erlitten, und weil kein Sägemehl gestreut, so daß das Tier stürzte. In der Tatsache eines heftigen Rangierstoßes liegt kein Verschulden, das Streuen von Sägemehl ist Sache des Abs. IZ B **1899** 188: für ein Verschulden ihrer Leute, die beim Ausladen helfen, das der entladende Empfänger zu beseitigen berechtigt und verpflichtet war. IZ B **1902** 160: für Tod eines Tieres, auch wenn sie dessen Liegen auf dem Boden bereits während des Transports bemerkte. IZ B **1904** 100: für Erkrankung von Tieren, die eintritt infolge der langen Beförderung, wenn nur die Lieferfrist gewahrt ist. IZ B **1907** 75: für Schäden die an Tieren bei der Verladung entstehen. OLG Stuttg. IZ D **1902** 232: für Schäden, die sich durch das Rangieren unruhig gewordene Tiere beibringen; das gilt auch für außergewöhnliche Rangierstöße; denn auch einem solchen gegenüber sind lebende Tiere empfindlicher als andere Gegenstände. IZ F **1895** 264: für Schaden, der infolge mangelnder Begleitung entstanden ist sowie durch Nichtverwendung eines Stallungswagens. IZ F **1897** 28: für Schaden, den Tiere sich gegenseitig während der Beförderung beigebracht haben. IZ F **1897** 199: für Schaden, den Tiere während der Fahrt durch Hinfallen erleiden. IZ F **1906** 11: für Schaden, den Tiere infolge ihres aufgeregten Charakters durch Schlagen sich zuziehen. IZ S **1905** 312: Eisenbahn haftet nicht für Schaden an lebendem Geflügel, der infolge unzweckmäßiger Verpackung entstehen konnte. IZ B **1903** 100: Langsame Beförderung von Tieren (Zugverspätung), die deren Eingehen zur Folge hat, hat Eisenbahn nicht zu vertreten; denn Absender hat nur Anspruch auf Innehaltung der Lieferfrist. (Auch EE **20** 330.) IZ Oe 1897 843: für Schaden, der nur dadurch begründet wird, daß die Beförderung sehr lange gedauert habe, wenn die Lieferfrist gewahrt ist.

Aber Eisenbahn haftet: IZ **Oe 1900** 369: für Schaden, den Gänse infolge unsachgemäßer — nicht beantragter — Tränkung erleiden. Sie würde nicht gehaftet haben, wenn überhaupt nicht getränkt worden wäre. IZ **Oe 1904** 374: Eisenbahn haftet für Schaden, welcher aus unrichtiger Wahl des Beförderungsweges an den Tieren entsteht. IZ **F 1908** 135: haftet für schadhafte Ladebrücke bei Pferdeverladung. RG IZ **1904** 310: Eisenbahn haftet für Schaden, der durch Verwendung einer Ladebrücke mit offenem Geländer eintritt. IZ **S 1901** 246: Eisenbahn haftet nach schweizerischem Recht, wenn sie nicht nachweist, daß der Schaden durch Fallen des Tieres entstanden ist, nicht nur, daß er entstehen konnte. IZ **U 1905** 241: Eisenbahn ist verpflichtet, dem Empfänger ohne Verzug die am Bestimmungsort angelangte Sendung auszuliefern.

b) Verschulden der Eisenbahn: unterlassenes Tränken: EE **Oe 25** 10. Für unbegleitete Tiere ist bei Wagenschaden zu sorgen. Unterlassenes Bewegen lebender Fische: IZ **Oe 1899** 399(?), siehe aber IZ **Oe 1901** 366.

c) Begleitgüter. Manche Güter können nicht ohne Schaden befördert werden, wenn ihnen nicht stets Fürsorge angedeiht. Diese kann die Eisenbahn unmöglich selbst leisten; das Gut ist daher nur dann transportfähig, wenn der Absender für die Begleitung sorgt. Deshalb haftet auch er und nicht die Eisenbahn für die Gefahren, die durch die Begleitung vermieden werden konnten.

Beispiele für Tierbeförderung: EE **B 18** 344: Eisenbahn haftet nicht für Schaden, der durch Begleitung hätte vermieden werden können. — RG IZ **1905** 287: Keine Haftung für Schaden, der infolge mangelnder Aufsicht des Begleiters entsteht: Die Lampe fällt während des Schlafens des Begleiters und entzündet den Wagen. (Gruchot Beitr. **48** 1005). — OLG Kassel, IZ **1905** 139: Dagegen Haftung für Schaden, der entsteht durch Sichlosreißen eines ordnungsmäßig angebundenen Tieres, das dann aus der infolge mangelhaften Wagenverschlusses sich öffnenden Wagentür fällt, wenn dem Begleiter gestattet war, sich außerhalb des Wagens aufzuhalten. — IZ **B 1895** 356: Keine Haftung für Brand infolge unvorsichtigen Umgehens des Begleiters mit Streichhölzern und offner Kerze. — IZ **U 1900** 404: Eisenbahn haftet, wenn bei Umladen unbegleiteten Viehs, das infolge Heißlaufens des Wagens nötig wird, einzelne Tiere entspringen; denn derartige Ereignisse gehörten nicht zu den Gefahren, welche durch die Begleitung verhütet werden könnten. (Auch das Entlaufen nicht?) EE **18** 308. — Ist vom Absender vertragsmäßig ein Begleiter zu stellen, so haftet er nach deutschem Recht für dessen Verschulden wie für eigenes, da er sich seiner zur Erfüllung der Schuldverbindlichkeit bedient. RG Gruchot Beitr. **48** 1005.

Artikel 32.

Beschränkung der Haftung bei Gewichtsverlusten.

(1) In Ansehung derjenigen Güter, welche nach ihrer natürlichen Beschaffenheit bei dem Transporte regelmäßig einen Verlust an Gewicht erleiden, ist die Haftpflicht der Eisenbahn für Gewichts-

verluste bis zu dem aus den Ausführungsbestimmungen sich ergebenden Normalsatze ausgeschlossen.

(2) Dieser Satz wird, im Falle mehrere Stücke auf einem und demselben Frachtbriefe befördert worden sind, für jedes Stück besonders berechnet, wenn das Gewicht der einzelnen Stücke im Frachtbrief verzeichnet oder sonst erweislich ist.

(3) Diese Beschränkung der Haftpflicht tritt nicht ein, insoweit nachgewiesen wird, daß der Verlust nach den Umständen des Falles nicht infolge der natürlichen Beschaffenheit des Gutes entstanden ist, oder daß der angenommene Prozentsatz dieser Beschaffenheit oder den sonstigen Umständen des Falles nicht entspricht.

(4) Bei gänzlichem Verlust des Gutes findet ein Abzug für Gewichtsverlust nicht statt.

§ 8 der Ausführungsbestimmungen zum IÜ.

(Zu Art. 32 des Übereinkommens.)

(1) Der Normalsatz für regelmäßigen Gewichtsverlust beträgt zwei Prozent bei flüssigen und feuchten sowie bei nachstehenden trockenen Gütern:

> *geraspelte und gemahlene Farbhölzer,*
> *Rinden,*
> *Wurzeln,*
> *Süßholz,*
> *geschnittener Tabak,*
> *Fettwaren,*
> *Seifen und harte Öle,*
> *frische Früchte,*
> *frische Tabaksblätter,*
> *Schafwolle,*
> *Häute,*
> *Felle,*
> *Leder,*
> *Getrocknetes und gebackenes Obst,*
> *Tierflechsen,*
> *Hörner und Klauen,*
> *Knochen (ganz und gemahlen),*
> *getrocknete Fische,*
> *Hopfen,*
> *frische Kitte,*
> *Schweinsborsten,*
> *Pferdehaare,*
> *Salz.*

(2) Bei allen übrigen trockenen Gütern der in Artikel 32 des Übereinkommens bezeichneten Art beträgt der Normalsatz ein Prozent.

Bemerkungen.

IÜ 30, 31. EVO 84, 86 (1) Z. 4, 87. HGB 460, 471. VBR 69 (Zus. I). — DVE XXIII, XXIV (Art. 18 b). DDVE LVI. P I 36, 73. P II 48, 113. P III 50. R I 77, 83, 215. — Gerstner IÜ 349. Gerstner NSt 104. Rosenthal IÜ 193. Fritsch IÜ 648. Eger IÜ 370. von der Leyen Goldschmidts Z **39** 82. Calmar 170. Hilscher 205. Schwab 257. v. Rinaldini 229. Rundnagel 152. Marchesini **2** 87. Staub §§ 456[1], 472[11]. Düringer-Hachenburg III 664, 669, 670. Lehmann-Ring 387. Reindl, Ha tung der Eisenbahn bei Gewichtsverlusten, VerZtg **1900** 221.

I. Während nach Artikel 30 die Eisenbahn, um sich von der Haftung zu befreien, nachweisen muß, daß der Schaden aus dem Haftbefreiungsgrunde entstanden ist, nach Artikel 31, daß er aus jenem entstanden sein kann, genügt in den Fällen des Artikel 32 der Umstand, daß es sich um eins der im Artikel bezeichneten Güter handelt, um die Eisenbahn infolge einer Rechtsvermutung bis zu einem gewissen Prozentsatz des Gewichtes (Kalo, Gutgewicht), der in den Ausf.-Best. § 8 näher festgesetzt ist, schlechthin von der Haftung für Gewichtsverlust zu befreien (Abs. (1)), sofern ihr nicht nachgewiesen wird, daß der Schaden nicht infolge der natürlichen Beschaffenheit des Gutes oder nicht in dieser Höhe entstanden ist.

Übersteigt der eingetretene Verlust den Normalsatz, so bleibt der Eisenbahn des weiteren der Nachweis aus Artikel 31 (1) 4 (vgl. EVO § 87 (5)) oder 30 (1) unter Berufung auf die natürliche Beschaffenheit des Gutes oder sonstige Haftbefreiungsgründe. (Reindl VerZtg **1900** 221 Haftung der Eisenbahn bei Gewichtsverlusten. Gerstner IÜ 352; NSt 105 II. Vgl. auch JDR Oe **3** 2, 109.)

Ebenso kann sie sich durch den Nachweis, daß von dem Gute nichts abhanden gekommen sein kann, z. B. Plomben sind unversehrt, Wagen ist völlig dicht, die Säcke, Ballen, Kisten sind völlig so verschlossen, wie sie aufgeliefert sind, von jeder Haftung befreien, auch wenn am Gewicht mehr als das Kalo fehlt (Reindl a. a. O.). Auch der Nachweis irriger Verwiegung kommt in Frage. Vgl. Artikel 30: Minderung.

II. Die Berechnung für jedes Stück im einzelnen erscheint angebracht, damit nicht das große Manko bei einem durch das geringere, bei einem oder dem anderen ausgeglichen werden kann.

III. Bei gänzlichem Verlust kann der Abzug nicht erfolgen, weil dem Verfrachter dann der Gegenbeweis meist abgeschnitten ist (Gerstner IÜ 353). Will sich die Eisenbahn befreien, auch wenn sie die Ursache zu vertreten hat, so kann sie sich nur auf Artikel 31 (1) 4 berufen (Rundnagel 155). Wann gänzlicher Verlust vorliegt, siehe Artikel 30 B I 1 (EE **Oe 22** 67 und 137). — Der Abzug ist gestattet, insoweit nachgewiesen wird usw., d. h. die Eisenbahn kann z. B. die Normalsätze trotz von ihr zu vertretender Beraubung abziehen, wenn diese erst am Bestimmungsorte erfolgt ist, wenn nicht der Geschädigte nachweist, daß der ganze Abgang auf Beraubung zurückzuführen ist. IZ **Oe 1905** 243 und JDR Oe **4** 646 § 460 1. A. A. EE U **22** 374 (?).

IV. Widerlegung der Vermutung kann erfolgen durch Nachweis des Verschuldens der Eisenbahn (z. B. Diebstahl ihrer Leute usw.) oder durch Berufung auf die kurze Dauer der Beförderung oder die Witterungsverhältnisse.

Artikel 33.

Vermutung für den Verlust des Gutes.

Der zur Klage Berechtigte kann das Gut ohne weitern Nachweis als in Verlust geraten betrachten, wenn sich dessen Ablieferung um mehr als 30 Tage nach Ablauf der Lieferfrist (Art. 14) verzögert.

Bemerkungen.

IÜ 30, 36. EVO 80, 84, 88, 90, 91, 99. HGB 429, 438, 456, 457, 459—462, 465, 467, 468, 471. VBR 70. — SVE XXIV (Art. 19). MSVE 42. DVE XXIV (Art. 19). DDVE LVI. P I 36. P II 114. P III 50, 51, 80. R I 77. — Gerstner IÜ 353. Gerstner NSt 106. Rosenthal IÜ 187. Fritsch IÜ 649. Eger IÜ 377. von der Leyen Goldschmidts Z 39 82. Calmar 182. Hilscher 187. Schwab 250. v. Rinaldini 239. Rundnagel 60. Marchesini 1 339.

I. Der zur Klage Berechtigte (siehe II) braucht nicht, wie sonst, zu beweisen, daß tatsächlich das Gut in Verlust geraten ist. Die Fiktion besteht nur zugunsten des Berechtigten, nicht der Eisenbahn. Will der Berechtigte das Gut, das sich nach Ablauf der 30 Tage dennoch wiedergefunden hat, haben, so muß die Eisenbahn dem Verlangen folgen (vgl. darüber jedoch Art. 36), sie kann ihn aber nicht zur Annahme zwingen. Andrerseits kann der Berechtigte trotz Artikel 33 schon vor Ablauf der 30 Tage Schadensersatz verlangen, wenn offenbar der Verlust des Gutes schon vorher feststeht, z. B. nachgewiesen ist, daß es bei einem Eisenbahnunglück verbrannt ist.

II. Der Empfänger kann auf Schadensersatz bei Verlust der Sendung aus dem Frachtvertrage nicht klagen, solange das Gut nicht angekommen ist. Denn er ist nach Artikel 26 IÜ nur zur Klage berechtigt, wenn ihm das Verfügungsrecht über das Frachtgut zusteht. Das Verfügungsrecht des Empfängers beginnt jedoch erst, Artikel 15 (4), wenn nach Ankunft des Gutes am Bestimmungsorte dem Empfänger der Frachtbrief übergeben oder eine vom Empfänger nach Artikel 16 (2) erhobene Klage auf Übergabe des Frachtbriefes und Auslieferung des Gutes der Eisenbahn zugestellt ist. Auch das aber kann (Art. 16) erst nach Ankunft des Gutes geschehen. Vgl. P I S. 32 (zu Art. 15); IZ 1908 391. Vgl. auch Marchesini 1 340.

III. Beispiele: IZ Oe 1900 101: Fälschlicherweise wurde seitens der Eisenbahn falsche Deklaration des Inhalts der Sendung angenommen und deren Annahme durch den Empfänger wegen des unrechtmäßigen Frachtzuschlages verweigert. Die dagegen eingeleiteten Feststellungen des Absenders veranlaßten die Eisenbahn nicht zur Zurücknahme des Frachtzuschlages. Die Ablieferung verzögerte sich länger als 30 Tage nach Ablauf der Lieferfrist. Der

Absender klagte wegen Verlust auf Ersatz des Wertes. Verlust ist als aus Artikel 33 vorliegend angenommen und der Wert dem Kläger zuerkannt. — Die Tatsache, daß eine Zwischenbahn das unfrankierte Gut nicht weiter befördert, weil der Wert des Gutes die Transportkosten und den Zoll nicht mehr decke, befreit die Versandbahn nicht von der Haftung für rechtzeitige Lieferung. Der Absender kann es daher 30 Tage nach Ablauf der Lieferfrist als verloren ansehen: IZ F 1901 109. — Nichtempfangnahme des Gutes durch den Empfänger ist Ablieferungshindernis. Erfolgt nicht innerhalb 30 Tagen nach Ablauf der Lieferfrist Anzeige an den Versender, so ist er befugt, das Gut als verloren zu betrachten und Schadensersatz zu verlangen: IZ F 1901 83. — Die Eisenbahn ist zur Vergütung des Wertes des Gutes verpflichtet, das erst nach Ablauf der dreißigtägigen Frist dem Empfänger angeboten, von diesem aber nicht angenommen wird. Dieser braucht sich nicht auf Lieferfristentschädigung einzulassen: IZ F 1909 102; IZ S 1902 164.

Artikel 34.

Schadensersatz bei gänzlichem oder teilweisem Verlust des Gutes.

Wenn auf Grund der vorhergehenden Artikel von der Eisenbahn für gänzlichen oder teilweisen Verlust des Gutes Ersatz geleistet werden muß, so ist der gemeine Handelswert, in dessen Ermangelung der gemeine Wert zu ersetzen, welchen Gut derselben Art und Beschaffenheit am Versandorte zu der Zeit hatte, zu welcher das Gut zur Beförderung angenommen worden ist. Dazu kommt die Erstattung dessen, was an Zöllen und sonstigen Kosten, sowie an Fracht etwa bereits bezahlt worden ist.

Bemerkungen.

IÜ 37. EVO 88, 89, 93, 95, 35, 5. HGB 430, 457, 459—463, 465, 471. VBR 72. — SVE XXIV—XXVI (Art. 20—23). MSVE 41. DVE XXIV (Art. 20). DDVE LVI, LVII. P I 36, 39, 73. P II 49, 111. P III 50. R I 77. — Gerstner IÜ 355, 361. Gerstner NSt 106. Rosenthal IÜ 212. Fritsch IÜ 649. Eger IÜ 381. von der Leyen Goldschmidts Z 39 82. Calmar 174. Hilscher 208. Schwab 266. v. Rinaldini 232. Rundnagel 190. Marchesini 2 127. Düringer-Hachenburg III 657, 566. Lehmann-Ring 380.

I. Artikel 30—33 behandeln die Voraussetzungen, Artikel 34 bis 38 die Höhe der Entschädigung im Falle des Verlustes, der Minderung und der Beschädigung.

II. Ist auf Grund der vorhergehenden Artikel, d. h. 30—33, die die Frage entscheiden, Schadensersatz zu leisten, so ist allgemein (Ausnahmen Art. 38 und 41) nur der Wert des ganz oder teilweise in Verlust geratenen Gutes zu ersetzen, nicht der wirklich entstandene Schaden, mag er größer oder geringer sein als der Wert, und zwar wird ersetzt der „gemeine Handelswert". Dieser ist nur denkbar, wenn es sich um Gut handelt, das im kaufmännischen Verkehr regelmäßig umgesetzt wird, er ist gleichbedeutend mit dem „Markt-", dem „Börsenpreis". Ist ein „gemeiner Handelswert" für ein Gut nicht vorhanden, so ist sein „gemeiner Wert" zu ersetzen, d. h. derjenige Wert, den das Gut für jedermann hat. Unberücksichtigt bleibt der Wert, den das Gut etwa für den Berechtigten hat, namentlich ob er es etwa billiger gekauft hat (ROH 13 393), oder ob es für ihn einen besonderen, einen imaginären Wert hat (RG Bolze, Praxis 2 232 Nr. 958; Goldschmidts Z 40 538 Nr. 288: geringwertige Uhren). IZ F 1898 661: Die Eisenbahn haftet nicht über den Betrag des vom Absender in der Zolldeklaration angegebenen Gutswertes. EE Oe 24 11: Bei Verlust einer Musterkollektion von Stoffen ist nicht der Wert der einzelnen Muster, sondern der Wert des Ganzen als eines besonderen Handelsgutes zu ersetzen.

Artikel 35.

Beschränkung des Schadensersatzes bei Spezialtarifen.

Es ist den Eisenbahnen gestattet, besondere Bedingungen (Spezialtarife) mit Festsetzung eines im Falle des Verlustes, der Minderung oder Beschädigung zu ersetzenden Maximalbetrages zu veröffentlichen, sofern diese Spezialtarife eine Preisermäßigung für den ganzen Transport gegenüber den gewöhnlichen Tarifen jeder Eisenbahn enthalten, und der gleiche Maximalbetrag auf die ganze Transportstrecke Anwendung findet.

Bemerkungen.

IÜ 37, 41, 6. EVO 88, 89, 92, 95. HGB 461, 462, 463, 458, 471. VBR 72. — P I 36—41, 60, 63, 73, 74, 86, 90, 94. P II 49, 65, 116 bis 121. P III 52, 111. R I 77, 83, 237. — Gerstner IÜ 364. Gerstner NSt 108. Rosenthal IÜ 223. Fritsch IÜ 649. Eger IÜ 387. von der Leyen Goldschmidts Z 39 83. Calmar 178. Hilscher 211. Schwab 271. v. Rinaldini 237. Rundnagel 204. Marchesini 2 115, 136. Staub §§ 461[1 7], 462[1]. Düringer-Hachenburg III 672.

I. In Deutschland bestehen derartige Tarife nicht.

II. IZ F 1900 321: Wenn tarifarisch unentgeltliche Beförderung zugelassen ist, so folgt daraus, daß die Eisenbahn bei Untergang usw. des Gutes zu Schadensersatz nicht verpflichtet sein kann.

IZ S 1905 312; EE 22 140: Es darf nicht alle Verantwortung und jede Entschädigung der Eisenbahn von vornherein ausgeschlossen werden in solchen Tarifen; eine solche Vorschrift widerspräche dem Grundgedanken des Artikels 30 und wäre nach Artikel 4 nichtig Man darf aus Artikel 14 und 35 auch nicht die Berechtigung der Eisenbahn zur Umkehrung der Beweislast folgern.

III. Vgl. Artikel 14 V.

Artikel 36.

Wiederauffinden verlorener Güter.

(1) Der Entschädigungsberechtigte kann, wenn er die Entschädigung für das in Verlust geratene Gut in Empfang nimmt, in der Quittung den Vorbehalt machen, daß er für den Fall, als das Gut binnen vier Monaten nach Ablauf der Lieferfrist wieder aufgefunden wird, hiervon seitens der Eisenbahnverwaltung sofort benachrichtigt werde. Über den Vorbehalt wird eine Bescheinigung erteilt.

(2) In diesem Falle kann der Entschädigungsberechtigte innerhalb 30 Tagen nach erhaltener Nachricht verlangen, daß ihm das Gut nach seiner Wahl an den Versand- oder an den im Frachtbriefe angegebenen Bestimmungsort kostenfrei gegen Rückerstattung der ihm bezahlten Entschädigung ausgeliefert werde.

(3) Wenn der im ersten Absatz erwähnte Vorbehalt nicht gemacht worden ist, oder wenn der Entschädigungsberechtigte in der im zweiten Absatze bezeichneten dreißigtägigen Frist das dort vorgesehene Begehren nicht gestellt hat, oder endlich, wenn das Gut erst nach vier Monaten nach Ablauf der Lieferfrist wieder aufgefunden wird, so kann die Eisenbahn nach den Gesetzen ihres Landes über das wiederaufgefundene Gut verfügen.

Bemerkungen.

IÜ 30, 33. EVO 80, 84, 88, 91. HGB 429, 438, 456, 457, 459 bis 462, 465, 467, 468, 471. VBR 72. Landesrecht zu Art. 36 (3) Zusammenstellung S. 144. — SVE XXVI (Art. 24). MSVE 42. DVE XXVI (Art. 24). DDVE LVII. P I 42, 43, 74. P II 120. P III 52, 54, 81. R I 77, 83, 217, 271. — Gerstner IÜ 367. Gerstner NSt 168. Rosenthal IÜ 187. Fritsch IÜ 649. Eger IÜ 391. Reindl EE 16 15. von der Leyen Goldschmidts Z 39 83; 49 409. Calmar 183. Hilscher 188. Schwab 316. v. Rinaldini 240. Rundnagel 229. Marchesini 2 231.

I. Zu Absatz (2). „Kostenfrei", d. h. Fracht vom Abgangsort nach der Bestimmungsstation muß er zahlen; diese Beförderung darf deshalb nicht in Wegfall kommen. Nur bei Rückbeförderung an den Abgangsort soll keine neue Fracht erhoben werden, ebensowenig für die Beförderung vom etwaigen Auffindungsorte nach dem Bestimmungsorte der Umweg entschädigt werden. Es sollen keine „Mehrkosten" entstehen. Boethke EE 24 407.

Er hat weder Anspruch auf Entschädigung wegen Lieferfristüberschreitung, noch wegen sonstigen Schadens einen Ersatzanspruch.

EVO § 91 (2) Satz 2 hat das geändert.

II. Hat übrigens die Eisenbahn den Ersatzanspruch abgelehnt, und findet sich später das Gut doch, so ist sie ohne weiteres verpflichtet, dem Berechtigten das Gut auszuliefern. Diesen Fall regelt Artikel 36 jedoch nicht. (Rundnagel 230 Anm. 9.)

Artikel 37.

Schadensersatz für Beschädigung des Gutes.

Im Falle der Beschädigung hat die Eisenbahn den ganzen Betrag des Minderwertes des Gutes zu bezahlen. Im Falle die Beförderung nach einem Spezialtarife im Sinne des Artikels 35 stattgefunden hat, wird der zu bezahlende Schadensbetrag verhältnismäßig reduziert.

Bemerkungen.

IÜ 35, 41, 6, 34. EVO 88. HGB 457, 471. VBR 74. — SVE XXVI (Art. 25). DVE XXVI (Art. 25). DDVE LVII. P I 43, 74, 105. P II 49, 116. R I 77. — Gerstner IÜ 369. Gerstner NSt 109. Rosenthal IÜ 220, 223. Fritsch IÜ 650. Eger IÜ 399. von der Leyen Goldschmidts Z 39 83. Calmar 185. Hilscher 210. Schwab 278. v. Rinaldini 232. Rundnagel 194. Marchesini 2 121, 126. Düringer-Hachenburg III 566. Gerstner IZ 1895 252, Über die Bedeutung der Vorschrift des Internationalen Übereinkommens Artikel 37, erster Satz: „Im Falle der Beschädigung hat die Eisenbahn den ganzen Betrag des Minderwertes des Gutes zu bezahlen". Gerstner IZ 1895 377, Zur Auslegung des Artikels 37, Satz 1, des Internationalen Übereinkommens, gegen Muschweck VerZtg 1895 Nr. 72, Über die Höhe des Schadensersatzes bei Beschädigung des Gutes. Rundnagel Goldschmidts Z 55 444, Die Berechnung des Schadensersatzes bei Beschädigung des Frachtgutes nach deutschem Eisenbahnfrachtrecht. Rundnagel Goldschmidts Z 59 79: Abänderungsvorschläge zu dem siebenten Abschnitt des dritten Buches des Handelsgesetzbuchs (besonders S. 90).

1. Das IÜ bringt nicht zum Ausdruck, ob der Wertberechnung der Versandwert — wie bei Verlust und Minderung — oder der Empfangswert zugrunde zu legen ist.

a) Rosenthal 221; Schwab 278; Eger 404; Marchesini 2 130 legen in Analogie der Grundsätze des Artikels 34 den Versandwert zugrunde und erzielen als Minderwert die Differenz zwischen dem Wert des unbeschädigten Gutes am Orte und zur Zeit des Versandes und dem Verkaufswerte des beschädigten Gutes am Orte und zur Zeit des Empfanges. (Ebenso IZ U 1898 274 und Oe 1908 231.)

b) A. A. namentlich Gerstner IÜ 371; NSt 110; IZ 1895 252; CA IZ 1894 63 und 1901 9; Hilscher 210. Gerstner weist darauf hin, daß jener Minderwert deshalb nicht der volle Minderwert sei, weil das Gut am Empfangsorte erfahrungsgemäß wertvoller sei als am Versandorte. Durch die Erstattung des vollen Minderwertes solle der Empfänger in die Lage gesetzt werden, sich mit dem Erlöse aus dem beschädigten Gut und der erhaltenen Vergütung ein unbeschädigtes Gut gleicher Art zu kaufen. Das sei eben nur möglich, wenn man der Schätzung des Minderwertes Ort und Zeit des Empfanges zugrunde lege.

c) Unzweckmäßig ist es aber auch, den Versandwert in unbeschädigtem Zustande um den Wert des Gutes am Versandorte in beschädigtem Zustande zu vermindern. Rundnagel weist S. 196 mit Recht daraufhin, daß diese Berechnungsweise deshalb für die Praxis undurchführbar, weil es nur in den allerseltensten Fällen möglich sein wird, den Wert festzustellen, den das Gut im beschädigten Zustande auf der Versandstation gehabt haben würde. Dazu kommt m. E. noch ein drittes:

d) Hätte man beabsichtigt, die Grundsätze des Artikels 34 auch auf die Beschädigung anzuwenden, so wäre nicht zu verstehen, weshalb man dann nicht diesen Fall ohne weiteres mit in den Artikel 34 aufgenommen oder doch auf Artikel 34 verwiesen hat. Daß man das nicht getan hat, beweist, ebenso wie der Ausdruck, daß der „ganze" Betrag des Minderwertes zu ersetzen ist, daß man hierbei von anderen Gesichtspunkten ausging als bei der Regelung der Entschädigung des teilweisen Verlustes. Es hätte vielleicht deutlicher zum Ausdruck gebracht werden können; aber dennoch kann den neuerlichen Ausführungen Marchesinis zu diesem Punkte nicht beigetreten werden, vielmehr ist Gerstners Angaben in der IZ **1895** 253 zu folgen.

2. a) Gegen jene Berechnung, die beschädigten Empfangswert von unbeschädigtem Versandwert abzieht, spricht vor allem, was bereits Gerstner hervorgehoben und Rundnagel neuerdings betont, daß bei ihr der Betrag für die Kosten der Beförderung unberücksichtigt bleibt. Vielmehr werden diese Kosten vom Versandwerte ohne weiteres mit abgezogen — sie sind ja im Empfangswert enthalten — und ohne daß man einerseits berücksichtigt, daß auf diese Weise der Eisenbahn eine Leistung nicht bezahlt wird, um welche der Wert des Gutes (auch des beschädigten) am Empfangsort sich hebt, und daß man andrerseits auf diese Weise, wie schon Gerstner gezeigt hat, zwei Größen voneinander abzieht, die nach den Regeln der Mathematik gar nicht voneinander abgezogen werden können, weil sie auf ungleichen Voraussetzungen beruhen.

b) Richtige Resultate kann dagegen nur eine Berechnungsweise erzielen, die diese Kosten der Beförderung berücksichtigt. In der Praxis wird nun häufig so verfahren, daß man den Wert des beschädigten Gutes am Empfangsorte in Abzug bringt von dem um die Beförderungskosten vermehrten Versandwerte des unbeschädigten Gutes. Diese Berechnungsweise beruht auf der falschen Voraussetzung, daß der Empfangswert des unbeschädigten Gutes gleich sei dessen Versandwert plus Kosten. Nur um den in Artikel 34 erwähnten Versandwert zugrunde zu legen, ist man auf diesen Fehler verfallen.

c) Rundnagel trennt Gutswert und Kosten voneinander und ermittelt den ganzen Betrag des Minderwertes des Gutes, indem er den Wert des beschädigten Gutes am Empfangsorte vom Wert des unbeschädigten Gutes am Versandorte abzieht und die Kosten getrennt berechnet. Hierin liegt m. E. der gleiche Fehler.

d) Der Schaden wird regelmäßig größer sein als die Differenz von Versandwert minus Empfangswert (ohne Kosten) und minus anteilige Kosten; er beträgt den Unterschied zwischen dem Wert des unbeschädigten Gutes am Empfangsorte von dem des beschädigten am Empfangsorte. Da in beiden Werten (außer dem Mehrwert, den das Gut gegenüber dem Wert am Versandorte am Verbrauchsorte hat) auch die Beförderungskosten enthalten sind, so bedarf es, wie mir scheinen will, der getrennten Berechnung nicht. Wer den Wert des beschädigten Gutes (teils in natura, teils durch Ersatz des Minderwertes) gerade so erhält, wie wenn es unbeschädigt angekommen wäre — und nur dieser —, hat natürlich auch die vollen Kosten des Transports ohne Abzug zu tragen: Gerstner IZ **1895** 253. Daher erklärt es sich auch, daß in Artikel 37 im Gegensatz zu Artikel 34 eine Bestimmung darüber fehlt, daß eine Erstattung der Zölle, sonstigen Kosten und der Fracht einzutreten habe.

3. Eine andere Frage ist es, ob diese Regelung eine zweckmäßige ist, ob man nicht bestimmen sollte, daß der Fall der Beschädigung entsprechend den Grundsätzen des Artikels 34 so behandelt werden sollte, wie wenn ein dem Prozentsatz des Minderwertes am Empfangsorte entsprechender Teil des Gutes in Verlust geraten wäre (Gerstner IZ **1895** 381). Zu derartigen kritischen Bemerkungen ist aber die vorliegende Arbeit nicht der Ort.

4. Im Falle der Beschädigung kann nicht die Annahme überhaupt verweigert und voller Wertersatz verlangt werden: IZ U **1898** 36; auch nicht, wenn zur Konstatierung der bezahlten Beschädigung eine Marke auf dem Gute angebracht ist: IZ I **1902** 56.

Minderwert ist angenommen bei Getreide, das den Kreosotgeruch des Wagens, in dem es befördert worden war, wieder verloren hatte, so daß es an Gebrauchswert nichts eingebüßt hatte, sondern nur als Handelsware nicht mehr so leicht verkäuflich war: LG München IZ **1902** 233.

Artikel 38.

Interessedeklaration. Wirkung bei Verlust, Minderung oder Beschädigung.

(1) Hat eine Deklaration des Interesses an der Lieferung stattgefunden, so kann dem Berechtigten im Falle des Verlustes, der Minderung oder der Beschädigung außer der durch den Artikel 34 und beziehungsweise durch den Artikel 37 festgesetzten Entschädigung noch ein weiterer Schadensersatz bis zur Höhe des in der Deklaration festgesetzten Betrages zugesprochen werden. Das Vorhandensein und die Höhe dieses weiteren Schadens hat der Berechtigte zu erweisen.

(2) Die Ausführungsbestimmungen setzen den Höchstbetrag des Frachtzuschlages fest, welcher im Falle einer Deklaration des Interesses an der Lieferung zu zahlen ist.

§§ 9 und 11 der Ausführungsbestimmungen zum IÜ.

§ 9.
(Zu Art. 38 des Übereinkommens.)

(1) Die Summe, zu welcher das Interesse an der Lieferung deklariert wird, muß im Frachtbrief an der dafür vorgesehenen Stelle mit Buchstaben eingetragen werden.

(2) In diesem Falle wird der Frachtzuschlag mit 0,25 Cts. für unteilbare Einheiten von je 10 Franken und 10 Kilometern berechnet. Der sich ergebende Betrag kann auf volle 5 Cts. aufgerundet werden.

(3) Der geringste zur Erhebung kommende Frachtzuschlag beträgt für den ganzen Durchlauf 50 Cts.

§ 11.

Die in den vorhergehenden Ausführungsbestimmungen in Franken ausgedrückten Summen sind in den vertragschließenden Staaten, in welchen die Frankenwährung nicht besteht, durch in der Landeswährung ausgedrückte Beträge zu ersetzen.

Bemerkungen.

IÜ 6 (1). EVO 92, 93, 94, 32 (2) (5), 48 (10). HGB 461, 463, 471. VBR 75 (Zus. I). Übk zum VBR 17. — P I 40, 59—61. P II 49, 114, 121. P III 53, 81. R I 77, 83, 217, 271. — Gerstner IÜ 372. Gerstner NSt 111. Rosenthal IÜ 228. Fritsch IÜ 650. Eger IÜ 406. Reindl EE **16** 15. von der Leyen Goldschmidts Z **39** 83; **49** 409. Calmar 187. Hilscher 212. Schwab 281. v. Rinaldini 242, 243. Rundnagel 218. Marchesini **2** 132. Staub § 463[1]. Düringer-Hachenburg § 463.

I. **Zweck der Interessedeklaration.** Dem Absender soll die Möglichkeit gegeben werden, sich einen weitergehenden Ersatzanspruch für den Fall des Verlustes, der Minderung und der Beschädigung des Gutes — und, wie unten Artikel 40 bestimmt ist, der Verspätung — zu sichern, als ihm nach den normalen Bestimmungen nach IÜ zusteht. Er soll in die Lage versetzt werden, sich an der Eisenbahn für solche Fälle völlig schadlos zu halten. Deshalb bleibt es ihm unbenommen, von vornherein den Betrag anzugeben, den Wert, den die Erfüllung des Frachtgeschäfts für ihn darstellt, um ihm Ersatz zu geben über den Wert des verlorenen oder den Minderwert des beschädigten Gutes hinaus in Höhe „des vollen Interesses, das er an der richtigen Lieferung hat". (Gerstner IÜ 372.) Die Angabe des Interesses in den Fällen des Verlustes, der Minderung oder Beschädigung bewirkt, daß dem Geschädigten außer dem ihm sonst auch ohne besonderen Beweis zustehenden Entschädigungsbetrage der nachweisbare weitere Schaden bis zur Höhe des von ihm angegebenen Interesses ersetzt wird. Welchen Erfolg sie bei Lieferfristüberschreitung hat, siehe Artikel 40; nur sei schon hier bemerkt, daß in diesem Falle der nachweisbare Gesamtschaden ersetzt wird; also Artikel 38 braucht nur der weitere, Artikel 40 muß der gesamte Schaden nachgewiesen werden.

II. Wirkung der Interessedeklaration. Die Angabe des Interesses an der Lieferung verhindert also, daß die Entschädigung auf Grund der ihre Höhe gegenüber dem etwaigen wirklichen Schaden einschränkenden Bestimmungen des IÜ berechnet werden kann; sie begründet jedoch nicht etwa eine Vermutung dafür, daß ein Schaden in Höhe des angegebenen Interesses entstanden ist. Vielmehr gibt sie einerseits nur dem Geschädigten die ihm sonst allgemein abgeschnittene Möglichkeit, überhaupt einen Schadensnachweis zu führen und auf Grund desselben eine Schadensforderung geltend zu machen, sie schränkt aber auch andrerseits die Haftung der Eisenbahn ein, insofern sie aus dem Frachtvertrage über den deklarierten Betrag hinaus zur Schadloshaltung nicht verbunden ist — vom Fall des Artikels 41 abgesehen.

Das Gesetz macht keinen Unterschied, ob es sich um völligen Verlust oder nur um Minderung oder Beschädigung handelt. Auch in den letzteren beiden Fällen ist daher der weitere Schaden bis zum vollen Betrage des deklarierten Interesses zu ersetzen und nicht etwa nur ein der Minderung oder der Beschädigung entsprechender Teil jenes Betrages.

Die Entschädigungspflicht umfaßt jeden nachweisbaren Schaden, namentlich auch entgangenen Gewinn (Gerstner IÜ 375; Rosenthal 231; Rundnagel 221; Eger 409).

III. Form der Interessedeklaration. § 9 (1) Ausf.-Best. Artikel 6 (1) f IÜ. Eintragung im Frachtbrief an der vorgeschriebenen Stelle mit Buchstaben, andernfalls Zurückweisung der Beförderung zulässig ist, da den im Tarif gegebenen Vorschriften nicht genügt ist (Art. 5 (1) 1 IÜ); Gerstner IÜ 376; Rosenthal 230; Rundnagel 222. A. A. Janzer-Burger 217; Eger 409; Staub 1572; Düringer-Hachenburg **III** 675.

Ist aber Annahme zur Beförderung trotzdem erfolgt, so ist mit einem Verstoß gegen die Form noch nicht die Nichtigkeit dieser Eintragung begründet, müßte doch dann überhaupt der ganze Frachtvertrag nichtig sein. Er handelt sich nur um eine sog. Ordnungsvorschrift, die aus Zweckmäßigkeitsgründen getroffen ist. So auch Gerstner IÜ 376; Rundnagel 222; Rosenthal 230; OLG Wien Goldschmidts Z **19** 614 Nr. 87. A. A. Janzer-Burger 217; Eger 409; Schwab 285; Düringer-Hachenburg **III** 675; Staub § 463[1] u. a.

Ohne Frage trägt aber für Irrtümer und Weiterungen aus der mangelhaften Eintragung der Absender gemäß Artikel 7 (1) bzw., soweit es sich um eine nicht von der Eisenbahn verschuldete Anweisung des Empfängers handelt, aus Artikel 30 (1) die Folgen. Hier wird eine Prüfung von Fall zu Fall eingreifen müssen.

IV. Schadensnachweis. Da der Geschädigte nachweisen muß, wie hoch der Schaden sich beläuft, den er über den ihm aus Artikel 34 und Artikel 37 zustehenden Betrag beansprucht, so folgt daraus weiter, daß das deklarierte Interesse keineswegs den gesamten Schadensbetrag einschließlich des Wertes des Gutes umfassen muß. Vielmehr soll der weitere Schaden bis zur Höhe des in der Deklaration festgesetzten Betrages ersetzt werden dürfen. Die Deklaration des Interesses kann sich daher beschränken auf denjenigen Betrag, der den ohnehin zu ersetzenden Betrag übersteigt (Gerstner IÜ 376 Anm. 8; Eger 409; Calmar 188).

Es handelt sich daher in diesen Fällen um eine Deklaration des Mehrwertes (gegenüber Art. 34, 37), nicht des Gesamtwertes.

V. **Versicherungsgebühr.** Für diese Wertversicherung ist die Eisenbahn berechtigt, Gebühren zu erheben, einen „Frachtzuschlag", wie IÜ 38 (2) und im Anschluß daran § 9 Ausf.-Best. anordnet. Die Erhebung findet in gleicher Weise statt wie bei jeder anderen Frachtgebühr, ist also auch durch Überweisung auf den Empfänger möglich. (Vgl. R I a. a. O. und Art. 1 Ziff. IX des Zusatzübereinkommens vom 16. Juni 1898.)

Berechnung nach § 9 (2). Kilometer (auf 10 km aufgerundet) mal deklarierter Betrag (auf nächste durch 10 teilbare Zahl aufgerundet), dividiert durch 40 000.

Artikel 39.

Haftung für Versäumung der Lieferfrist.

Die Eisenbahn haftet für den Schaden, welcher durch Versäumung der Lieferfrist (Art. 14) entstanden ist, sofern sie nicht beweist, daß die Verspätung von einem Ereignisse herrührt, welches sie weder herbeigeführt hat noch abzuwenden vermochte.

Bemerkungen.

IÜ 14, 40, 41. EVO 75, 94. HGB 428, 429, 463, 466, 471. VBR 76 (Zus. I). Übk zum VBR 17. — SVE XXVI (Art. 26). MSVE 42. DVE XXVII (Art. 26). DDVE LVII. P I 43, 44, 74. P II 53, 54, 122. R I 77. — Gerstner IÜ 377. Gerstner NSt 114. Rosenthal IÜ 232. Fritsch IÜ 650. Eger IÜ 412. von der Leyen Goldschmidts Z 39 83. Calmar 189. Hilscher 187, 206. Schwab 287. v. Rinaldini 245. Rundnagel 218. Marchesini 2 92. Staub § 466³. Düringer-Hachenburg III 682.

I. **Bedeutung der Lieferfrist** siehe Artikel 14. Sie ist die äußerste Frist, innerhalb deren die Eisenbahn den Beförderungsvertrag zur Erfüllung gebracht haben muß.

Artikel 39 bestimmt, unter welchen Voraussetzungen die Eisenbahn für Versäumung der Lieferfrist haftet, und setzt als solche fest:

1. Die Überschreitung der Lieferfrist, d. h. die Verspätung über die in Artikel 14 und § 6 Ausf.-Best. oder den betr. Tarifen normierten Fristen (Maximalfristen und Zuschlagsfristen) hinaus, wobei zu beachten ist, daß die für die gesamte Strecke zu berechnende Frist verstrichen sein muß. Als Lieferfrist kann aber nicht die Zeit in Frage kommen, während welcher die Frist nach § 6 (7) Ausf.-Best. ruht. (Daher unrichtig SpeduSchiffZ **1910** 110.) Wenn die Fristen auf den Strecken einzelner Bahnen überschritten sind, die Verspätung aber auf den anderen wieder eingeholt ist, so liegt keine Versäumung vor. Den Beweis, daß die Lieferfrist überschritten sei, hat derjenige zu führen, der aus der Überschreitung Rechte herleitet. Er wird ihn führen durch Vorlegung des Frachtbriefes, der ja den Abgangs- und Ankunftsstempel tragen muß, und auf dem gemäß Ausf.-Best. § 6 (4) jede Bahn, die von einer Zuschlagsfrist Gebrauch gemacht hat, Ursache und Dauer der Lieferfristüber-

schreitung zu vermerken hat. Die Berechnung der fraglichen Fristen siehe Ausf.-Best. § 6. Eine Tatbestandsaufnahme über Lieferfristüberschreitungen ist der Eisenbahn nicht auferlegt.

2. Gleichzeitig muß vorliegen ein **Schaden** des aus dem Beförderungsvertrage Berechtigten. Dieesr kann unmittelbarer oder mittelbarer Schaden, Verlust oder entgangener Gewinn sein. Erforderlich ist nur der Nachweis, daß er **durch** die Lieferfristüberschreitung entstanden, mit ihr im ursächlichen Zusammenhange steht. Hier kann in Frage kommen eine Wertminderung wie sie z. B. im Wechsel der Mode liegt, oder ein Schaden, der daraus entsteht, daß das Gut zur Messe nicht rechtzeitig ankommt.

3. Die **Eisenbahn kann sich** durch den Nachweis von jeder Haftung **befreien,** daß die Verspätung von einem Ereignis herrührt, das sie weder herbeigeführt hat noch abzuwenden vermochte. Man hat darunter zu verstehen, daß sich die Eisenbahn nur durch den Beweis befreien kann (so Gerstner IÜ 382; Rosenthal 237; Rundnagel 182 ff.; IZ **1907** 178; Lehmann-Ring § 466 Bem. 4; Düringer-Hachenburg § 466 II 2; Staub § 466 Anm. 2; Goldmann § 466 (S. 1799); VerZtg **1903** 409: Verfasser ungenannt. „Der Einwand der höheren Gewalt bei Lieferfristüberschreitungen unter besonderer Berücksichtigung der Hamburger Verhältnisse“), daß die Verspätung auf einem Ereignis beruht, welches auf ein Verschulden des Absenders oder des Empfängers oder eine von der Eisenbahn nicht verschuldete Anweisung des Verfügungsberechtigten oder auf höhere Gewalt zurückzuführen ist.

(A. A. zum Teil Eger 419; Makower § 466 I b; ferner Cosack § 90 III 1; Dernburg II 2, S. 460; Boethke EE **24** 409; Rinaldini 246/247.)

Beispiele: Vgl. Artikel 30. Es gehört hierher namentlich auch jede Verzögerung, die sich aus der Verpflichtung der Eisenbahn ergibt, das Gut pfleglich zu behandeln (vgl. Gerstner IÜ 383); Heißlaufen eines Wagens EE **Oe 21** 168; Verkehrsstörung auf Grund außergewöhnlicher Ereignisse RG Recht **1907** 995; Mängel der Begleitpapiere und der Zollbehandlung IZ S **1908** 268; EE **25** 145.

II. Zusammentreffen von Lieferfristüberschreitung und Beschädigung, Minderung oder Verlust: 1. Lieferfrist ist überschritten, **danach** wird das Gut beschädigt, vermindert oder geht verloren:

a) Durch höhere Gewalt oder natürliche Beschaffenheit des Gutes: Eisenbahn haftet in Höhe der halben oder ganzen Fracht; denn wäre Lieferfrist nicht überschritten, so haftete sie überhaupt nicht.

b) Durch Verschulden eines Angestellten oder Zufall: Eisenbahn haftet nach Wahl des Berechtigten in Höhe der halben oder ganzen Fracht oder des Handelswertes; denn sie haftet auch, wenn die Lieferfrist nicht überschritten wäre.

2. Lieferfristüberschreitung und Verlust, Minderung oder Beschädigung sind auf Vorsatz eines Angestellten oder grobe Fahrlässigkeit zurückzuführen: Haftung für **vollen** Schaden aus Artikel 41 — aber nur einmal; ebenso wenn das Gut infolge Zufalls oder geringen Versehens zugrunde gegangen ist nach einer durch Vorsatz oder grobe Fahrlässigkeit herbeigeführten Lieferfristüberschreitung.

3. Gut ist beschädigt und danach die Lieferfrist überschritten. Haftung sowohl für die Beschädigung (Art. 30) als auch für die Lieferfristüberschreitung (Art. 40).

4. Lieferfrist ist nicht überschritten, Transport grobfahrlässig oder vorsätzlich verzögert, so daß leicht verderbliches Gut beschädigt ist — keine Haftung. Nehse VerZtg 1908 1599. A. A. IZ 1908 361 ff.; letzteren Ausführungen kann man aber wohl nicht folgen, sie legen der Eisenbahn mehr auf, als sie vertreten kann. De lege lata sind sie entschieden anfechtbar; siehe III.

    III. **Innehalten der Lieferfrist bei empfindlichen Gütern.** a) Empfindliche Güter sind bezüglich der Innehaltung der Lieferfrist nicht anders gestellt wie jedes andere Gut. Die Eisenbahn haftet nicht für Schäden solcher Güter, welche infolge verspäteter Lieferung entstanden sind, wenn nur die Maximallieferfristen innegehalten sind. (Vgl. IZ 1908 357; Rundnagel 53, 208; Gerstner 388; vgl. Bem. III zu Art. 41; Nehse VerZtg 1908 1599; LG München VerZtg 1908 1128; IZ B 1895 302; I 1894 368; B 1898 270; Oe 1899 27; I 1903 316. A. A. KG VerZtg 1904 1063; IZ 1904 351 (?); LG Berlin IZ 1897 513; Reindl VerZtg 1896 245; auch IZ Oe 1899 399.)

    b) Sie haftet für Vorsatz und grobe Fahrlässigkeit nur, wenn dadurch die Lieferfrist überschritten ist (Art. 41), nicht jedoch, wenn trotz ihrer die Lieferfrist innegehalten ist. LG München I SpedSchiffZ 1907 334: Eine Sendung Obst und Gemüse hat trotz der Zusicherung der Beförderung in Eilzügen unter Innehaltung der Lieferfrist zeitweilig auf einer Unterwegsstation still gelegen. A. A. EE U 23 29: Sendung geschlachteter Kälber. EE Oe 25 173: Teilung einer einheitlichen Sendung geschlachteter Gänse (?). EE Oe 25 122: Stehenlassen einer Eiersendung in der Sonne im Sommer (?) In diesem Falle ist aber nicht zu erkennen, ob die Lieferfrist gewahrt ist.

    c) Beispiele. Grundgedanke: Verspätete Ablieferung innerhalb der Lieferfrist bewirkt keine Haftung der Eisenbahn, es besteht nur Anspruch auf Innehaltung der Lieferfrist. IZ B 1895 302: Unterlassene Ausladung am Bestimmungsorte, so daß das Gut erst weiter ging. Keine Haftung vor Ablauf der Lieferfrist. IZ Oe 1899 27: Unterlassene Ausladung am Bestimmungsorte. IZ U 1905 241: Nach Ankunft am Bestimmungsort muß das Gut von der Eisenbahn sofort abgeliefert werden. IZ B 1898 270: Ausnutzung der Lieferfrist trotz erfolgter Ankunft des Gutes am Bestimmungsorte. IZ I 1894 368: Ausnutzung der Lieferfrist trotz erfolgter Ankunft des Gutes am Bestimmungsorte. IZ I 1903 316: Eisenbahn sei berechtigt — auch nach Ankunft des Gutes auf der Empfangsstation — die Lieferfrist voll auszunutzen (?). IZ D 1904 351: Trotz Einhaltens der Lieferfrist ist die Eisenbahn schadensersatzpflichtig gemacht, weil sie einen 30 Stunden längeren Weg wählte, als nötig und im Frachtbrief vorgeschrieben war, so daß die Fischsendung verdarb (?). IZ I 1903 270: Wahl eines längeren als im Frachtbrief vorgeschriebenen Weges verpflichtet nicht zu Schadensersatz, wenn trotzdem die Ankunft innerhalb der für diesen Weg sich ergebenden Lieferfrist erfolgte. IZ Oe 1899 483: Haftung dafür, daß von einer Sendung Fische ein Kollo über die Empfangsstation hinausging, aber innerhalb der Lieferfrist noch — jedoch verdorben — abgeliefert werden konnte (?). IZ F 1897 329: Ein Kollo kam später an als das andere. IZ B 1904 100: Zugverspätung, die zu Erkrankung von Luxuspferden führt. IZ Oe 1908 231: Keine Haftung, wenn verspätete Ankunft innerhalb der Lieferfrist — aber Fürsorgepflicht für Tiere, wenn Absender mit deren glatter Beförderung gerechnet hatte. IZ Oe

1899 399: Haftung für unsachgemäße Ausführung eines Transports lebender Fische (?).   **IZ Oe 1904 102**: Berechnung der Lieferfrist nach österreichischem Recht.   **IZ F 1901 282**: Übergabe des Frachtbriefes und Bezahlung der Fracht vor Ankunft des Gutes begründen für sich noch keinen Ersatzanspruch des Empfängers wegen Ablieferungsversäumnisses.

Wegen Berechnung des kürzesten und billigsten Weges siehe **IZ F 1898 747; IZ I 1903 270** (vgl. Art. 6 (1) l).

Wird die Anwendung eines über den kürzesten Weg berechneten Tarifs beantragt, so kommt auch die Lieferfrist allein über diesen Weg in Frage **IZ F 1899 651**.

Außerordentliche Verkehrsschwierigkeiten kein Verschulden der Eisenbahn (**RGEE 23 389**).

Artikel 40.

Höhe des Schadensersatzes bei Versäumung der Lieferfrist.

(1) Im Falle der Versäumung der Lieferfrist können ohne Nachweis eines Schadens folgende Vergütungen beansprucht werden:

Bei einer Verspätung bis einschließlich $1/_{10}$ der Lieferfrist: $1/_{10}$ der Fracht.

Bei einer Verspätung bis einschließlich $2/_{10}$ der Lieferfrist: $2/_{10}$ der Fracht.

Bei einer Verspätung bis einschließlich $3/_{10}$ der Lieferfrist: $3/_{10}$ der Fracht.

Bei einer Verspätung bis einschließlich $4/_{10}$ der Lieferfrist: $4/_{10}$ der Fracht.

Bei einer Verspätung von längerer Dauer: $5/_{10}$ der Fracht.

(2) Wird der Nachweis eines Schadens erbracht, so kann der Betrag bis zur Höhe der ganzen Fracht beansprucht werden.

(3) Hat eine Deklaration des Interesses stattgefunden, so können ohne Nachweis eines Schadens folgende Vergütungen beansprucht werden:

Bei einer Verspätung bis einschließlich $1/_{10}$ der Lieferfrist: $2/_{10}$ der Fracht.

Bei einer Verspätung bis einschließlich $2/_{10}$ der Lieferfrist: $4/_{10}$ der Fracht.

Bei einer Verspätung bis einschließlich $3/_{10}$ der Lieferfrist: $6/_{10}$ der Fracht.

Bei einer Verspätung bis einschließlich $4/_{10}$ der Lieferfrist: $8/_{10}$ der Fracht.

Bei einer Verspätung von längerer Dauer: die ganze Fracht.

(4) Wird der Nachweis eines Schadens erbracht, so kann der Betrag des Schadens beansprucht werden. In beiden Fällen darf die Vergütung den deklarierten Betrag des Interesses nicht übersteigen. Ist jedoch der deklarierte Betrag niedriger als die ohne Interesse-Deklaration nach Absatz (2) zu leistende Frachtvergütung, so kann die letztere beansprucht werden.

Bemerkungen.

IÜ 14, 39, 41. EVO 75, 94. HGB 428, 429, 463, 469, 471. VBR 77. Übk zum VBR 17. — SVE XXVII (Art. 27). DVE XXVII (Art. 27). DDVE LVII. P I 44, 75, 91. P II 54, 122, 123. P III 17, 18, 55. R I 77, 83, 221, 271. R II 16, 30, 73, 153. — Gerstner IÜ 383. Gerstner NSt 115. Rosenthal IÜ 238. Fritsch IÜ 650. Eger IÜ 420. Reindl EE 25 19. von der Leyen Goldschmidts Z 39 83; 49 409; 65 23. Calmar 193. Hilscher 213. Schwab 287. v. Rinaldini 245. Rundnagel 202, 208. Marchesini 2 92, 139, 145. Staub § 466[3].

I. Der **Artikel regelt die Höhe der** im Falle der Lieferfristüberschreitung zu zahlenden **Entschädigung.** Er kann aber nur zur Anwendung gelangen, wenn die Voraussetzungen des Artikels 39 vorhanden sind, d. h. wenn und insoweit infolge einer Verspätung ein Schaden entstanden ist.

II. Der Artikel unterscheidet die beiden Fälle, daß einmal eine Interessedeklaration nicht stattgefunden hat: Absätze (1) und (2), und daß zweitens eine solche stattgefunden hat: Absätze (3) und (4). Dazu kommt drittens der Fall des Artikels 41.

Bei den beiden ersten Fällen wiederum ist zu unterscheiden, ob der Berechtigte einen Schadensnachweis führt oder nicht. Führt er ihn, so ist in beiden Fällen die Entschädigung größer, als wenn er ihn nicht führt. Im ersten Falle aber kann höchstens Schadensersatz bis zum Frachtbetrage, im zweiten Falle höchstens bis zum deklarierten Interessebetrage gewährt werden. Ist das Interesse deklariert, so darf aber auch in dem Falle, daß der Schadensnachweis nicht geführt wird, der gemäß Artikel 40 (3) zu gewährende Betrag den des deklarierten Interesses nicht übersteigen.

III. Wenn nun Artikel 40 in Absatz (1) und (3) eine Lieferfristentschädigung auch ohne Schadensnachweis in Aussicht nimmt, so hat das doch nicht die Bedeutung, daß diese Entschädigung zu zahlen sei, auch wenn nachweislich kein Schaden vorliegt. Vielmehr wird hier lediglich die von der Eisenbahn widerlegbare Vermutung aufgestellt, daß in Verspätungsfällen regelmäßig die in Artikel 39 geforderte Voraussetzung: das Vorliegen eines Schadens, gegeben sei.

Die Aufstellung jener Schadensvermutung verfolgt den Zweck, den Nachweis der Höhe des Schadens im einzelnen Falle zu beseitigen. Es soll deshalb ohne Rücksicht auf den etwaigen wirklichen Schadensbetrag je nach der Dauer der Lieferfristüberschreitung ein entsprechender Satz, ein Teilbetrag der Fracht, ersetzt werden. Damit fällt aber noch nicht jene innere Voraussetzung jeder Lieferfristentschädigung (Art. 39), und deshalb ist es der Eisenbahn unbenommen, den Nachweis zu führen, daß entweder überhaupt kein Schaden, oder daß nur ein geringerer Schaden als der der Verspätung entsprechende Frachtteil entstanden sei. (Zu dieser Frage ist zu vergleichen Rosenthal 242; Gerstner NSt 114/115 und 116 (vgl. aber auch IÜ 386); Staub a. a. O.; EE Oe 17 49; Hilscher 215; wie hier ausgeführt Reindl VerZtg 1902 1123, der ebenfalls den Nachweis eines geringeren Schadens als der in der Tabelle festgesetzten Entschädigung zulassen will; ebenso Marchesini 2 141; Rundnagel 1. Aufl. 193. A. A. Eger IÜ 424; GF in IZ 1902 356; OLG Colmar EE 17 59; Douai EE 18 320; v. Ritter Archiv 1910 255; IZ Oe 1900 163.)

IV. Im Falle der Interessedeklaration erfolgt der Ersatz in andrer Weise als bei Verlust, Minderung und Beschädigung. Während dort das Interesse als das Plus gegenüber dem sonst zu gewährenden Schadensersatz erscheint: Artikel 38 (1) spricht von einem „weiteren Schadensersatz" bis zur Höhe des deklarierten Interessebetrages, wird bei der Lieferfristüberschreitung der Gesamtersatz durch die Deklaration dargestellt, in der hier kein zu dem sonstigen Ersatz hinzukommender Mehrersatz liegt. So Gerstner IÜ 376; NSt 112; Rosenthal 243. A. A. Eger 426.

V. Höhe des Schadens für verspätete Lieferung infolge irrtümlicher Ablieferung: IZ F (Lille) 1897 438: es komme auf die Ursache der Verspätung nicht an, demgegenüber aber IZ F 1897 227 (Roubaix und Kass.-Hof): Artikel 40 sei begrenzt durch Artikel 41, welcher die Fälle der Arglist und des groben Verschuldens besonders behandle!

Die Entschädigung kann bis auf die Höhe der ganzen Fracht auch dann verlangt werden, wenn nur ein Teil des Gutes verspätet, während der andere rechtzeitig abgeliefert ist: IZ U 1900 404.

Bei verspäteter Ankunft eines Koffers, an dem der Absender 20 M Interesse deklariert, hatte Empfänger sich neue Wäsche im Betrage von 20 M gekauft. Es ist ihm aber nur ein nach richterlichem Ermessen auf 5 M angesetzter Schaden vergütet worden, da er die gekaufte Wäsche weiter verwenden kann: 1Z Oe 1898 277.

Hat eine Deklaration des Interesses an der Lieferung stattgefunden, so kann der für Versäumung der Lieferfrist zu zahlende Betrag nicht geringer sein, als wenn die Sendung ohne Interessedeklaration aufgegeben wäre. Satz 2, demzufolge die Vergütung den deklarierten Betrag nicht übersteigen darf, kann sich nur auf den Fall beziehen, wenn der deklarierte Betrag den ohne Interessedeklaration gebührenden Ersatz übersteigt: EE U 24 391.

Artikel 41.

Schadensersatz bei Arglist oder grober Fahrlässigkeit.

Die Vergütung des vollen Schadens kann in allen Fällen gefordert werden, wenn derselbe infolge der Arglist oder der groben Fahrlässigkeit der Eisenbahn entstanden ist.

Bemerkungen.

IÜ 6, 14, 35, 37, 39, 40. EVO 5, 75, 94, 95. HGB 428, 429, 438, 453 V, 457 III, 458, 461 II, 464, 465 II, 466 IV, 471. VBR 78. Übk zum VBR 17. — SVE XXV (Art. 22). MSVE 42. DVE XXVII (Art. 27 a). P I 44, 83. P II 44, 123. P III 55. R I 77. 83, 221, 271. R II 16, 30, 73, 153. — Gerstner IÜ 387. Gerstner NSt 117. Rosenthal IÜ 244. Fritsch IÜ 651. Eger IÜ 428. von der Leyen Goldschmidts Z **39** 84; **65** 23. Calmar 197. Hilscher 216. Schwab 309. v. Rinaldini 251. Rundnagel 208. Marchesini **2** 190. Düringer-Hachenburg **III** 569.

I. Auch Artikel 41 bezieht sich, ebenso wie 34, 35, 37, 38 und 40, nur auf die Höhe des für Verlust, Minderung, Beschädigung und Lieferfristüberschreitung zu leistenden Schadensersatzes. Während sonst nur der gemeine Handelswert oder Wert am Versandort oder der gesamte Minderwert am Empfangsort oder die Fracht — sei es die volle, sei es nur ein Teil — als Ersatz des von der Eisenbahn zu vertretenden Schadens zu leisten ist, muß hier der volle Schaden ersetzt werden. Artikel 41 enthält also eine Ausnahme von jenen Sätzen. Das ergibt sich nicht nur aus dem ganzen Zusammenhange, in welchem er steht, es folgt namentlich auch aus seiner Geschichte. (Vgl. P **III** 55; Gerstner NSt 117 (IÜ 389); IZ **1901** 71; Marchesini **2** 190/191; Rundnagel 208 Anm. 2; von Ritter Archiv **1910** 255; Fritsch 519; Bloch JW **1902** 331 Anm.; Janzer-Burger 221; IZ **1904** 227.

A. A. ist Eger IÜ **429** und VerZtg **1901** 260; Rosenthal 244; Schwab 312; Hilscher 216.)

II. „Voller Schaden" auch indirekter IZ F **1906** 15 — l'indemnité pleine et entière, comprenant les dommages et interêts — siehe auch Artikel 40 (4). — Ist das deklarierte Interesse niedriger als der volle Schaden, so ist dieser zu ersetzen. — Ersatz des einem Dritten entstandenen Schadens: Rundnagel 209 Anm. 3; RGZ **40** 174; **40** 187; **58** 39.

III. Arglist = dolus = Vorsatz (Gerstner NSt 118). Grobe Fahrlässigkeit (grobes Verschulden Art. 6 (1) l) = une faute grave. IZ **1908** 225.

1. Grobe Fahrlässigkeit liegt vor (Rundnagel 214), wenn die im Verkehr erforderliche Sorgfalt in besonders schwerer Weise außer acht gelassen wird. RGEE **22** 28: eine ohne jede Anstrengung der Aufmerksamkeit zu vermeidende Fahrlässigkeit. Die Entscheidung dieser Frage ist unter Berücksichtigung der besonderen Verhältnisse des einzelnen Falles zu treffen. Beispiele:

a) Bei der Absendung: Unterlassene Absendung von Eilgut, das erst 4 Tage liegen blieb: IZ F **1897** 227. — Beachtung einer unvorschriftsmäßigen nachträglichen Verfügung: IZ **Oe 1906** 219; EE **Oe 22** 126. — Nichtbeachtung einer formwidrigen, aber anstandslos angenommenen nachträglichen Verfügung: IZ U **1909** 274 (?). — Aufhebung einer Nachnahme auf Grund einer plumpen Fälschung: IZ F **1899** 99. — Abfertigung nach Bahnhof mit ähnlichem Namen: EE U **15** 342; IZ U **1899** 232. (Besonderer Fall; die Bestimmungsstation war richtig angegeben, es gab nur eine ihres Namens, und es war nur die Empfangsbahn nicht angegeben.) Vgl. Artikel 7 (1).

b) Während der Beförderung: Mangelnde Überwachung des Güterbodens gegen Diebstähle: IZ U **1896** 130; ROH **12** 430. —

Beraubung einer Wagenladung infolge durchaus mangelhafter Beaufsichtigung des Bahnhofs: IZ Oe 1906 61. — Verschleppung einer Wagenladung leicht verderblicher Güter (statt nach Fiume nach Franzensfeste) IZ Oe 1909 134; EE Oe 25 122 (?). — Verschleppung einer Sendung Fische: EE B 15 37; IZ B 1898 333. — Verschleppung eines Koffers mit deutlicher Adresse in Verbindung mit ungenügenden Nachforschungen: RGEE 22 28; RGArch 1905 957. — Ungenügende Verwahrung eines wieder eingefangenen Hundes: OLG München VerZtg 1909 216. — Zu langes Stehenlassen eines Wagens mit Eiern im Sonnenbrand nach voraufgegangener Verschleppung: EE Oe 25 122. — Übermäßige Überschreitung der Lieferfrist läßt „offenbar" (?) nur auf grobe Fahrlässigkeit schließen (?): IZ F 1909 237, 238; IZ Oe 1909 134; IZ F 1906 59; EE F 22 271; IZ Oe 1899 483; IZ B 1898 333. — Verwechslung zweier Wagennummern: IZ Oe 1905 413; IZ U 1898 598; IZ F 1905 246. — Trennung einer Stückgutsendung, so daß ein Teil innerhalb, ein Teil nach Ablauf der Lieferfrist eintrifft: IZ Oe 1899 483. — Unachtsame Beförderung einer Eilgutsendung (Theaterdekorationen): IZ F 1905 246; ebenso Mangel an Sorgfalt, wenn durch Betriebsstörung aufgehaltenes Eilgut nicht möglichst schnell weiter befördert wird: EE U 23 29; unterlassene, betrieblich mögliche schnellste Weiterbeförderung lebender Fische: IZ Oe 1899 399 (?) (vgl. Art. 39 und 31 (1) 5). — Behandlung von Eilgut als Frachtgut; EE F 20 16. — Unterlassene Benachrichtigung bei Beförderungshindernissen: EE U 24 41. — Überschreiten der Lieferfrist bei Eilgut um 24 Tage bei 3 Tagen Frist: IZ B 1903 345; EE B 20 234.

c) Bei der Ablieferung: Versuch der Zustellung des Gutes an einen anderen Empfänger, obwohl Adresse im Frachtbrief richtig und deutlich ausgefüllt: IZ Oe 1900 60. — Ablieferung an falsche Adresse: IZ Oe 1905 71; EE Oe 17 259; EE B 20 325; EE Oe 21 129. — Behandlung eines beladenen Wagens als leer, saumseliges Betreiben der Nachforschung nach vorlorenem Gute, Abhandenkommen der Begleitpapiere: EE Oe 21 129. — Unterlassene Avisierung: IZ I 1895 265. — Avisierung vor Ankunft des Gutes: IZ Oe 1902 91. — Verspätete Ablieferung von Eilgut trotz wiederholter beschleunigender Reklamationen des Absenders: IZ B 1903 345 (s. oben b). — Verkauf unanbringlichen Gutes trotz entgegengesetzter Anweisung des Absenders: IZ Oe 1900 256.

2. Grobe Fahrlässigkeit ist nicht angenommen: a) Bei der Absendung: Abfertigung nach einer Station mit ähnlichem Namen: Rundnagel 215. — Vergreifen in den Beklebezetteln: EE Oe 20 118. — Stellen eines nach Karbol riechenden Wagens für Mehlsendung: IZ Oe 1906 13.

b) Während der Beförderung: Verschleppung eines Gutes und unaufgeklärter Verlust desselben allein begründen noch nicht die Annahme grober Fahrlässigkeit: IZ Oe 1909 234; vgl. auch Seuff. Arch. 25 456 Nr. 297 (OAG Dresden) und EE F 14 20. — Unterlassene Ausladung auf der Bestimmungsstation ohne Überschreitung der Lieferfrist: IZ B 1895 302; EE Oe 17 329 (Auseinanderreißen einer Stückgutsendung). — Heißlaufen wegen unterlassenen Schmierens: EE U 18 306. — Schlechter Wagenverschluß IZ Oe 1905 298. — Fehlleitung durch Verwechslung der Wagennummern: EE Oe 17 252; IZ Oe 1902 91 und 92; EE Oe 18 306; IZ U 1908 108. — Stellen eines Wagens mit feuergefährlichem Gut in die Nähe einer Lokomotive: IZ **B 1901** 456. — Irrtümliche Zolldeklaration auf Grund falscher Angaben des Absenders: IZ **F 1896** 441; EE **F 13** 234.

c) Bei der Ablieferung: Unterlassen der Mitteilung an den Absender über das Ergebnis einer nach Artikel 25 IÜ eingeleiteten amtlichen Untersuchung: IZ **B 1904** 306; EE **B 21** 269. — Unrichtiges oder verspätetes Avisieren: EE **Oe 18** 215; EE **Oe 22** 24. — Anhäufung von Gütern infolge von Verkehrsschwierigkeiten weder grobe Fahrlässigkeit noch höhere Gewalt: RGEE **23** 388; IZ LG München **D 1902** 387. — Wenn auf Anfrage des Empfängers, ob ein — tatsächlich angekommenes — Gut angekommen sei, der betr. Beamte dies verneint u. U. Verschulden, aber nicht notwendig grobes: EE **Oe 18** 116.

Artikel 42.

Verzinsung der Entschädigungsbeträge.

Der Forderungsberechtigte kann 6 Prozent Zinsen der als Entschädigung festgesetzten Summe verlangen. Diese Zinsen laufen von dem Tage, an welchem das Entschädigungsbegehren gestellt wird.

Bemerkungen.

VBR 79. Übk zum VBR 17. — SVE XXIV (20 II); XXV (21 I); XXVI (25). MSVE 42. DVE XXVII (Art. 27 b). DDVE LVII. P I 44, 83. P II 55, 123. P III 55. R I 77. R II 16, 31, 73. — Gerstner IÜ 391. Gerstner NSt 119. Rosenthal IÜ 246. Fritsch IÜ 651. Eger IÜ 432. von der Leyen Goldschmidts Z **39** 84; **65** 23. Calmar 201. Schwab 309. Rundnagel 226. Marchesini **2** 237.

Die Bestimmung bezieht sich nur auf die Verzinsung von Entschädigungsforderungen. Die Zinspflicht beginnt nicht mit dem Tage des Entstehens der Forderung, sondern erst vom Tage der Geltendmachung der Forderung an.

Eine Zinspflicht für die Frachterstattungsbeträge kann in dieser Vorschrift deshalb nicht gesehen werden, weil der Artikel nur von der als „Entschädigung" festgesetzten Summe spricht. Ob und wann in derartigen Fällen Verzugszinsen zu zahlen sind, ist im IÜ bisher nicht entschieden. Ein dahingehender Antrag Italiens bei der II. Revisionskonferenz, auch die Verzinsung dieser Beträge in Artikel 42 aufzunehmen, ist zurückgezogen (R II 31). Diese Verzinsungspflicht richtet sich also nach dem Recht desjenigen Ortes, wo die Mehrzahlung erfolgte (vgl. dazu IZ 1904 234, 235 und IZ **Oe 1903** 375). Sie muß aber eine beiderseitige sein und folgerichtig auch bei Mehrforderungen der Eisenbahn in Frage kommen. Vgl. dazu auch IZ **1903** 377, wonach man absichtlich von der Statuierung einer Zinspflicht von Mehrfrachten Abstand genommen.

Eger IÜ **434** dehnt die Pflicht aus Artikel 42 auch auf Frachterstattungen aus und beruft sich, wie mir scheint, nicht mit Recht auf Rosenthal 247. Der aber spricht ausdrücklich nur von jedem

„Entschädigungsbetrag“,nicht auch von Frachterstattungen. Auch die Berufung auf Hertzer 151 scheint unberechtigt, da sich dessen Bemerkung auf § 61 der alten VO bezieht, nicht aber auf Artikel 42 IÜ.

Vgl. SepdSchiffZtg Oe 1910 115: Verpflichtung der Eisenbahn zur Zahlung der gesetzlichen Verzugszinsen anerkannter Fracht-differenzen.

Artikel 43.

Ausschluß der Haftung bei verbotener oder nur bedingungsweise zugelassener Beförderung.

Wenn Gegenstände, welche vom Transport ausgeschlossen oder zu demselben nur bedingungsweise zugelassen sind, unter unrichtiger oder ungenauer Deklaration zur Beförderung aufgegeben, oder wenn die für dieselben vorgesehenen Sicherheitsvorschriften vom Absender außer acht gelassen werden, so ist jede Haftpflicht der Eisenbahn auf Grund des Frachtvertrages ausgeschlossen.

Bemerkungen.

EVO 96. HGB 467, 471. VBR 80. — DVE XXVIII (Art. 27 c). DDVE LVII. P I 44, 45, 83. P II 55, 123, 124. R I 77. R II 16, 73. — Gerstner IÜ 392. Gerstner NSt 119. Rosenthal IÜ 200. Fritsch IÜ 651. Eger IÜ 435. von der Leyen Goldschmidts Z **39** 84. Calmar 201. Hilscher 207. Schwab 310. v. Rinaldini 252. Rundnagel 61 ff. Düringer-Hachenburg **III** 684.

I. Der Artikel behandelt zwei verschiedene Fälle: Die vom Transport ausgeschlossenen und die zum Transport nur bedingungsweise zugelassenen Gegenstände.

1. Über die vom Transport ausgeschlossenen Gegenstände (Art. 2 und 3 (1), kann ein gültiger internationaler Frachtvertrag überhaupt nicht geschlossen werden. Gelangen sie infolge unrichtiger oder ungenauer Deklaration dennoch zur Beförderung, so würde die Eisenbahn den geschlossenen Vertrag wegen Irrtums anfechten können. Dieser Anfechtung bedarf es aber gar nicht; denn was die Eisenbahn allein interessiert, ihre Haftung aus dem geschlossenen Frachtvertrage, ist infolge des Artikels 42 ausdrücklich ausgeschlossen. Das Gesetz scheint also von der Auffassung auszugehen, daß dennoch ein Frachtvertrag vorliegt (vgl. aber von der Leyen 85). Das ist von Bedeutung für die Ersatzfrage bei Schadensersatz; denn sonst könnte z. B. in Preußen Ersatz aus § 25 Eis.-Ges. vom 3. November 1838 in Frage kommen (vgl. Rundnagel 64 ff.). — Anders liegt die Sache, wenn die Eisenbahn solche Gegenstände trotz Kenntnis von ihrer Beschaffenheit zur Beförderung angenommen hat:

Dänemark hatte für die II. Revisionskonferenz zu Artikel 43 einen Antrag gestellt, es sollte die Haftung der Eisenbahn für den Verlust ausgeschlossen werden, den ein Absender dadurch erleiden könne, daß die Beförderung von Gegenständen übernommen wird, deren Einfuhr oder Durchfuhr in einem Vertragsstaate verboten ist. Diesen Antrag hat es in der Kommission mit Rücksicht auf Artikel 2 Ziffer 3 zurückgenommen, weil IÜ auf derartige Gegenstände keine Anwendung findet. Die Eisenbahn würde durch Übernahme solcher Gegenstände auf internationalen Frachtbrief einen Fehler begehen, der nach IÜ nicht behandelt werden könnte, dessen Folgen für die Eisenbahn sich vielmehr nach dem betr. Landesrechte regeln würden.

2. Die nur bedingungsweise zur Beförderung zugelassenen Gegenstände können ebenfalls — und zwar entweder infolge unrichtiger oder ungenauer Deklaration oder unter Außerachtlassung der für sie vorgesehenen Sicherheitsvorschriften — vorschriftswidrig zur Beförderung gelangen. Auch hier hätte die Eisenbahn das Anfechtungsrecht. Doch ist das Gesetz ebenso wie bei den schlechthin ausgeschlossenen Gegenständen von dem Gesichtspunkte geleitet, es liege ein Frachtvertrag vor, aus dem aber eine Haftpflicht für die Eisenbahn nicht begründet sei.

II. Die Folge dieser Auffassung ist, daß die Eisenbahn die Gebühren verlangen kann, und daß sie für Zerstörung oder sonstige Schädigung des Gutes aus unerlaubter Handlung nicht haftet — höchstens vielleicht aus ungerechtfertigter Bereicherung (Verwendung des Gutes im eigenen Betriebe). Vgl. Näheres bei Rundnagel 66. Eine schuldhaft falsche oder ungenaue Erklärung oder Unterlassung der Sicherheitsvorschriften ist bei alledem nicht gefordert.

III. Kennt die Eisenbahn die Beschaffenheit des Gutes, so fällt ihre Haftbefreiung möglicherweise fort. Konkurrierendes Verschulden. Ebenso ist aus Artikel 43 IÜ die Haftpflicht der Eisenbahn nicht ausgeschlossen, wenn die fehlerhafte Deklaration bei anderen als den im Artikel 43 genannten Gütern stattgefunden hat (IZ F 1901 110). Hier kommt noch Artikel 7 IÜ und die Haftung des Absenders für richtige Angaben im Frachtbrief in Betracht.

Artikel 44.

Erlöschen der Ansprüche gegen die Eisenbahn.

(1) Ist die Fracht nebst den sonst auf dem Gute haftenden Forderungen bezahlt und das Gut angenommen, so sind alle Ansprüche gegen die Eisenbahn aus dem Frachtvertrage erloschen.

(2) Hiervon sind jedoch ausgenommen:

1. Entschädigungsansprüche, bei welchen der Berechtigte nachweisen kann, daß der Schaden durch Arglist oder grobe Fahrlässigkeit der Eisenbahn herbeigeführt worden ist;

2. Entschädigungsansprüche wegen Verspätung, wenn die Reklamation spätestens am vierzehnten Tage, den Tag der Annahme nicht mitgerechnet, bei einer der nach

Artikel 27, Absatz (3) in Anspruch zu nehmenden Eisenbahnen angebracht wird;

3. Entschädigungsansprüche wegen solcher Mängel, deren Feststellung gemäß Artikel 25 vor der Annahme des Gutes durch den Empfänger erfolgt ist, oder deren Feststellung nach Artikel 25 hätte erfolgen sollen und durch Verschulden der Eisenbahn unterblieben ist;

4. Entschädigungsansprüche wegen äußerlich nicht erkennbarer Mängel, deren Feststellung nach der Annahme erfolgt ist, jedoch nur unter nachstehenden Voraussetzungen:

    a) es muß unmittelbar nach der Entdeckung des Schadens und spätestens sieben Tage nach der Empfangnahme des Gutes der Antrag auf Feststellung gemäß Artikel 25 bei der Eisenbahn oder dem zuständigen Gerichte angebracht werden;

    b) der Berechtigte muß beweisen, daß der Mangel während der Zeit zwischen der Annahme zur Beförderung und der Ablieferung entstanden ist.

    War indessen die Feststellung des Zustandes des Gutes durch den Empfänger auf der Empfangsstation möglich, und hat die Eisenbahn sich bereit erklärt, dieselbe dort vorzunehmen, so findet die Bestimmung unter Ziffer 4 keine Anwendung.

(3) Es steht dem Empfänger frei, die Annahme des Gutes, auch nach Annahme des Frachtbriefes und Bezahlung der Fracht, insolange zu verweigern, als nicht seinem Antrage auf Feststellung der von ihm behaupteten Mängel stattgegeben ist. Vorbehalte bei der Annahme des Gutes sind wirkungslos, sofern sie nicht unter Zustimmung der Eisenbahn erfolgt sind.

(4) Wenn von mehreren auf dem Frachtbriefe verzeichneten Gegenständen einzelne bei der Ablieferung fehlen, so kann der Empfänger in der Empfangsbescheinigung (Art. 16) die nicht abgelieferten Gegenstände unter spezieller Bezeichnung derselben ausschließen.

(5) Alle in diesem Artikel erwähnten Entschädigungsansprüche müssen schriftlich erhoben werden.

Bemerkungen.

EVO 97. HGB 438, 464, 471. VBR 81 (Zus. V). — SVE XXVIII (Art. 29). MSVE 43, 44. DVE XXVIII (Art. 29). DDVE LVII.

P I 47—51, 83, 84. P II 55—57, 124, 125. P III 56, 82, 83. R I 77, 83, 223, 271. R II 16, 29, 74, 75. — Gerstner IÜ 394. Gerstner NSt 120. Rosenthal IÜ 248. Fritsch IÜ 651. Eger IÜ 440. Reindl EE **16** 16; **25** 19. von der Leyen Goldschmidts Z **39** 85; **49** 413; **65** 23. Calmar 202. Hilscher 218. Schwab 329. v. Rinaldini 254. Rundnagel 232. Marchesini **1** 464; **2** 322. Staub §§ 438[14], 464[1]. Düringer-Hachenburg III 604, 610, 676, 677.

I. Der Artikel 44 stellt die Regel auf, daß mit der Bezahlung der Fracht und der Annahme des Gutes grundsätzlich alle Ansprüche aus dem Beförderungsvertrage ihre Erledigung finden.

1. „Die Fracht nebst den sonst auf dem Gute haftenden Forderungen" muß gezahlt sein, d. h. die in Artikel 16 und 17 IÜ erwähnten „im Frachtbrief ersichtlich gemachten Beträge", dabei ist bedeutungslos für diese Frage, ob etwa bei der Berechnung ein Irrtum untergelaufen ist, etwa eine Nebengebühr, die zu erheben wäre, nicht eingetragen oder die Fracht zu niedrig berechnet ist, und tatsächlich zu wenig eingezogen wurde. Die Frage, welche Fracht und sonstigen Forderungen als auf dem Gute haftend anzusehen sind, entscheidet sich aus dem Inhalt des Frachtbriefes (Gerstner IÜ 397; Rundnagel 239). Zahlung ist nicht nur Barzahlung, sondern auch Aufrechnung, Hingabe an Zahlungs Statt (z. B. eines Wechsels). Bei Stundungsnehmern gilt sie als erfolgt erst mit der periodischen Abrechnung. Teilzahlungen (Bolze Band **11** S. 182, Nr. 364; RGZ **25** 32); genügen ebensowenig wie Zahlungsversprechen (Ausstellung eines Wechsels, Erteilung einer Anweisung).

2. Annahme des Gutes siehe Art. 16 (1), 17 und 19. RGZ **25** 32: In der vorbehaltlosen Annahmehandlung liegt Billigung der Leistung des Frachtführers. RGZ **22** 145: Sie liegt nicht vor bei Zurücknahme des Gutes unter Aufhebung des Frachtvertrages. — Es muß aber das im Frachtbriefe bezeichnete, nicht etwa ein damit verwechseltes Gut ausgeliefert worden sein: IZ **Oe 1906** 436; dagegen IZ **F 1904** 353 und IZ **Oe 1898** 598. — IZ **B 1905** 239: In Belgien ist der Empfänger gehalten, die Sendung vor Zahlung der Fracht und Erteilung der Empfangsbescheinigung zu besichtigen. — IZ **Oe 1908** 18: Auf vorbehaltlose Annahme des Gutes kann Eisenbahn sich nicht berufen, wenn der ausliefernde Bedienstete trotz Kenntnis von der Beschädigung vor der Auslieferung die Aufnahme eines Tatbestandsprotokolls nicht veranlaßt hat.

Außer Zahlung der Fracht ist tatsächliche Auslieferung des Gutes erforderlich: IZ **I 1894** 161.

Eigenartig ist das Urteil des k. k. Obersten Gerichtshofes in Wien, IZ **1906** 394: Von einer Sendung von 28 Fässern kommen nur 26 an. Der Empfänger löst den Frachtbrief ein und erhält die 26 Fässer ausgefolgt. Durch diese vorbehaltlose Annahme erlösche das Reklamationsrecht wegen der fehlenden zwei Fässer nicht; denn es handle sich hinsichtlich ihrer nicht um ein Manko, sondern um einen Totalverlust, so daß bezüglich ihrer eine Annahme überhaupt nicht erfolgt sein könne, begrifflich nicht möglich sei.

3. Durch Bezahlung und Annahme entsteht die Vermutung, daß der Empfänger die Ausführung des Beförderungsvertrages billigt, eine Vermutung, die sich nur in den Ausnahmefällen des Abs. (2) widerlegen läßt. Es erlöschen alle Verpflichtungen der Eisenbahn aus dem Frachtvertrage — nicht aber die aus unerlaubter Handlung oder aus dem Verwahrungsvertrage (Art. 5 (2)) wegen etwaiger Schäden

— und die Abs. (2) genannten: Vgl. IZ **Oe** 1899 400. „Sind erloschen“, d. h. die Eisenbahn hat die Einrede, nicht aber hat der Richter von Amts wegen das Erlöschen zu berücksichtigen: Gerstner IÜ 398; Rosenthal 250; RGZ 1 3.

4. Die Streitfrage, ob sich Abs. (1) auch auf Frankosendungen beziehe, ist gelegentlich der Berner Revisionskonferenz behandelt und in der Kommission für das IÜ in bejahendem Sinne entschieden (R II 74/75): „nach dem deutlichen Wortlaute der Vorschrift komme es nur darauf an, daß die Fracht gezahlt sei; wer gezahlt habe, sei unerheblich.“ So schon früher Gerstner IÜ 397, NSt 122; Rosenthal 249; Hilscher 219; Schwab 332; v. Rinaldini 52 (jetzt 255); IZ **S** 1901 111; Reindl VerZtg **1897** 101 und EE **19** 363 (jetzt EE **25** Anl. 19); Cosack (4) § 89 VIa; Rundnagel (wie früher) 238; OLG Hamburg EE **24** 175; IZ **CA** 1900 52; IZ **F** 1907 192; Oberger. Schaffhausen EE **18** 37; Kass.-Hof Paris EE **23** 376; Kass.-Hof Zürich EE **21** 280. A. A. Eger 443 (noch heute!) mit der eigentümlichen Begründung, „daß die tatsächliche Billigung des Transports doch füglich nicht bereits v o r seiner Beendigung erklärt werden könne!“ Das behauptet doch auch niemand, namentlich nicht die Kommission der II. Revisionskonferenz. Vielmehr liegt die Billigung erst in der vorbehaltlosen Annahme des Gutes seitens des Empfängers, der aus dem Frachtbrief ersieht, daß Zahlung erfolgt ist. Daß diese von Eger unterstellte Ansicht niemand vertreten kann, ergibt sich schon aus Artikel 44 (3) (s. unten).

A. A. Makower § 438 I a (1545), Düringer-Hachenburg § 438 II 1a Staub § 438 Anm. 6, Lehmann-Ring § 438 Nr. 3, Westphal, Die Haftpflicht des Frachtführers S. 25. Sämtlich für HGB.

II. Die Ausnahmen vom Grundsatz des Absatzes (1) zählt Absatz (2) auf. Eine weitere Ausnahme findet sich im Artikel 12 (4) letzter Satz, wonach Artikel 44 (1) auf Ansprüche wegen unrichtiger Frachtberechnung keine Anwendung findet.

1. Siehe Art. 41. Es kommt darauf an, daß dem Gut ein Schaden zugefügt ist (so auch Rundnagel 246). Diese Vorschrift gilt auch für Reklamationen wegen Lieferfristüberschreitung im Falle von Arglist oder grober Fahrlässigkeit: EE **Oe** 24 63.

2. a) Die ursprünglich siebentägige Frist ist auf Antrag Deutschlands und Österreich-Ungarns von der Pariser Revisionskonferenz auf 14 Tage erhöht. Diese Frist wird gewährt, weil der Empfänger erst an der Hand des Frachtbriefes in der Lage ist, die Innehaltung der Lieferfrist unter Zuhilfenahme der Tarife zu prüfen. Die Frist ist verlängert, um ihm Gelegenheit zu geben, nötigenfalls Rückfrage beim Absender zu halten.

b) Der Antrag muß von dem zur Reklamation Berechtigten eingebracht werden. Es sind also die etwa notwendigen Zessionen, ebenso die nötigen Frachtbriefe u. s. f. beizubringen, sonst liegt kein rechtsgültiger Antrag vor.

c) Der Antrag muß spätestens am 14. Tage, den Tag der Annahme nicht mitgerechnet, angebracht sein, d. h. entweder durch schriftliche Anzeige (Reklamation) oder durch Zustellung der Klage. Aufgabe zur Post in dieser Zeit genügt nicht: IZ **Oe** 1898 407. Die Frist ist gewahrt, wenn innerhalb derselben das Schriftstück in den Besitz der betreffenden „Eisenbahn“ gelangt, d. h. in den Besitz der betr. Behörde. Dazu genügt aber Einwerfen in ihren Briefkasten, Aushändigung an den Diener, der Präsentationsstempel kann nicht bestimmend sein. Vgl. OVG Berlin EE **15** 123; OLG Hamburg EE

25 150; RGS **10** 74; OLG Hamburg DJurZ **1908** 824. Hamburg JDR **7** 683: Eine in einem eingeschriebenen Paket enthaltene Reklamation ist in dem Augenblicke bei der Bahn angebracht, in welchem dem abholenden Boten der Bahn die Paketadresse postseitig übergeben ist; denn in diesem Augenblicke hat die Bahn die Möglichkeit erlangt, sich in den Besitz des Pakets durch Quittieren zu setzen.

d) Es wird aber gefordert werden müssen, daß die zuständige Behörde in den Besitz kommt, nicht etwa kann genügen die Abgabe an eine Dienststelle der „Eisenbahn". IZ U **1900** 372: Das Reklamationsschreiben muß am letzten Tage der Frist „an jener Stelle sein, wo es zu erfüllen ist".

Ist die Lieferfristüberschreitung auf Arglist oder grobe Fahrlässigkeit zurückzuführen, so greift Artikel 44 (2) 1 ein, d. h. der schriftliche (Artikel 44 (5)) Antrag muß innerhalb 3 Jahren (Art. 45(1)) gestellt werden; s. auch IZ **Oe 1908** 17.

e) Eine vom Empfänger v o r Ankunft des Gutes wegen Lieferfristüberschreitung geltend gemachte Schadensersatzforderung verliert ihre Wirksamkeit nicht, wenn Motive dafür vorliegen, daß bei der schließlichen Empfangnahme des Gutes auf die vorher angebrachte Reklamation nicht verzichtet wurde: IZ **I 1901** 287.

3. Hier handelt es sich um zwei Fälle. a) Einmal um Mängel, die vorschriftsmäßig festgestellt sind. Es genügt dafür nicht etwa, daß nur der Antrag auf Feststellung eingereicht ist (Ziffer 4). Der Mangel kann ferner auch von Amts wegen festgestellt sein.

b) Zweitens gehören hierher die Fälle, in denen die Eisenbahn eine Mängelfeststellung schuldhafterweise nicht vorgenommen hat, obwohl sie dazu verpflichtet gewesen wäre. Verpflichtet aber ist sie, wenn sie einen Mangel entdeckt (nicht auch, wenn sie einen Mangel hätte entdecken müssen, siehe Art. 25), ferner, wenn sie einen solchen vermutet, drittens, wenn der Verfügungsberechtigte einen solchen behauptet. Daß eine dieser drei Voraussetzungen jener Verpflichtung vorliege, hat der die Entschädigung Fordernde zu beweisen, ebenso, daß durch ein Verschulden der Eisenbahn die Verpflichtung nicht erfüllt wurde. (Die Feststellung des Mangels kann auch ohne Verschulden der Eisenbahn, z. B. infolge einer nicht von der Eisenbahn verschuldeten Anweisung des Verfügungsberechtigten, unterblieben sein.) EE U **24** 64: Eisenbahn muß Schaden protokollarisch feststellen, den sie auch nur vermutet. IZ **Oe 1899** 401: Eisenbahn ist zur Nachwiegung von Getreide aus Rußland an der Grenze nicht schon deshalb verpflichtet, weil eine Gewichtsdifferenz vorliegt, so daß ein Manko, wenn nicht entdeckt, so doch zu vermuten ist, weil ı as im Frachtbrief angegebene nur ein abgerundetes sein dürfte (610 Pud), da nach diesem die Fracht berechnet wird, wenn auch das Gewicht ein geringeres ist. EE **Oe 20** 35: Unterlassene bahnamtliche Verwiegung ist nicht der unterlassenen „Feststellung" gleich zu achten. IZ **Oe 1903** 313.

4. Äußerlich nicht erkennbar sind solche Mängel, die bei der Empfangnahme trotz ordnungsmäßiger Prüfung des verpackten Gutes sich nicht feststellen lassen, also namentlich innere Schäden. Handelt es sich um äußerlich erkennbare Mängel, so kann nur Artikel 44 (2) Ziffer 3 in Betracht kommen.

a) Voraussetzung ist: 1. Der Schaden muß unmittelbar n ıch der Entdeckung mitgeteilt und der Antrag auf seine amtliche Feststellung gestellt werden. Dabei ist aber erforderlich, daß auch diese amtliche Feststellung überhaupt noch möglich ist, und das Gut nicht etwa schon verarbeitet ist (von Rinaldini 258). Er muß außerdem spätestens sieben Tage nach der Empfangnahme des Gutes (auf die Zeit der Frachtzahlung kommt es dabei gar nicht an) gestellt sein.

2. Ferner muß der Berechtigte beweisen, daß der Schaden in der kritischen Zeit entstanden ist (Art. 30): IZ **Oe 1907** 18 und **1908 391**.

3. Die Feststellung des Zustandes darf auf der Empfangsstation nicht möglich gewesen sein (z. B. wegen Mangels geeigneter Räumlichkeiten), auch darf sich die Eisenbahn nicht zur Vornahme der Feststellung bereit erklärt haben (sei es im einzelnen Falle oder durch Anschlag oder in den Tarifen ein für allemal).

b) Beispiele: IZ **F 1905** 104: Nach französischem Recht ist der Empfänger berechtigt, das Gut vor der Empfangnahme und vor Zahlung der Fracht zu prüfen. (Vgl. die an dieser Stelle zitierten sonstigen Entscheidungen.) Ebenso IZ **B 1899** 193. — OLG Stuttgart IZ **1895** 37: Eisenbahn haftet auch nach bedingungsloser Annahme des Gutes. (Äpfel, welche durch Chlorkalk verdorben waren. Der Verderb stellte sich erst später heraus.) Vgl. auch IZ **I 1898** 663: Kläger muß beweisen, daß die drei Voraussetzungen bestehen (vgl. a). Innehaltung der Frist: IZ **F 1898** 530.

Zu „äußerlich nicht erkennbare Mängel" vgl. IZ **Oe 1908** 391, wo das Fehlen von 25 Säcken einer Wagenladung, die mit unverletzten Plomben einging, als derartiger nicht erkennbarer Mangel nicht angesehen wird. Man hat aber darunter nicht nur solche Mängel zu verstehen, die nicht als Mängel aus „Minderung, Beschädigung und Verlust" anzusehen sind. (Gerstner IÜ 401.) Ins Mehl gelangter Farbstoff: OLG Darmstadt IZ **1896** 88.

Nicht „äußerlich nicht erkennbarer Mangel". Loch im Pneumatik eines in Lattenverschlag beförderten Fahrrades: IZ **F 1896** 89.

III. Fall der verweigerten „Abnahme" (vgl. EVO § 81 (6) und § 97 (3) EVO).

Die Bestimmung ergibt sich aus Artikel 44 (1). Es muß dem Empfänger die Möglichkeit gegeben sein, auch nach erfolgter Bezahlung der Fracht, z. B. bei Frankatur und nach Annahme des Frachtbriefes, aus dem er ja erst über das Gut das Notwendigste ersieht, eine Prüfung des Gutes vorzunehmen und die Annahme des Gutes vorläufig zu verweigern, z. B. weil er bei Vergleichen des Frachtbriefinhaltes mit dem ihm zugewiesenen Gute Unterschiede bemerkt, oder weil er das Vorliegen äußerlich erkennbarer Mängel bemerkt oder etwa Lieferfristüberschreitung behauptet. (Es liegt hierin eine Einschränkung des Satzes, daß der Empfänger durch Annahme des Frachtbriefes, die nach Ankunft des Gutes erfolgt, oder nach Erhebung der Klage auf Herausgabe des Gutes und Frachtbriefes der Eisenbahn gegenüber zur Annahme des Gutes verpflichtet ist. Artikel 16 (2)). Es ist dem Empfänger im allgemeinen nur gestattet, das Gut anzunehmen oder es zurückzuweisen. Vorbehalte sind grundsätzlich bedeutungslos, es sei denn, daß die Eisenbahn ihnen zustimmte. Durch Zahlung der Fracht und Empfangnahme des Gutes erlöschen alle Ansprüche gegen den Frachtführer, sofern nicht bei der Auslieferung ein ausdrücklicher Vorbehalt gemacht ist: IZ **I 1895** 145. Durch Annahme des Gutes erlischt jeder Anspruch gegen den Frachtführer, bei vom Empfänger zu entladenden Gütern findet die Annahme mit der Besitzergreifung statt. Sie ist definitiv, wenn nicht der Mangel im Augenblicke der

Übergabe des Wagens, jedenfalls aber vor der Entladung festgestellt wird: IZ **F 1895 265**; vgl. auch **F 1896 329**.

IV. Der einseitige Vermerk des Fehlens genügt nicht zur Erhaltung des Rechtes des Empfängers. Er kann aber als Behauptung eines Mangels aufzufassen sein, so daß nach Artikel 25 (2) IÜ die Eisenbahn eine amtliche Feststellung vorzunehmen hat. Unterläßt sie das, so kann Artikel 44 (2) Ziffer (3) in Frage kommen. (So auch Rundnagel S. 244.) Wegen Zahlung der Nachnahme trotz teilweisen Verlustes des Gutes vgl. den Aufsatz IZ **1908 294**: Eisenbahn ist nicht berechtigt, die Nachnahme ohne Anordnung des Absenders verhältnismäßig zu kürzen.

V. Die „Entschädigungs"-Anträge sind schriftlich zu stellen. Zweckmäßigerweise wird der Berechtigte aber auch die Anträge aus Artikel 25 (Art. 44 (2) 4) schriftlich stellen, obwohl es sich da erst um Anträge handelt, welche die Grundlage für einen etwaigen Entschädigungsanspruch schaffen wollen.

Vgl. wegen des innerfranzösischen Rechts: IZ **F 1901 328**.

Artikel 45.

Verjährung der Schadensansprüche gegen die Eisenbahn.

(1) Entschädigungsforderungen wegen Verlustes, Minderung, Beschädigung oder Verspätung, insofern sie nicht durch Anerkenntnis der Eisenbahn, Vergleich oder gerichtliches Urteil festgestellt sind, verjähren in einem Jahre und im Falle des Artikels 44, Absatz (2), Ziffer 1, in drei Jahren.

(2) Die Verjährung beginnt im Falle der Beschädigung oder Minderung an dem Tage, an welchem die Ablieferung stattgefunden hat, im Falle des gänzlichen Verlustes eines Frachtstückes oder der Verspätung an dem Tage, an welchem die Lieferfrist abgelaufen ist.

(3) Bezüglich der Unterbrechung der Verjährung entscheiden die Gesetze des Landes, wo die Klage angestellt ist.

(4) Wenn der Berechtigte eine schriftliche Reklamation bei der Eisenbahn einreicht, so wird die Verjährung für so lange gehemmt, als die Reklamation nicht erledigt ist. Ergeht auf die Reklamation ein abschlägiger Bescheid, so beginnt der Lauf der Verjährungsfrist wieder mit dem Tage, an welchem die Eisenbahn ihre Entscheidung dem Reklamanten schriftlich bekannt macht und ihm die der Reklamation etwa angeschlossenen Beweisstücke zurückstellt. Der Beweis der Einreichung oder der Erledigung der Reklamation sowie der der Rückstellung der Beweis-

stücke obliegt demjenigen, der sich auf diese Tatsachen beruft. Weitere Reklamationen, die an die Eisenbahn oder an die vorgesetzten Behörden gerichtet werden, bewirken keine Hemmung der Verjährung.

Bemerkungen.

IÜ 12 (4), 46. EVO 71, 98. HGB 414, 439, 470 II, 471. VBR 82. Landesrecht zu Art. 45 (3) Zusammenstellung S. 145. — SVE XXX, XXXI (Art. 31). MSVE 44. DVE XXX, XXXI (Art. 31). DDVE LVII. P I 51, 84. P II 58, 59, 126. P III 56. R I 77, 83, 227, 271. R II 17, 153. — Gerstner IÜ 406. Gerstner NSt 122. Rosenthal IÜ 255. Fritsch IÜ 652. Eger IÜ 454. Reindl EE **16** 16. von der Leyen Goldschmidts Z **39** 85; **49** 413. Calmar 205. Hilscher 221. Schwab 344. v. Rinaldini 260. Rundnagel 254. Marchesini **2** 353, 381. Staub § 470³ ⁶. Düringer-Hachenburg III 483.

I. Der Artikel regelt nur die Verjährung von Ansprüchen gegen die Eisenbahn, soweit nach den Bestimmungen des Artikels 44 solche denkbar sind wegen **Verlusts, Minderung, Beschädigung** oder **Verspätung**, nicht aber z. B. die des Anspruchs auf Erfüllung des Frachtvertrages, aus einem dem Frachtvertrage vorhergehenden Verwahrungsvertrage oder auf Schadensersatz aus einem unrechtmäßigen Verkauf nicht anbringbaren Gutes seitens der Eisenbahn: **EE Oe 17** 277: Diese richtet sich nach Landesrecht. Er regelt auch nicht die Verjährung der Ansprüche gegen die Eisenbahn auf Zurückzahlung zuviel gezahlter Fracht (s. Art. 12 (4) für den Fall unrichtiger Tarifanwendung oder von Rechenfehlern) und zuviel gezahlter Frachtzuschläge (Art. 7 (6)). — Verjährung der Ansprüche der Eisenbahn gegen die Verfrachter s. Artikel 12 Anm. II 5.

II. Wenn bei **Beschädigung oder Minderuug nicht abgeliefert** ist, so kann für den Beginn der Verjährung — da I Ü hierüber nichts bestimmt, diesen Fall vielmehr nur für Verlust geregelt hat — zweifelhaft sein, ob man den Zeitpunkt des Realangebots (RGEE **12** 36), den des Ablaufs der Lieferfrist (Janzer-Burger S. 230 oben) oder den Zeitpunkt zugrunde legen soll, der allgemein nach deutschem Recht für die Verjährung maßgebend ist, nämlich den der Entstehung eines klagbaren Anspruchs auf Leistung (Dernburg **1** 514). Dieser Zeitpunkt wäre, wenn es sich um Ansprüche des Empfängers handelte, gemäß Artikel 16 (2) die Ankunft des Gutes am Bestimmungsorte. Für Ansprüche des Absenders wird ebenfalls nicht derjenige des Ablaufs der Lieferfrist maßgebend sein, sondern der, in welchem er vom Ablieferungshindernis Kenntnis erhält; denn die Eisenbahn hat die Verpflichtung, den Absender unverzüglich von dem Ablieferungshindernis zu benachrichtigen (Art. 24), auch wenn die Lieferfrist zu diesem Zeitpunkte noch nicht verstrichen ist.

Für das Verfahren der Ablieferung ist nach Artikel 19 das Landesrecht der Ablieferungsbahn maßgebend. Für Deutschland käme im Falle der Annahmeverweigerung auch § 81 (3) EVO und damit die Einlagerung in Betracht, mit deren Vornahme die Eisenbahn im Falle des Ablieferungshindernisses ihren Verpflichtungen aus dem Frachtvertrage genügt.

Die Verjährungsfrist richtet sich nach Absatz (1).

Vgl. dazu auch ROH **17** 80, Rundnagel S. 257 Anm. 3 und dagegen Rosenthal 257; RG EE **12** 36; Schwab 347.

III. Unterbrechung der Verjährung hat zur Folge, daß die bis zu ihrem Eintritt verstrichene Zeit in Wegfall kommt, derart, daß sie auf den Verjährungszeitraum nicht in Anrechnung gebracht werden kann. Fällt der Grund weg, so beginnt von neuem die Verjährungsfrist zu laufen.

Zusammenstellung Seite 145. — Über ausländisches Recht siehe IZ **B** 1896 373; 1898 664; IZ **F** 1898 657; 1902 325; IZ **I** 1896 218; 130; 1897 228; 1900 323; 1901 371; 1905 375; 1906 438; IZ **Oe** 1897 332; 1898 407.

IV. Hemmung der Verjährung bewirkt das zeitweilige Ruhen der V.; fällt der Grund weg, so läuft die Verjährung unter Anrechnung des etwa bereits verstrichenen Zeitraums weiter.

Artikel 46.

Unzulässigkeit der Geltendmachung erloschener und verjährter Ansprüche.

Ansprüche, welche nach den Bestimmungen der Artikel 44 und 45 erloschen oder verjährt sind, können auch nicht im Wege einer Widerklage oder einer Einrede geltend gemacht werden.

Bemerkungen.

IÜ 45. EVO 71, 98. HGB 414, 439, 470 II, 471. VBR 83. — SVE XXX (Art. 30). MSVE 44. DVE XXX (Art. 30). DDVE LVII. P I 51, 84. P II 50, 125. R I 77. — Gerstner IÜ 406. Gerstner NSt 124. Rosenthal IÜ 260. Fritsch IÜ 653. Eger IÜ 463. von der Leyen Goldschmidts Z **39** 85. Schwab 344. Staub § 470³. Düringer-Hachenburg **III** 483.

Diese Regelung weicht wesentlich ab von der im deutschen HGB § 439/414 und EVO § 98 (5) getroffenen, wonach derartige Ansprüche auch nach Vollendung der Verjährung aufgerechnet werden können, wenn vorher der Verlust, die Minderung, die Beschädigung oder die Überschreitung der Lieferfrist der Eisenbahn angezeigt oder die Anzeige an sie abgesendet worden ist; der Anzeige an die Eisenbahn steht es gleich, wenn gerichtliche Beweisaufnahme zur Sicherung des Beweises beantragt. oder wenn in einem zwischen dem Absender und dem Empfänger oder einem späteren Erwerber des Gutes wegen des Verlustes, der Minderung, der Beschädigung oder der Fristüberschreitung anhängigen Rechtsstreite der Eisenbahn der Streit verkündet wird.

Vorbemerkung zu Artikel 47—54.

Die folgenden Artikel geben Direktiven über den Rückgriff der Eisenbahnen untereinander, und zwar nach der materiellen (Art. 47—50) wie nach der formellen Seite (Art. 51—53). Artikel 54 räumt den Eisenbahnen jedoch die Befugnis ein, über diese Angelegenheiten andere Vereinbarungen zu treffen.

Artikel 47.

Rückgriffsrecht der Bahnen untereinander.

(1) Derjenigen Eisenbahn, welche auf Grund der Bestimmung dieses Übereinkommens Entschädigungen geleistet hat, steht der Rückgriff gegen die am Transporte beteiligten Bahnen nach Maßgabe folgender Bestimmungen zu:

1. diejenige Eisenbahn, welche den Schaden allein verschuldet hat, haftet für denselben ausschließlich;

2. haben mehrere Bahnen den Schaden verschuldet, so haftet jede Bahn für den von ihr verschuldeten Schaden. Ist eine solche Unterscheidung nach den Umständen des Falles nicht möglich, so werden die Anteile der schuldtragenden Bahnen am Schadenersatze nach den Grundsätzen der folgenden Ziffer 3 festgesetzt;

3. ist ein Verschulden einer oder mehrerer Bahnen als Ursache des Schadens nicht nachweisbar, so haften die sämtlichen am Transport beteiligten Bahnen mit Ausnahme derjenigen, welche beweisen, daß der Schaden auf ihrer Strecke nicht entstanden ist, nach Verhältnis der reinen Fracht, welche jede derselben nach dem Tarife im Falle der ordnungsmäßigen Ausführung des Transportes bezogen hätte.

(2) Im Falle der Zahlungsunfähigkeit einer der in diesem Artikel bezeichneten Eisenbahnen wird der Schaden, der hieraus für die Eisenbahn entsteht, welche den Schadenersatz geleistet hat, unter alle Eisenbahnen, welche an dem Transport teilgenommen haben, nach Verhältnis der reinen Fracht verteilt.

Bemerkungen.

IÜ 27, 28. EVO 100. HGB 432, 468, 469, 471. VBR 84. Übk zum VBR 19. — [SVE XXXXI—XXXIV (Art. 32—36). MSVE 40. DVE XXXI—XXXIV. DDVE LVIII. P I 51—54, 85. P II 47 54, 59—63, 127—130, 140. P III 56, 57, 83—85. R I 77. R II 16, 75.]*) — Gerstner IÜ 413. Gerstner NSt 125. Rosenthal IÜ 260, 264. Fritsch IÜ 653. Eger IÜ 465. von der Leyen Goldschmidts Z **39** 67. Hilscher 241. Schwab 360. Marchesini **2** 388. Staub §§ 432^{10}, 469^5. Düringer-Hachenburg **III** 581.

---

*) In [ ] zu Art. 47 bis 54.

Artikel 48.

Rückgriff im Falle der Versäumung der Lieferfrist.

(1) Die Vorschriften des Artikels 47 finden auch auf die Fälle der Versäumung der Lieferfrist Anwendung. Für Versäumung der Lieferfrist haften mehrere schuldtragende Verwaltungen nach Verhältnis der Zeitdauer der auf ihren Bahnstrecken vorgekommenen Versäumnis.

(2) Die Verteilung der Lieferfrist unter den einzelnen an einem Transporte beteiligten Eisenbahnen richtet sich, in Ermangelung anderweitiger Vereinbarungen, nach den durch die Ausführungsbestimmungen festgesetzten Normen.

§ 10 der Ausführungsbestimmungen zum IÜ.
(Zu Art. 48 des Übereinkommens.)

(1) Die nach Artikel 14 des Übereinkommens und § 6 dieser Ausführungsbestimmungen im einzelnen Falle für einen internationalen Transport sich berechnende Lieferfrist verteilt sich auf die am Transporte teilnehmenden Bahnen, in Ermangelung einer anderweitigen Verständigung, in folgender Weise:
1. Im Nachbarverkehre zweier Bahnen:
   a) die Expeditionsfrist zu gleichen Teilen;
   b) die Transportfrist pro rata der Streckenlänge (Tariflänge), mit der jede Bahn am Transporte beteiligt ist;
2. Im Verkehr dreier oder mehrerer Bahnen:
   a) die erste und letzte Bahn erhalten ein Präzipuum von je 12 Stunden bei Frachtgut und 6 Stunden bei Eilgut aus der Expeditionsfrist;
   b) der Rest der Expeditionsfrist und ein Drittel der Transportfrist werden zu gleichen Teilen unter allen beteiligten Bahnen verteilt;
   c) die übrigen zwei Drittel der Transportfrist pro rata der Streckenlänge (Tariflänge), mit der jede Bahn am Transporte beteiligt ist.
(2) Etwaige Zuschlagsfristen kommen derjenigen Bahn zugute, nach deren Lokaltarifbestimmungen sie im gegebenen Falle zulässig sind.
(3) Die Zeit von der Auflieferung des Gutes bis zum Beginn der Lieferfrist kommt lediglich der Versandbahn zugute.

Bemerkungen.

IÜ 27, 28. EVO 100. HGB 432, 468, 469, 471. VBR 85. Übk zum VBR 19. — Gerstner IÜ 417. Gerstner NSt 128. Rosenthal IÜ 268. Fritsch IÜ 653. Eger IÜ 473. von der Leyen Goldschmidts Z 39 68. Hilscher 241 ff. Schwab 360. Marchesini 2 393.

Artikel 49.

Ausschluß der Solidarhaft für den Rückgriff.

Eine Solidarhaft mehrerer am Transporte beteiligter Bahnen findet für den Rückgriff nicht statt.

Bemerkungen.

IÜ 27, 28. EVO 100. HGB 432, 468, 469, 471. VBR 86. Übk zum VBR 19. — Gerstner IÜ 420. Gerstner NSt 128. Rosenthal IÜ 265. Fritsch IÜ 654. Eger IÜ 475. von der Leyen Goldschmidts Z **39** 68. Hilscher 241. Schwab 360. Marchesini **2** 368.

Artikel 50.

Wirkung der im Entschädigungsprozeß gegen die rückgriff-nehmende Bahn ergangenen Entscheidung.

Für den im Wege des Rückgriffs geltend zu machenden Anspruch der Eisenbahnen untereinander ist die im Entschädigungsprozeß gegen die rückgriffnehmende Bahn ergangene endgültige Entscheidnug hinsichtlich der Verbindlichkeit zum Schadenersatz und der Höhe der Entschädigung maßgebend, sofern den im Rückgriffswege in Anspruch zu nehmenden Bahnen der Streit in gehöriger Form verkündet ist, und dieselben in der Lage sich befanden, in dem Prozesse zu intervenieren. Die Frist für diese Intervention wird von dem Richter der Hauptsache nach den Umständen des Falles und so kurz als möglich bestimmt.

Bemerkungen.

IÜ 27, 28. EVO 100. HGB 432, 468, 469, 471. VBR 87. Übk zum VBR 19. — Gerstner IÜ 421. Gerstner NSt 128, Rosenthal IÜ 270. Fritsch IÜ 654. Eger IÜ 476. von der Leyen Goldschmidts Z **39** 68. Hilscher 249. Schwab 366. Marchesini **2** 390, 395.

Artikel 51.

Einheitlichkeit des Verfahrens im Rückgriffsprozeß.

(1) Insoweit nicht eine gütliche Einigung erfolgt ist, sind sämtliche beteiligte Bahnen in einer und derselben Klage zu belangen, widrigenfalls das Recht des Rückgriffs gegen die nicht belangten Bahnen erlischt.

(2) Der Richter hat in einem und demselben Verfahren zu entscheiden. Den Beklagten steht ein weiterer Rückgriff nicht zu.

Bemerkungen.

IÜ 27, 28. EVO 100. HGB 432, 468, 469, 471. VBR 88. Übk zum VBR 19. — Gerstner IÜ 425, 428. Gerstner NSt 128. Rosenthal IÜ 272. Fritsch IÜ 654. Eger IÜ 480. von der Leyen Goldschmidts Z 39 68. Hilscher 249. Schwab 367. Marchesini 2 399, 402.

Artikel 52.

Unzulässigkeit der Verbindung des Rückgriffsverfahrens mit dem Entschädigungsverfahren.

Die Verbindung des Rückgriffsverfahrens mit dem Entschädigungsverfahren ist unzulässig.

Bemerkungen.

IÜ 27, 28. EVO 100. HGB 432, 468, 469, 471. VBR 89. Übk zum VBR 19. — Gerstner IÜ 425, 431. Gerstner NSt 128. Rosenthal IÜ 270. Fritsch IÜ 655. Eger IÜ 482. von der Leyen Goldschmidts Z 39 68. Hilscher 249. Schwab 367. Marchesini 2 397, 402.

Artikel 53.

Gerichtszuständigkeit im Rückgriffsprozeß.

(1) Für alle Rückgriffsansprüche ist der Richter des Wohnsitzes der Bahn, gegen welche der Rückgriff erhoben wird, ausschließlich zuständig.

(2) Ist die Klage gegen mehrere Bahnen zu erheben, so steht der klagenden Bahn die Wahl unter den nach Maßgabe des ersten Absatzes dieses Artikels zuständigen Richtern zu.

Bemerkungen.

IÜ 27, 28. EVO 100. HGB 432, 468, 469, 471. VBR 90. Übk zum VBR 19. — Gerstner IÜ 425, 432. Gerstner NSt 128. Rosenthal IÜ 273. Fritsch IÜ 655. Eger IÜ 484. von der Leyen Goldschmidts Z 39 69. Hilscher 249. Schwab 367. Marchesini 2 400, 402.

Artikel 54.

Befugnis der Eisenbahnen, andere Vereinbarungen für den Rückgriff zu treffen.

Die Befugnis der Eisenbahnen, über den Rückgriff im voraus oder im einzelnen Fall andere Vereinbarungen zu treffen, wird durch die vorstehenden Bestimmungen nicht berührt.

Bemerkungen.

IÜ 27, 28. EVO 100. HGB 432, 468, 469, 471. VBR 91. Übk zum VBR 19. — Gerstner IÜ 434. Gerstner NSt 128. Rosenthal IÜ 274. Fritsch IÜ 655. Eger IÜ 485. von der Leyen Goldschmidts Z 39 67. Hilscher 249. Schwab 359. Marchesini 2 401.

Hier hat namentlich die Tätigkeit des Internationalen Transportkomitees eingegriffen: Vgl. neben dem Aufsatz in IZ 1903 116 die Veröffentlichung des Übereinkommens betreffend die Verschleppung von Gütern im internationalen Eisenbahn-Frachtverkehr vom 24./25. April 1906 IZ 1907a 46 und des Übereinkommens betreffend die Güterübergabe und -übernahme sowie die Verteilung von Entschädigungen im internationalen Eisenbahn-Frachtverkehr vom 3./4. Oktober 1906, IZ 1907a 55 — und dazu den Aufsatz in der gleichen Zeitschrift 1907 253 (und 310).

Vorbemerkung zu Artikel 55—60.

Die Schlußbestimmungen des Internationalen Übereinkommens befassen sich einmal mit prozessualen Fragen (der Bedeutung der Gesetze des Prozeßrichters Artikel 55, der Vollstreckbarkeit der Urteile Artikel 56 (1) und der Unzulässigkeit der Sicherheitsforderung für Prozeßkosten Artikel 56 (2)), dann aber namentlich mit der Einrichtung des Central-Amts und seinen Aufgaben (Art. 57). der Liste der Eisenbahnstrecken (Artikel 58), den Revisionskonferenzen (Artikel 59) und der Dauer der Geltung des Internationalen Übereinkommens (Artikel 60).

Artikel 55.

Verbindlichkeit der Gesetze des Prozeßrichters.

Soweit nicht durch das gegenwärtige Übereinkommen andere Bestimmungen getroffen sind, richtet sich das Verfahren nach den Gesetzen des Prozeßrichters.

Bemerkungen.

VBR 92. — SVE XXXIV (Art. 37). MSVE 40. DVE XXXIV (Art. 37). DDVE LIX. P I 54, 86. P II 63, 130. P III 85, R I 77. — Gerstner IÜ 438. Gerstner NSt 129. Rosenthal IÜ 284. Fritsch IÜ 655. Eger IÜ 488. Hilscher 250. Schwab 371. Marchesini 2 406.

Diese Bestimmungen sind getroffen in 8 (3): Gestempelter Frachtbrief Beweis über Frachtvertrag. 23 (4) (5): Pfändbarkeit von Forderungen und rollendem Material wegen Ansprüchen der Bahnen untereinander. 26: Aktivlegitimation. 27 (3) (4) (5): Passivlegitimation der Bahnen. Wahlrecht des Klägers. Gerichtsstand. Erlöschen des Wahlrechts. 28: Passivlegitimation bei Widerklage und Einrede. 30 (1): Beweislast bei nicht bevorrechtigten Haftausschließungsgründen trifft die Eisenbahn. 31 (2): Beweislast bei nicht bevorrechtigten Haftausschließungsgründen: Vermutung, die Kläger gegen die Eisenbahn widerlegen muß. 32 (3): Beweislast bei Gewichtsverlusten. 33: Vermutung des Verlustes von Gut. 38 (1): Beweislast bei höherem Schaden im Falle von Verlust, Minderung, Beschädigung. 39: Beweislast der Eisenbahn bei Lieferfristüberschreitung (höhere Gewalt). 40: Beweislast über die Höhe von Schadensansprüchen aus Lieferfristüberschreitung. 44: Ziff. 1 und 46: Beweis des Eintritts des Mangels am Gute während der kritischen Zeit. 46: Unzulässigkeit der Geltendmachung erloschener Ansprüche im Wege der Widerklage und Einrede. 47 Ziff. 3: Beweis im Rückgriffsverfahren, daß Schaden auf der Strecke der betr. Bahn nicht entstanden. 50—53: Rückgriffsverfahren. 56: Vollstreckbarkeit der Urteile und Sicherstellung der Prozeßkosten. Vgl. dazu namentlich Gerstner IÜ 442 ff.

Der Gerichtsstand des Erfüllungsortes (§ 29 ZPO) gilt auch für Klagen aus dem Eisenbahnbeförderungsvertrage. Gegenstand des Vertrages und der Erfüllung sind nicht die einzelnen Ausführungshandlungen, sondern ihr einheitliches Ergebnis, die Ablieferung des Gutes. Gegenstand des Frachtvertrages ist nicht das Befördern, sondern die Beförderung ans Ziel. RG Gruchot Beitr. 49 1010; JW 1905 147 Nr. 30. OLG Hamburg 9 132; EE 21 127.

Artikel 56.

Vollstreckbarkeit der Urteile und Sicherstellung der Prozeßkosten.

(1) Urteile, welche auf Grund der Bestimmungen dieses Übereinkommens von dem zuständigen Richter infolge eines kontradiktorischen oder eines Versäumnisverfahrens erlassen und nach den für den urteilenden Richter maßgebenden Gesetzen vollstreckbar geworden sind, erlangen im Gebiete sämtlicher Vertragsstaaten Vollstreckbarkeit unter Erfüllung der von den Gesetzen des Landes vorgeschriebenen Bedingungen und Formalitäten, aber ohne daß eine materielle Prüfung des Inhalts zulässig wäre. Auf nur vorläufig vollstreckbare Urteile findet diese Vorschrift keine Anwendung, ebensowenig auf diejenigen Bestimmungen eines Urteils, durch welche der Kläger, weil derselbe im Prozesse unterliegt, außer den Prozeßkosten zu einer weiteren Entschädigung verurteilt wird.

(2) Eine Sicherstellung für die Prozeßkosten kann bei Klagen, welche auf Grund des internationalen Frachtvertrages erhoben werden, nicht gefordert werden.

Bemerkungen.

VBR 93. ZPO 110. GKG 85. — SVE XXXIV (Art. 38). MSVE 40. DVE XXXIV (Art. 38). DDVE LIX. P I 54, 86. P II 63—65, 130, 141. P III 57, 85. R I 77. — Gerstner IÜ 444, 450. Gerstner NSt 130. Rosenthal IÜ 286. Fritsch IÜ 655. Eger IÜ 490. Hilscher 250. Schwab 372. Marchesini 2 409. Fuld, Die Befreiung von der Kautionspflicht nach dem Berner und Haager internationalen Übereinkommen. EE 16 71.

Hierzu ist das (Haager) Abkommen über den Zivilprozeß vom 17. Juli 1905 (RGBl **1909** 409) zu vergleichen, welches an die Stelle des Haager Abkommens zur Regelung von Fragen des internationalen Privatrechts vom 14. November 1896 (RGBl **1899** 285, Zusatzprotokoll vom 22. Mai 1897 (RGBl **1899** 295)) getreten ist. Dem Abkommen gehören an sämtliche Vertragsstaaten des IÜ (auch Luxemburg RGBl **1909** 907), dazu ferner noch Norwegen, Spanien und Portugal. Im Anschluß an dieses Abkommen sind zwischen Deutschland und den Niederlanden, Luxemburg und Norwegen (RGBl **1909** 907), sowie mit Schweden (RGBl **1910** 455) Vereinbarungen zur weiteren Vereinfachung des Rechtshilfeverkehrs getroffen.

Das Abkommen zerfällt in sechs Abschnitte mit 29 Artikeln: I. Mitteilung gerichtlicher und außergerichtlicher Urkunden (1—7), II. Ersuchungsschreiben (8—16), III. Sicherheitsleistung für die Prozeßkosten (17—19), IV. Armenrecht (20—23), V. Personalhaft (24), VI. Schlußbestimmungen (25.—29). Aus dem Abkommen interessiert für den vorliegenden Zweck vor allem: Artikel 17: „Keine Sicherheitsleistung oder Hinterlegung, unter welcher Benennung es auch sei, darf den Angehörigen eines der Vertragsstaaten, die in einem dieser Staaten ihren Wohnsitz haben und vor den Gerichten eines anderen dieser Staaten als Kläger oder Intervenienten auftreten, wegen ihrer Eigenschaft als Ausländer oder wegen Mangels eines ausländischen Wohnsitzes oder Aufenthalts auferlegt werden.

Die gleiche Regel findet Anwendung auf die Vorauszahlung, die von den Klägern oder Intervenienten zur Deckung der Gerichtskosten einzufordern wäre.

Die Abkommen, wodurch etwa Vertragsstaaten für ihre Angehörigen ohne Rücksicht auf den Wohnsitz Befreiung von der Sicherheitsleistung für die Prozeßkosten oder von der Vorauszahlung der Gerichtskosten vereinbart haben, finden auch weiter Anwendung.“ Also IÜ Artikel 56 Absatz (2) wird dadurch nicht berührt.

Artikel 57.

Errichtung eines Central-Amts und seine Zuständigkeit.

(1) Um die Ausführung des gegenwärtigen Übereinkommens zu erleichtern und zu sichern, soll ein Central-Amt für den internationalen Transport errichtet werden, welches die Aufgabe hat:

1. die Mitteilungen eines jeden der vertragschließenden Staaten und einer jeden der beteiligten Eisenbahnverwaltungen entgegenzunehmen und sie den übrigen Staaten und Verwaltungen zur Kenntnis zu bringen;
2. Nachrichten aller Art, welche für das internationale Transportwesen von Wichtigkeit sind, zu sammeln, zusammenzustellen und zu veröffentlichen;
3. auf Begehren der Parteien Entscheidungen über Streitigkeiten der Eisenbahnen untereinander abzugeben;
4. die geschäftliche Behandlung der behufs Abänderung des gegenwärtigen Übereinkommens gemachten Vorschläge vorzunehmen, sowie in allen Fällen, wenn hierzu ein Anlaß vorliegt, den vertragschließenden Staaten den Zusammentritt einer neuen Konferenz vorzuschlagen;
5. die durch den internationalen Transportdienst bedingten finanziellen Beziehungen zwischen den beteiligten Verwaltungen sowie die Einziehung rückständig gebliebener Forderungen zu erleichtern und in dieser Hinsicht die Sicherheit des Verhältnisses der Eisenbahnen untereinander zu fördern.

(2) Ein besonderes Reglement wird den Sitz, die Zusammensetzung und Organisation dieses Amtes sowie die zur Ausführung nötigen Mittel feststellen.

Reglement betreffend die Errichtung eines Central-Amts.

Artikel I.

(1) Der Bundesrat der schweizerischen Eidgenossenschaft wird beauftragt, das durch Artikel 57 des internationalen Übereinkommens über den Eisenbahn-Frachtverkehr errichtete Central-Amt zu organisieren, und seine Geschäftsführung zu überwachen. Der Sitz dieses Amtes soll in Bern sein.

(2) Zu dieser Organisierung soll sofort nach dem Austausche der Ratifikationsurkunden und in der Art geschritten werden, daß das Amt die ihm übertragenen Funktionen zugleich mit dem Eintritte der Wirksamkeit des Übereinkommens beginnen kann.

(3) Die Kosten dieses Amtes, welche bis auf weiteres den jährlichen Betrag von 110 000 Franken nicht übersteigen sollen, werden von jedem Staate im Verhältnis zu der kilometrischen Länge der von ihm zur Ausführung internationaler Transporte als geeignet bezeichneten Eisenbahnstrecken getragen.

Außerdem wird dem schweizerischen Post- und Eisenbahndepartement eine einmal zahlbare Summe von 25 000 Franken zur

Verfügung gestellt, um mit ihr sowie mit den Zinsen des Kapitals einen Fonds zu bilden, der dazu dienen soll, den Beamten, Angestellten und Unterbeamten des Central-Amtes für den internationalen Eisenbahntransport Unterstützungen oder Entschädigungen für den Fall zu bewilligen, daß sie infolge vorgerückten Alters, durch Unglücksfälle oder Krankheit zur Ausübung ihrer dienstlichen Pflichten dauernd unfähig werden.

Artikel II.

(1) Dem Central-Amte werden alle Mitteilungen, welche für das internationale Transportwesen von Wichtigkeit sind, von den vertragschließenden Staaten sowie von den Eisenbahnverwaltungen mitgeteilt werden. Dasselbe kann mit Benützung dieser Mitteilungen eine Zeitschrift herausgeben, von welcher je ein Exemplar jedem Staate und jeder beteiligten Verwaltung unentgeltlich zu übermitteln ist. Weitere Exemplare dieser Zeitschrift sind zu einem von dem Central-Amte festzusetzenden Preise zu bezahlen. Diese Zeitschrift soll in deutscher und französischer Sprache erscheinen.

(2) Das Verzeichnis der einzelnen im Artikel 2 des Übereinkommens unter Ziffer 1 und 3 bezeichneten Gegenstände sowie allfällige Abänderungen dieses Verzeichnisses, welche später von einzelnen der vertragschließenden Staaten vorgenommen werden, sind mit tunlichster Beschleunigung dem Central-Amte zur Kenntnis zu bringen, welches dieselben sofort allen vertragschließenden Staaten mitteilen wird.

(3) Was die im Artikel 2 des Übereinkommens unter Ziffer 2 bezeichneten Gegenstände betrifft, so wird das Central-Amt von jedem der vertragschließenden Staaten die erforderlichen Angaben begehren und den anderen Staaten mitteilen.

Artikel III.

(1) Auf Verlangen jeder Eisenbahnverwaltung wird das Central-Amt bei Regulierung der aus dem internationalen Transporte herrührenden Forderungen als Vermittler dienen.

(2) Die aus dem internationalen Transport herrührenden unbezahlt gebliebenen Forderungen können dem Central-Amte zur Kenntnis gebracht werden, um die Einziehung derselben zu erleichtern. Zu diesem Zwecke wird das Amt ungesäumt an die schuldnerische Bahn die Aufforderung richten, die Forderung zu regulieren oder die Gründe der Zahlungsverweigerung anzugeben.

(3) Ist das Amt der Ansicht, daß die Weigerung hinreichend begründet ist, so hat es die Parteien vor den zuständigen Richter zu verweisen.

(4) Im entgegengesetzten sowie in dem Falle, wenn nur ein Teil der Forderung bestritten wird, hat der Leiter des Amtes, nachdem er das Gutachten zweier von dem Bundesrate zu diesem Zwecke zu bezeichnenden Sachverständigen eingeholt hat, sich darüber auszusprechen, ob die schuldnerische Eisenbahn die ganze oder einen Teil

der Forderung zu Händen des Amtes niederzulegen habe. Der auf diese Weise niedergelegte Betrag bleibt bis nach Entscheidung der Sache durch den zuständigen Richter in den Händen des Amtes.

(5) Wenn eine Eisenbahn innerhalb 14 Tagen der Aufforderung des Amtes nicht nachkommt, so ist an dieselbe eine neue Aufforderung unter Androhung der Folgen einer fernern Verweigerung der Zahlung zu richten.

(6) Wird auch dieser zweiten Aufforderung binnen zehn Tagen nicht entsprochen, so hat der Leiter von Amts wegen an den Staat, welchem die betreffende Eisenbahn angehört, eine motivierte Mitteilung und zugleich das Ersuchen zu richten, die geeigneten Maßregeln in Erwägung zu ziehen und namentlich zu prüfen, ob die schuldnerische Eisenbahn noch ferner in dem von ihm mitgeteilten Verzeichnisse zu belassen sei.

(7) Bleibt die Mitteilung des Amtes an den Staat, welchem die betreffende Eisenbahn angehört, innerhalb einer sechswöchentlichen Frist unbeantwortet, oder erklärt der Staat, daß er ungeachtet der nichterfolgten Zahlung die Eisenbahn nicht aus der Liste streichen zu lassen beabsichtigt, so wird angenommen, daß der betreffende Staat für die Zahlungsfähigkeit der schuldnerischen Eisenbahn, soweit es sich um aus dem internationalen Transporte herrührende Forderungen handelt, ohne weitere Erklärung die Garantie übernehme.

Bemerkungen.

VBR 95. — DDVE LIX. P I 86/87, 90/91. P II 62/65, 132/138. P III 45/46, 63, 65. R I 77, 83, 239. R II 16, 76. — Gerstner IÜ 452—473. Gerstner NSt 131. Rosenthal IÜ 296. Fritsch IÜ 656. Eger IÜ 495. Reindl EE **25** 21. von der Leyen Goldschmidts Z **39** 39. Schwab 379. Marchesini **2** 411.

I. Entsprechend Art. I (1) des Reglements ist ergangen der nachstehende

Bundesratsbeschluß betreffend die Organisation des Centralamtes für den internationalen Eisenbahntransport.
(Vom 21. Oktober 1892) IZ **1892** 52.

Der schweizerische Bundesrat in Vollziehung des Art. 1 des dem internationalen Übereinkommen über den Eisenbahnfrachtverkehr vom 14. Oktober 1890 angefügten Reglements betreffend die Einrichtung eines Central-Amtes, auf den Antrag seines Post- und Eisenbahndepartements, beschließt:

Artikel 1.

Das Central-Amt für den internationalen Transport besteht aus dem folgenden Personal:

einem Direktor,

einem Stellvertreter desselben (Vize-Direktor),

zwei Sekretären, von denen einer die Geschäfte juridischer und der andere die Angelegenheiten technischer Natur zu behandeln hat,

einem Übersetzer oder Hilfssekretär,

einem Registrator und den für die Kanzleiarbeiten und den Bureaudienst nötigen weiteren Beamten und Angestellten.

Artikel 2.

Im übrigen finden die Artikel 1, 3, 4 und 5 des vom Bundesrat am 7. Dezember 1885 beschlossenen Reglements betreffend die Oberaufsicht über die internationalen Bureaus der Posten und der Telegraphen analoge Anwendung.

Artikel 3.

Der gegenwärtige Beschluß tritt mit dem 1. Dezember 1892 in Kraft.

II. Das schiedsrichterliche Verfahren regelt die:

Verordnung betreffend das schiedsrichterliche Verfahren in den vor das Central-Amt für den internationalen Transport gebrachten Streitfällen.
(Vom 29. November 1892) IZ **1892** 54.

Der schweizerische Bundesrat, auf den Antrag seines Post- und Eisenbahndepartements, beschließt:

Artikel 1.

Die in Artikel 57, Ziffer 3, des internationalen Übereinkommens über den Eisenbahnfrachtverkehr vom 14. Oktober 1890 vorgesehenen schiedsrichterlichen Entscheidungen werden durch den Direktor des Central-Amtes für den internationalen Transport unter Mitwirkung von zwei Schiedsrichtern gefällt.

Diese Schiedsrichter sowie zwei Stellvertreter derselben werden vom Bundesrate ernannt. Wenn die Parteien es wünschen oder wenn die Streitfrage geringfügiger Art oder von besonders dringlicher Natur ist, kann der Direktor des Central-Amtes ohne Mitwirkung der Richter einen Entscheid fällen.

Artikel 2.

Der Direktor des Amtes besorgt die Prozeßleitung; er setzt den Parteien die Fristen zur Einreichung der Schriftstücke fest; er läßt die Akten bei den Richtern oder den Stellvertretern zirkulieren; er sorgt für die Vorbereitung des dem Schiedsgerichte vorzulegenden Tatbestandes und der Schlußfolgerungen; er beruft das Schiedsgericht ein und führt dabei den Vorsitz.

Im Verhinderungsfalle wird er durch den Vizedirektor vertreten.

Artikel 3.

Wenn der Direktor des Amtes eine andere Ansicht hat als die beiden Richter, so hat er das Recht, die beiden Stellvertreter zu einer gemeinschaftlichen Sitzung mit den Richtern einzuberufen. Im Falle von Stimmengleichheit entscheidet die Ansicht des Direktors.

Artikel 4.

Der juristische Sekretär des Amtes fungiert beim Schiedsgerichte als Gerichtsschreiber; im Verhinderungsfalle wird er durch den technischen Sekretär vertreten.

Die Beamten des Amtes, welche bei der Instruktion eines Prozesses mitgewirkt haben, können mit beratender Stimme zur Gerichtsverhandlung beigezogen werden. Die Urteile werden vom Direktor und von demjenigen Sekretär, der als Gerichtsschreiber mitgewirkt hat, unterzeichnet und den Parteien kostenfrei zugestellt.

Artikel 5.

Die Richter und die Stellvertreter erhalten eine Entschädigung von Fr. 30 für jeden auf Sitzungen oder Aktenstudium verwendeten Tag sowie die gleiche Reiseentschädigung wie die Mitglieder der Bundesversammlung.

Artikel 6.

Diese Verordnung tritt mit dem 1. Januar 1893 in Kraft.

Nach Ablauf des ersten Jahres erstattet das Amt Bericht über die Erfahrungen, welche inzwischen mit dieser Verordnung gemacht worden sind, und wird das Post- und Eisenbahndepartement, falls dies angezeigt erscheint, eine Revision derselben beantragen.

III. Zuständigkeit des CA P II 134. IZ **1893** 198: Es soll nicht Gutachten auszustellen in die Lage kommen, die, von den Gerichten angerufen, dem CA eine doktrinäre Autorität verleihen müßten, die von der Konferenz nicht beabsichtigt ist.

Es kann nur entscheiden, wenn die Parteien einig sind, ihm den Streitfall zur Schlichtung zu unterbreiten. CA IZ **1895** 240.

Und zwar darf es sich dabei nur handeln um Streitigkeiten der Eisenbahnen untereinander, gleichgültig jedoch ist die Natur der zu behandelnden Streitigkeiten. Es braucht sich nicht etwa nur um Fragen zu handeln, auf welche das IÜ anzuwenden wäre. CA IZ **1897** (893) 911 und **1905** (332) 339.

Artikel 58.

Liste der Eisenbahnen.

(1) Das im Artikel 57 bezeichnete Central-Amt hat die Mitteilungen der Vertragsstaaten in betreff der Hinzufügung oder der Streichung von Eisenbahnen in der in Gemäßheit des Artikels 1 aufgestellten Liste entgegenzunehmen.

(2) Der wirkliche Eintritt einer neuen Eisenbahn in den internationalen Transportdienst erfolgt erst nach einem Monat vom Datum des an die andern Staaten gerichteten Benachrichtigungsschreibens des Central-Amtes.

(3) Die Streichung einer Eisenbahn wird von dem Central-Amte vollzogen, sobald es von einem der Vertragsstaaten davon in Kenntnis gesetzt wird, daß dieser festgestellt hat, daß eine ihm angehörige und in der von ihm aufgestellten Liste verzeichnete

Eisenbahn aus finanziellen Gründen oder infolge einer tatsächlichen Behinderung nicht mehr in der Lage ist, den Verpflichtungen zu entsprechen, welche den Eisenbahnen durch das gegenwärtige Übereinkommen auferlegt werden.

(4) Jede Eisenbahnverwaltung ist, sobald sie seitens des Central-Amtes die Nachricht von der erfolgten Streichung einer Eisenbahn erhalten hat, berechtigt, mit der betreffenden Eisenbahn alle aus dem internationalen Transporte sich ergebenden Beziehungen abzubrechen. Die bereits in der Ausführung begriffenen Transporte sind jedoch auch in diesem Falle vollständig auszuführen.

Bemerkungen.

IÜ 1. VBR 96. — P II 134, 135. P III 57—60. R I 79. R II 81. — Gerstner IÜ 473. Gerstner NSt 136. Rosenthal IÜ 309. Fritsch IÜ 656. Eger IÜ 510. Schwab 379.

Artikel 59.

Revisionskonferenzen.

(1) Wenigstens alle fünf Jahre nach dem Inkrafttreten der auf der letzten Revisionskonferenz beschlossenen Änderungen wird eine neue Konferenz aus Delegierten der vertragschließenden Staaten zusammentreten, um die für notwendig erachteten Abänderungen und Verbesserungen des Übereinkommens in Vorschlag zu bringen.

(2) Auf Begehren von wenigstens einem Viertel der beteiligten Staaten kann jedoch der Zusammentritt von Konferenzen auch in einem früheren Zeitpunkte erfolgen.

Bemerkungen.

VBR 97. — P I 86, 87, 90, 91. P II 65, 135. P III 45, 46, 63, 65. R I 79. R II 11, 16, 81, 142, 154. — Gerstner IÜ 477. Gerstner NSt 137. Rosenthal IÜ 37, 39. Fritsch IÜ 657. Eger IÜ 514.Schwab 34.

Artikel 60.

Verbindlichkeit und Dauer des Internationalen Übereinkommens.

Das gegenwärtige Übereinkommen ist für jeden beteiligten Staat auf drei Jahre von dem Tage, an welchem dasselbe in Wirksamkeit tritt, verbindlich. Jeder Staat, welcher nach Ablauf dieser

Zeit von dem Übereinkommen zurückzutreten beabsichtigt, ist verpflichtet, hiervon die übrigen Staaten ein Jahr vorher in Kenntnis zu setzen. Wird von diesem Rechte kein Gebrauch gemacht, so ist das gegenwärtige Übereinkommen als für weitere drei Jahre verlängert zu betrachten.

5.) Hinsichtlich des Artikels 60 ist allseitig anerkannt, daß das Internationale Übereinkommen für jeden beteiligten Staat auf drei Jahre, von dem Tage des Inkrafttretens desselben, und weiter auf je drei Jahre insolange verbindlich ist, als nicht einer der beteiligten Staaten spätestens ein Jahr vor Ablauf eines Trienniums den übrigen Staaten die Absicht erklärt hat, von dem Übereinkommen zurückzutreten.*

Bemerkungen.

VBR 98. — P II 135. R I 79, 83, 243. — Gerstner IÜ 479. Gerstner NSt 138. Rosenthal IÜ 39. Fritsch IÜ 657. Eger IÜ 516. Reindl EE 16 18. Schwab 34.

In Wirksamkeit ist das 2. Zusatzübereinkommen getreten 3 Monate nach der Niederlegung der Ratifikationen. Das ist in Artikel 4 Absatz 1 des Schlußprotokolls bestimmt (RGBl. 1908 576).

---

*) Aus dem (Schluß-) Protokoll. Siehe Fußnote bei Artikel 1.

Liste der Eisenbahnen und Anlagen 1—4.

Die folgenden Anlagen sind integrierende Bestandteile des Internationalen Übereinkommens selbst.

1. Die Liste der Eisenbahnstrecken (Art. 1 und 58), auf welche das Übereinkommen Anwendung findet, ist fortwährend in Fluß. Sie wird in der Zeitschrift für den Internationalen Eisenbahntransport jährlich in neuester Fassung veröffentlicht; dort werden auch die eingetretenen Änderungen sofort bekannt gegeben. In Deutschland erscheint jährlich eine vom Reichseisenbahnamt herausgegebene Liste, deren Ergänzungen im Reichsgesetzblatt zu finden sind. Um dem Benutzer des Buches einen ungefähren Überblick über den Umfang des Gebietes des IÜ zu geben, ist der Hauptinhalt entsprechend dem neuesten Stande nach der Ausgabe des Central-Amts in vereinfachter Form beigefügt.

2. Von einem völligen Abdruck der Anlage 1, welche die Vorschriften über bedingungsweise zur Beförderung zugelassene Gegenstände enthält (Art. 3 und Ausf.-Bestimmungen § 1) ist wegen ihres Umfanges abgesehen. Ihr Inhalt berührt nur einen bestimmten Kreis von Interessenten. Auch sie ist, u. z. noch mehr wie die Liste der Eisenbahnstrecken, Änderungen und Ergänzungen ausgesetzt. Die fraglichen Vorschriften sind noch nicht wie die neue Anlage C der deutschen EVO und des österreichischen Betriebs-Reglements nach zusammenfassenden Gesichtspunkten geordnet. Es handelt sich zurzeit um LIII Positionen, welche ausführlich die Bedingungen regeln, unter denen die in ihnen aufgeführten Gegenstände befördert werden dürfen. Ein ausreichend übersichtliches Bild über den Inhalt der in der Anlage 1 aufgeführten (einschließlich der im § 1 der Ausf.-Best. genannten ausgeschlossenen oder nur unter den dort genannten Bedingungen zugelassenen) Güter gewährt das vom Central-Amt in Bern auftragsgemäß herausgegebene alphabetische Verzeichnis, das

aber, anders wie die Liste selbst, keinen integrierenden Teil des Übereinkommens darstellt (vgl. Einleitung, S. 17).

3. Die Anlage 2 bildet das Frachtbrief-Formular, das zu Artikel 6 und Ausf.-Best. § 2 gehört.

4. Anlage 3: Erklärung betr. Nichtverpackung oder mangelhafte Verpackung des Gutes für den einzelnen Fall: Artikel 9 IÜ und § 4 Ausf.-Best.

5. Anlage 3a: Allgemeine Erklärung betr. dasselbe.

6. Anlage 4: Nachträgliche Anweisung: Artikel 15 IÜ und § 7 Ausf.-Best.

Auszug aus der

Liste der Eisenbahnstrecken

auf welche

das Internationale Übereinkommen über den Eisenbahnfrachtverkehr Anwendung findet.

Nach der Ausgabe vom 1. Februar 1910.

Deutschland.

I. Staatseisenbahnen.

1. Reichseisenbahnen in Elsaß-Lothringen.
2. Militäreisenbahn.
3. Königlich Preußische Staatseisenbahnen — einschließlich der gemeinschaftlich mit ihnen betriebenen Großherzoglich Hessischen Staatseisenbahnen und einschließlich der Dampffährenverbindung über die Ostsee zwischen Saßnitz und Trelleborg — sowie die unter preußischer Staatsverwaltung stehenden Privatbahnen, mit Ausschluß der Oberschlesischen schmalspurigen Zweigbahnen.
4. Königlich Bayerische Staatseisenbahnen nebst den von ihnen betriebenen Lokalbahnen Augsburg — Haunstetten, Lam—Kötzting und Röthenbach b. L.—Weiler, jedoch mit Ausschluß der Lokalbahnen: Augsburg — Göggingen—Pfersee; Augsburger Lokalbahn; Berchtesgaden—Königssee.
5. Königlich Sächsische Staatseisenbahnen.
6. Königlich Württembergische Staatseisenbahnen.
7. Großherzogl. Badische Staatseisenbahnen und die unter Staatsverwaltung stehenden Privatbahnen.
8. Großherzogl. Mecklenburgische Staatseisenbahnen, einschließlich der Dampffährenverbindung über die Ostsee zwischen Warnemünde und Gjedser.
9. Großherzogl. Oldenburgische Staatseisenbahnen.

II. Privateisenbahnen.

10. Achern—Ottenhöfener Nebenbahn.
11. Altona—Kaltenkirchener Eisenbahn.
12. Die von den Badischen Lokaleisenbahnen (A.-G.) betriebenen Nebenbahnen: Bruchsal—Ubstadt—Hilsbach, Ubstadt—Menzingen; Bühl—Oberbühlertal (Bühlertalbahn); Karlsruhe—Ettlingen—Herrenalb, Ettlingen—Pforzheim (Albtalbahn); Neckarbischofsheim — Hüfenhardt; Wiesloch—Meckes-

loch, Wiesloch—Waldangel-
loch.

13. Die bayerischen von der Lokalbahn-A.-G. in München betriebenen Lokalbahnen: Bad Aibling — Feilnbach; Fürth — Zirndorf — Cadolz - burg; Markt Oberdorf— Füßen; München—Wolfrats- hausen — Bichl; Murnau— Oberammergau; Sonthofen— Oberstdorf; Stadtamhof— Donaustauf—Wörth; Türk- heim—Wörishofen.

14. Bentheimer Kreisbahn.

15. Biberach—Oberharmers- bacher Nebenbahn.

16. Brandenburgische Städte- bahn.

17. Braunschweigische Landes- eisenbahn.

18. Braunschweig—Schöninger Eisenbahn.

19. Bröltaler Eisenbahn.

20. Brohltal Eisenbahn.

21. Butzbach — Licher Eisen- bahn.

22. Cöln—Bonner Kreisbahnen.

23. Crefelder Eisenbahn.

24. Cronberger Eisenbahn.

25. Dahme—Uckroer Eisenbahn.

26. Deggendorf—Mettener Lokal- bahn.

27. Dessau—Wörlitzer Eisen- bahn.

28. Diedenhofen—Mondorfer Eisenbahn.

29. Eisern—Siegener Eisenbahn.

30. Elmshorn—Barmstedt— Oldesloer Eisenbahn.

31. Erstein—Oberehnheim—Ott- rotter Nebenbahn.

32. Eutin—Lübecker Eisenbahn.

33. Frankfurter Verbindungs- bahn (Frankfurt a. M.).

34. Freier Grunder Eisenbahn.

35. Georgs - Marienhütte - Eisen- bahn.

36. Gera — Meuselwitz — Wuitzer Eisenbahn.

37. Gern ode—Harzgeroder Eisenbahn.

38. Gotteszell—Viechtacher Lokalbahn.

39. Greifswald—Grimmener Eisenbahn.

40. Halberstadt —Blankenburger Eisenbahn.

41. Haltingen—Kanderner Nebenbahn.

42. Hildesheim—Peiner Kreis- eisenbahn.

43. Hoyaer Eisenbahn (Hoya— Eystrup).

44. Kahl—Schoellkrippener Lokalbahn.

45. Kaysersberger Talbahn, ein- schließlich der Bahn Colmar —Winzenheim.

46. Kerkerbachbahn.

47. Königsberg—Cranzer Eisen- bahn.

48. Kreis Altenaer Schmalspur- bahn.

49. Kreisbahn Eckernförde— Kappeln.

50. Kreis Bergheimer Neben- bahnen.

51. Kremmen — Neu - Ruppin— Wittstocker Eisenbahn.

52. Krozingen —Staufen —Sulz - burger Nebenbahn.

53. Lahrer Straßenbahn.

54. Lausitzer Eisenbahn (Rau- scha—Freiwaldau; Muskau— Teuplitz—Sommerfeld; Hans- dorf—Priebus).

55. Liegnitz—Rawitscher Eisen- bahn.

56. Löwenberg—Lindow— Rheinsberger Eisenbahn.

57. Lübeck—Büchener Eisenb.

58. Ludwigs-Eisenbahn (Nürn- berg—Fürth).

59. Meckenbeuren—Tettnanger Nebenbahn.

60. Mecklenburgische Friedrich Wilhelm-Eisenbahn.

61. Meppen—Haselünner Eisen- bahn.

62. Möckmühl—Dörzbacher Nebenbahn.

63. Mödrath—Liblar—Brühler Eisenbahn.

64. Mosbach—Mudauer Eisen- bahn.

65. Mühlhausen—Ebelebener Eisenbahn.

66. Nauendorf—Gerlebogker Eisenbahn.
67. Neubrandenburg—Friedländer Eisenbahn.
68. Neuhaldensleber Eisenbahn.
69. Neustadt—Gogoliner Eisenbahn.
70. Niederlausitzer Eisenbahn.
71. Nordhausen—Wernigeroder Eisenbahn.
72. Oberschefflenz — Billigheimer Nebenbahn.
73. Oschersleben—Schöninger Eisenbahn.
74. Osterwieck—Wasserlebener Eisenbahn.
75. Paulinenaue—Neu-Ruppiner Eisenbahn.
76. Peine—Ilseder Eisenbahn.
77. Prignitzer Eisenbahn.
78. Reinickendorf—Liebenwalde—Groß-Schönebecker Eisenbahn.
79. Rhein—Ettenheimmünsterer Lokalbahn.
80. Rhene—Diemeltal-Eisenbahn (Bredelar—Martenberg).
81. Rinteln—Stadthagener Eisenbahn.
82. Rosheim—St. Naborer Nebenbahn.
83. Ruppiner Kreisbahn.
84. Schaftlach—Gmund—Tegernseer Lokalbahn.
85. Stendal—Tangermünder Eisenbahn.
86. Stralsund—Tribseer Eisenb.
87. Straßburger Straßenbahnen.
88. Die von der Süddeutschen Eisenbahn-Gesellschaft betriebenen Nebenbahnen: Frei-Weinheim — Jugenheim - Partenheim (Selztalbahn); Hetzbach—Beerfelden; Hüfingen —Furtwangen (Bregtalbahn); Mannheim—Weinheim—Heidelberg—Mannheim; Osthofen—Westhofen; Reinheim —Reichelsheim; Riegel— Breisach, Riegel—Gottenheim (Kaiserstuhlbahn); Sprendlingen—Fürfeld; Worms—Offstein; Zell—Todtnau.
89. Südharz-Eisenbahn.
90. Teutoburger Wald-Eisenbahn.
91. Die unter der Betriebsverwaltung Thüringischer Nebenbahnen stehenden Linien: Arnstadt—Ichtershausen; Esperstedt—Oldisleben; Greußen—Ebeleben—Keula; Hohenebra—Ebeleben; Ilmenau—Großbreitenbach; Weimar — Berka — Blankenhain; Weimar—Rastenberg; Wutha—Ruhla.
92. Trossinger Lokalbahn.
93. Vorwohle—Emmertaler Eisenbahn.
94. Westfälische Landes-Eisenbahn.
95. Wittenberge—Perleberger Eisenbahn.
96. Die von der Direktion der Württembergischen Eisenbahngesellschaft betriebenen Nebenbahnen: Amstetten—Gerstetten; Amstetten—Laichingen; Ebingen—Onstmettingen; Gaildorf—Untergröningen; Jagstfeld—Neuenstadt (Kocher); Nürtingen—Neuffen; Vaihingen-Sersheim—Enzweihingen.
97. Die von der Direktion der Württembergischen Lokaleisenbahnen betriebenen Nebenbahnen: Aalen—Ballmertshofen; Ballmertshofen—Dillingen; Reutlingen—Gönningen.
98. Die Württembergisch. Nebenbahnen: Filderbahn; Korntal—Weissach (Strohgäubahn).
99. Zschipkau—Finsterwalder Eisenbahn.

Österreich und Ungarn

(nebst Bosnien-Herzegowina).

I. Im Reichrate vertretene Königreiche und Länder. (Einschließlich Liechtenstein.)

1. K. k. österreichische Staatsbahnen, mit Einschluß der auf fürstlich Liechtensteinschem Gebiete gelegenen Strecke der Linie Feldkirch — Buchs; dagegen mit Ausschluß folgender dalmatinischer Linien der k. k. österreichischen Staatsbahnen: Spalato—Siverić—Knin, Perković-Slivno—Sebenico, Spalato—Sinj; sowie der schmalspurigen Lokalbahn Unzmarkt—Mauterndorf (Murtalbahn).
2. Lokalbahn Aujezd-Luhatschowitz—Luhatschowitz.
3. Außig—Teplitzer Eisenbahn.
4. Böhmische Kommerzialbahnen.
5. Lokalbahn Brünn—Lösch.
6. Buschtěhrader Eisenbahn.
7. Lokalbahn Friedland—Bilá.
8. Friedländer Bezirksbahnen, bestehend aus den Lokalbahnen: Friedland—Reichsgrenze nächst Hermsdorf; Friedland—Reichsgrenze nächst Heinersdorf (Strecke bis Heinersdorf a. T.), und Raspenau—Weißbach.
9. Gablonzer elektrische Bahnen.
10. Kaschau—Oderberger Bahn (österreichische Linien).
11. Mährisch-Schlesische Lokalbahn-A.-G. (Lokalbahn Hruschau—Polnisch-Ostrau).
12. Neutitscheiner Lokalbahn.
13. Niederösterreichische Landesbahnen, bestehend aus den Linien: Gänserndorf—Mistelbach; Gmünd—Litschau—Heidenreichstein und Gmünd—Groß-Gerungs; Korneuburg—Ernstbrunn—Hohenau und Dobermannsdorf—Poysdorf; Neunkirchen L.-B.—Willendorf; St. Pölten—Kirchberg a. d. P.—Mank—Mariazell—Gußwerk mit der Abzweigung Ober-Grafendorf—Ruprechtshofen; Siebenbrunn—Leopoldsdorf—Engelhartstetten mit der Abzweigung Breitstetten—Orth; Zistersdorf—Dobermannsdorf.
14. Privoz-Mähr.-Ostrau—Witkowitzer Lokalbahn.
15. Salzburger Eisenbahn- und Tramway-Gesellschaft, mit Ausschluß der Linie: Kleinbahn der Stadtgemeinde Salzburg (mit elektrischem Betriebe).
16. Salzkammergut-Lokalbahn.
17. Steyrtalbahn.
18. Südbahn-Gesellschaft (österreichische Linien), mit Ausschluß der Lokalbahnen: Bruneck—Sand i. T. (mit elektrischem Betriebe); Grobelno—Rohitsch (Rohitscher Lokalbahn); Kapfenberg—Seebach—Au; Kühnsdorf—Eisenkappel; Mödling—Hinterbrühl nächst Wien (mit elektrischem Betriebe); Pöltschach—Gonobitz; Preding-Wieselsdorf—Stainz; Rittnerbahn (Lokalbahn Bozen—Klobenstein); Überetscherbahn (Lokalbahn Bozen—Kaltern) und die elektrisch betriebene Kleinbahn Kaltern—Mendel (Mendelbahn); Virglbahn (elektrisch betriebene Drahtseilbahn von Bozen auf die Virgl-Warte); Windisch-Feistritz S. B.—Stadt Windisch-Feistritz.
19. Stauding—Stramberger Lokalbahn.
20. Eisenbahn Wien — Aspang, mit Ausschluß der Zahnradstrecke Puchberg—Hochschneeberg der Schneebergbahn.

II. Ungarn.

1. Königlich Ungarische Staatseisenbahnen und die im Betriebe derselben stehenden Lokalbahnen und Linien anderer Bahnen, mit Ausnahme der schmalspurigen Linie Garam-Berzencze—Selmeczbánya; der normalspurigen Lokalbahn Soroksár—Szt-Lörincz und der schmalspurigen Lokalbahn im Taracztal.
2. Südbahn-Gesellschaft (ungarische Linien) und die im Betriebe derselben stehenden Lokalbahnen.
3. Kaschau—Oderberger Bahn (ungarische Linien) und die im Betriebe derselben stehenden Lokalbahnen und Linien anderer Bahnen, mit Ausnahme der schmalspurigen Strecke Gölniczbánya—Szomolnok der Lokalbahn im Gölnicztal; der normalspurigen Flügelbahn Tarpatak—Tátra-Lomnicz und der Zahnradbahn Csorba—Csorbató.
4. Györ—Sopron—Ebenfurter Eisenbahn und die im Betriebe derselben stehende Lokalbahn Fertövidék.
5. Vereinigte Arader und Csanáder Eisenbahnen, mit Ausnahme der schmalspurigen Lokalbahn Borossebes—Menyháza und der Ersten Alfölder schmalspurigen landwirtschaftlichen Eisenbahn.
6. Eisenbahn im Szamostal und die im Betriebe derselben stehende Lokalbahn Zsibó—Nagybánya, sowie die Strecke Bethlen—Oradna der Naszódvidéker Lokalbahn.
7. Eisenbahn Mohács—Pécs.
8. Slavonische Drautalbahn.
9. Budapester Lokalbahnen und die im Betriebe derselben stehende Linie Haraszti—Ráczkeve.

III. Bosnien-Herzegowina.

1. K. u. k. Militärbahn Banjaluka—Doberlin.
2. Bosnisch-Herzegowinische Landesbahnen, einschließlich der von denselben betriebenen elektrischen Stadtbahn in Sarajevo.

Belgien.

1. Belgische Staatsbahnverwaltung.
2. Belgische Nordbahn.
3. Gent—Terneuzen.
4. Mecheln—Terneuzen.
5. Eisenbahn von Chimay.
6. Hasselt—Maeseyck.

Dänemark.

1. Die Dänischen Staatsbahnen, einschließlich der von denselben betriebenen Dampffährenverbindungen: über den Limfjord (Oddesund Nord—Oddesund Syd und Nykjöbing paa Mors—Glyngore); über den kleinen (lille) Belt (Fredericia—Strib); über den großen (store) Belt (Nyborg—Korsør); über den Øresund (Helsingør—Helsingborg und Kopenhagen (Kjøbenhavn)—Malmø; über den Masnedsund (Masnedø—Orehoved); zwischen Gjedser und Warnemünde; aber mit Ausschluß der von der südfünenschen Eisenbahn-Gesellschaft betriebenen Staatsbahnstrecke Nyborg—Faaborg und der Dampfschiffstrecke Korsør—Kiel.
2. Folgende unter Staatsverwaltung stehende Privateisenbahnstrecken: Orehoved—Gjedser; Aalestrup—Viborg; Sorø—Vedde.

Frankreich.

Die Linien
1. Der Nordbahn.
2. Der Ostbahn, einschließlich der für Rechnung der Konzessionäre betriebenen Linien, nämlich der Linie von Wassy nach Saint-Dizier und der Lokalbahnlinien des Departements der Ardennen (Carignan nach Messempré, Monthermé nach Monthermé (Laval-Dieu), Vrigne-Meuse nach Vrigne-aux-Bois), von Rambervillers nach Charmes, von Igney-Avricourt nach Blamont und Cirey.
3. Der Paris-Lyon-Mittelmeerbahn, einschließlich der für Rechnung der Konzessionäre betriebenen Linie des alten Hafens in Marseille und derjenigen von Arles nach Saint-Louis.
4. Der Orléansbahn.
5. Der Südbahn.
6. Der Staatsbahnen, einschließlich der für Rechnung des Departements Indre-et-Loire betriebenen Lokalbahn von Ligré-Rivière nach Richelieu.
7. Der beiden Ringbahnen von Paris, einschließlich der strategischen Linie von Valenton nach Massy-Palaiseau.
8. Der Gesellschaft für Departemental-Eisenbahnen.
9. Der Eisenbahngesellschaft von Somain nach Anzin und bis zur belgischen Grenze.
10. Der Gesellschaft des Médoc.
11. Von Marlieux nach Châtillon-sur-Chalaronne.

Italien.

1. Die sämtlichen von der Generaldirektion der Staatsbahnen betriebenen Linien.
2. Die von der Società Veneta per costruzione ed esercizio di ferrovie secondarie italiane betriebenen Linien: Cividale—Portogruaro, mit Abzweigung von S. Giorgio di Nogaro bis zur italienisch-österreichischen Grenze bei Cervignano; Parma—Suzzara; Bologna S. V.—Portomaggiore, mit Abzweigung von Budrio nach Massalombarda; Arezzo—Pratovecchio Stia; Conegliano—Vittorio; Thiene—Rocchette; Ferrara—Copparo und Ferrara—Cento.
3. Die Nord Milano Eisenbahnen in Mailand, nämlich: Milano—Bovisa—Seveso S. Pietro—Merone Pontenuovo—Incino-Erba, mit Abzweigungen von Bovisa nach Milano—Librera und von Seveso—S. Pietro nach Camnago; Milano—Bovisa—Saronno; Saronno—Malnate—Varese Nord—Laveno Nord, mit Abzweigungen von Varese Nord nach Varese und von Laveno Nord nach Laveno Mombello; Saronno—Grandate; Como Lago Nord—Camerlata—Grandate—Malnate, mit Abzweigung von Camerlata nach Albate Camerlata; Novara Nord—Busto Arsizio Nord—Saronno—Seregno, mit Abzweigungen von Novara Nord nach Novara und von Busto Arsizio Nord nach Busto Arsizio; Castellanza—Cairate Lonate Ceppino in Val d'Olona.
4. Die von der Gesellschaft der Mittelmeerbahnen betriebenen Linien: Varese—Porto Ceresio und Roma—Viterbo, mit Abzweigung von Capranica nach Ronciglione.
5. Die von der Gesellschaft der römischen Nebenbahnen be-

triebene Linie Roma—Albano —Nettuno.

6. Die von der Società per le ferrovie dell' Alta Valtellina

betriebene Linie Sondrio—Tirano.

7. Die Valsugana-Eisenbahn.

Luxemburg.

Prinz Heinrich-Bahn.

Niederlande.

1. Gesellschaft für den Betrieb von Niederländischen Staatseisenbahnen.
2. Holländische Eisenbahn-Gesellschaft.
3. Niederländische Central-Eisenbahn-Gesellschaft.
4. Nord-Brabant-Deutsche Eisenbahn-Gesellschaft.

Rumänien.

Königl. Rumänische Staatseisenbahnen.

Rußland.

Staatsbahnen.

1. Nicolaibahn (mit Zweigbahn nach dem Hafen und den Eisenbahnen von Nowotorshok und Rshew—Wjasma) unter Ausschluß der Sektion nach Borowitschi.
2· Nord-West-Bahnen.
3. Moskau—Brester Eisenbahn.
4. Moskau—Kursk, Moskau—Nishninowgorod und Muromer Eisenbahnen.
5. Sysran—Wjasma-Eisenbahn.
6. Catherine-Eisenbahn.
7. Riga—Orel-Eisenbahn (mit der Riga—Tuckumer. Eisenbahn).
8. Libau—Romny-Eisenbahn.
9. Weichsel-Bahnen.
10. Südbahnen.
11. Ssamara—Slatouster Eisenbahn.
12. Polessier Eisenbahnen.
13. Süd-West-Bahnen.
14. Perm-Eisenbahn.
15. Sibirische Eisenbahn.
16. Transkaukasische Eisenbahnen.
17. Nordbahnen.
18. Taschkent-Eisenbahn.
19. Mittelasiatische Bahn, mit den Linien: Krasnowodsk—

Andishan; Merw—Kuschka; Tschernjajewo—Taschkent und Gortschakowo—Margelan.

20. Transbaikal-Bahn.

Privatbahnen.

21. Warschau—Wien-Eisenbahn.
22. Wladikaukaser Eisenbahn.
23; Lodser Eisenbahn.
24. Moskau—Kiew—Woronesch-Eisenbahn.
25. Moskau—Kasan-Eisenbahn.
26. Moskau—Windau—Rybinsker Eisenbahn.
27. Rjasan—Uralsk-Eisenbahn.
28. Süd-Ost-Bahnen.
29. Belgorod—Ssumy-Eisenbahn.
30. Die Lokalbahnen der I. Gesellschaft für Lokalbahnen in Rußland:

Pernau—Reval, mit den Linien Walk—Pernau, Moisekull—Fellin, Fellin—Reval-Hafen; Allenkull—Weißenstein; Swjenzjany.

Südbahnen, mit den Linien: Rudniza—Olwiopol, Dochno—Tschetschelnik; Berschad—Berschad-Fabrik; Shitomir—Gaiworon; Cholonewskaja—Ssemka; Woronowizy—Winniza.

31. Lokalbahn Nowosybkow.
32. Herby—CzenstochauerEisenbahn.

33. Livländische Lokalbahn (Walk—Marienburg—Stockmannshof).

Schweden.

1. Schwed. Staatseisenbahnen, mit Ausnahme der von denselben betriebenen Strecke Lulea—Reichsgrenze mit den Abzweigungen Gelliware—Malmberg und Gelliware—Koskulls kulle, jedoch einschließlich der Dampffährenverbindungen über den Öresund zwischen Malmø und Kopenhagen; über die Ostsee zwischen Trelleborg und Saßnitz.
2. Boras-Eisenbahn.
3. Eisenbahn Kristianstad—Hessleholm.
4. Eisenbahn Lund—Kjeflinge.
5. Eisenbahn Lund—Trelleborg.
6. Eisenbahn Trelleborg—Rydsgard.
7. Eisenbahn Uddewalla—Wenersborg—Herrljunga.

Schweiz.

I. Normalspurbahnen.

1. Schweizer. Bundesbahnen, ausschließlich der von ihnen betriebenen Seilbahn Cossonay Bahnhof S. B. B.—Cossonay Stadt.
2. Bern—Neuenburg-Bahn (direkte Linie).
3. Emmentalbahn.
4. Freiburg—Murten—Ins-Bahn.
5. Martigny—Orsières-Bahn.
6. Neuenburger Jurabahn.
7. Langental—Huttwil-Bahn.
8. Önsingen—Balstal-Bahn.
9. Pont—Brassus-Bahn.
10. Rorschach—Heiden-Bahn.
11. Saignelégier—Glovelier-Bahn

12. Seetalbahn.
13. Sensetalbahn.
14. Sihltalbahn.
15. Südostbahn.
16. Thunerseebahn.
17. Tößtalbahn.
18. Uerikon—Bauma-Bahn.

II. Schmalspurbahnen.

19. Aarau—Schöftland-Bahn.
20. Bellinzona—Mesocco-Bahn.
21. Bern—Worb-Bahn (Strecke Gümligen—Worb).
22. Martigny—Le Châtelard-Bahn.
23. Rhätische Bahn.
24. Wynentalbahn.
25. Yverdon—Ste-Croix-Bahn.

Alphabetisches Verzeichnis

der vom internationalen Transporte ausgeschlossenen oder nur bedingungsweise zugelassenen Gegenstände.

(§ 1 der Ausführungsbestimmungen und Anlage 1.)

Abfälle, bleihaltige — Abfälle, fäulnisfähige, tierische, wie ungesalzene frische Häute, Fette, Flechsen, Knochen, Hörner, Klauen, nicht gekalktes frisches Leimleder und andere in besonderem Grade übelriechende und ekelerregende Gegenstände*. — Abfälle von vegetabilischen Spinnstoffen, unverpackt. — Abfälle von Flechsen und Leimleder*. — Abfälle vom Verspinnen und Verweben von Wolle, Haaren, Kunstwolle, Baumwolle, Seide, Flachs, Hanf und Jute, gefettet oder gefirnißt. — Abfallschwefelsäure aus Nitroglyzerinfabriken*. — Acetylchlorid. — Äther aller Art (mit Ausnahme von Schwefeläther und Petroleumäther) in Ballons, Flaschen oder Kruken. — Ätzkalilauge*. — Ätzlauge (Ätznatronlauge, Sodalauge, Ätzkalilauge, Pottaschenlauge)*. — Ätznatronlauge*. — Akkumulatoren, elektrische, gefüllte. — Alkohol, absoluter, in Ballons, Flaschen oder Kruken. — Ammoniak, verflüssigtes. — Amorces (Zündbänder und Zündblättchen). — Amylazetat, in Ballons, Flaschen oder Kruken. — Anderthalbfacher Schwefelphosphor. — Anhydrid, sogenanntes festes Oleum* — Antimonasche. — Antiquitäten. — Arsenige

Säure (Hüttenrauch). — Arsenik, gelbes (Rauschgelb, Auripigment). — Arsenik, rotes (Realgar). — Arsenikalien, flüssige, insbesondere Arsensäure*. — Arsenikalien, nicht flüssige, arsenige Säure (Hüttenrauch), gelbes Arsenik (Rauschgelb, Auripigment), rotes Arsenik (Realgar), Scherbenkobalt (Fliegenstein). — Arsensäure*. — Asphaltnaphtha und Destillate*. — Auripigment (gelbes Arsenik). — Azeton.

Bariumsuperoxyd (Oxylith). — Barren (Gold- und Silber-). — Baumwolle, in rohem Zustande und in Form von Abfällen. — Belustigungshölzchen (bengalische Schellackpräparate). — Bengalische Schellackpräparate ohne Zünder (Flammenbücher, Salonkerzen, Fackeln, Belustigungshölzer, Leuchtstangen, bengalische Streichhölzer u. dgl.). — Bengalische Streichhölzer. — Benzin*. — Benzol*. — Bleiasche. — Bleifarben. — Bleiglätte (Massikot). — Bleihaltige Abfälle. — Bleikrätze. — Bleipräparate, als Bleiglätte (Massikot), Mennige, Bleizucker und andere Bleisalze, Bleiweiß und andere Bleifarben. — Bleirückstände und sonstige bleihaltige Abfälle. — Bleisalze. — Bleiweiß.

---

* sowie die Gefäße, in welchen diese Gegenstände befördert werden.

— Bleizucker. — Blutlausgift
(Gemenge von Schmierseife, Karbolöl und Fuselöl)*. — Bohrspäne
aus Eisen und Stahl, gefettet. —
Bordeauxbrühe, Pulver zur Herstellung derselben. — Borke, unverpackt. — Bourre de soie in
Strängen, hochbeschwert. —
Braunkohlenteer, daraus bereitete
leicht entzündliche Produkte*. —
Braunkohlenteeröle und Destillate
aus solchen*. — Brom*. —
Buchersche Feuerlöschdosen.

Calciumcarbid. — Calomel s.
Kalomel. — Celloidin. — Chappe-
Seide in Strängen, hochbeschwert. — Chloräthyl. — Chlor,
verflüssigtes. — Chlorkohlenoxyd
(Phosgen), verflüssigtes. — Chlormethyl. — Chlorsaures Kali und
andere chlorsaure Salze. — Chlorschwefel*. — Collodium s. Kollodium. — Collodiumwolle s.
Kollodiumwolle. — Cordonnet-
Seide in Strängen, hochbeschwert.
— Cumol*. — Cyankalium und
Cyannatrium* in fester Form und
als Lauge.

Destillate aus Braunkohlenteerölen*. — Destillate aus Braunkohlenteerölen, Torf- u. Schieferölen und Asphaltnaphtha*. —
Destillate aus Petroleum und
Petroleumnaphtha*. — Dokumente. — Drehspäne aus Eisen
und Stahl, gefettet. — Dünger
(Stall-). — Dynamit.

Echte Perlen. — Edelsteine. —
Eisenspäne, gefettete. — Ekelerregende und übelriechende
Gegenstände (Erzeugnisse)*. —
Elektrische Akkumulatoren, gefüllte. — Erdschwarz. — Erzeugnisse (Gegenstände), ekelerregende und übelriechende*. —
Erzguß, Gegenstände aus. —
Explosive Gegenstände.

Fackeln (bengalische Schellackpräparate). — Fäkalien. — Fäulnisfähige tierische Abfälle*. —

Farben, mit Firnis versetzt, in
Ballons, Flaschen oder Kruken.
— Festes Oleum (Anhydrid)*. —
Fette, tierische*. — Fettpapier.
— Feuerlöschdosen, Buchersche.
Feuerwerkskörper aus gepreßtem
Mehlpulver und ähnlichen Gemischen. — Feuerwerkskörper,
andere. — Firnisse und mit Firnis
versetzte Farben, in Ballons,
Flaschen oder Kruken. — Flachs,
in rohem Zustande, in Form von
Abfällen. — Flachsstroh, unverpackt. — Flammenbücher (bengalische Schellackpräparate). —
Flechsen und Abfälle davon*. —
Fliegenstein (Scherbenkobalt). —
Flobertmunition (Kugelzündhütchen und Schrotzündhütchen.
— Flobertzündhütchen ohne
Kugel und Schrot. — Flüssigkeiten, leicht entzündliche Präparate aus solchen einerseits und
Harz anderseits. — Flüssigkeiten,
welche Schwefeläther in größern
Quantitäten enthalten. — Formaldehydlösung*. — Formalin*.

Gase, verflüssigte. — Gasolin*. —
Gasreinigungsmasse, gebrauchte,
eisen- oder manganhaltige. —
Gegenstände aus Erzguß. —
Gegenstände (Erzeugnisse), ekelerregende und übelriechende*. —
Gegenstände, welche der Selbstentzündung oder Explosion unterworfen sind. — Gegenstände,
welche durch Funken der Lokomotive leicht entzündet werden
können, wie Heu, Stroh usw.,
unverpackt. — Geladene Schußwaffen. — Geld. — Geldwerte
Münzen und Papiere. — Gemälde.
— Geschirrlitzen, gefettet oder
gefirnißt. — Gewehre, geladene.
— Gips, unverpackt. — Gold-
und Silberbarren. — Grubengas.
— Grünkalk. — Grünspan. —
Guttapercha- oder Kautschuklösungen, vorwiegend aus Petroleumnaphtha bestehend*.

Haare, in rohem Zustande, in
Form von Abfällen. — Häute,

frische, ungesalzene*. — Häute, trockene*. — Hanf, in rohem Zustande, in Form von Abfällen. — Harnischlitzen, gefettet oder gefirnißt. — Harz — Präparate aus Harz einerseits und Terpentinöl, Spiritus, Petroleumnaphtha oder andern leicht entzündlichen Flüssigkeiten anderseits. — Harze, Petroleumrückstände und dergleichen Stoffe, mit lockeren, brennbaren Körpern vermischt, unverpackt. — Hefe, flüssige und feste, mit Ausnahme von Preßhefe. — Heu, unverpackt. — Hörner*. — Hoffmannstropfen. — Holzgeist in rohem und rektifiziertem Zustande. — Holzkohle, gemahlen oder körnig. — Holzkohle, unverpackt. — Holzkohle, ganze (unzerkleinert). — Holzmehl, Holzzeugmasse, Holzspäne, unverpackt. — Hülsen aus mit Fett oder Öl getränktem Papier. — Hüttenrauch (arsenige Säure).

Jute in rohem Zustande, in Form von Abfällen.

Kälbermagen, frische. — Kali, chlorsaures und andere chlorsaure Salze. — Kalium. — Kalk, gebrannter (Grünkalk), welcher in den Gaswerken zur Reinigung des Leuchtgases gedient hat. — Kalkäscher, unverpackt. — Kalomel. — Kautschuk- oder Guttapercha-Lösungen, vorwiegend aus Petroleumnaphtha bestehend*. — Kesselrückstände von der Lederleimfabrikation*. — Kienruß und andere pulverförmige Arten von Ruß. — Klauen*. — Knallbonbons. — Knallerbsen. — Knallgold, Knallquecksilber, Knallsilber und die damit festgestellten Präparate. — Knochen*. — Kohlensäure, verflüssigte. — Kohlensäure, gasförmig. — Kohlensäurekapseln (Sodor, Sparklett). — Kohlenwasserstoffe*. — Kollodium. — Kollodiumwolle, mit mindestens 35% Wasser oder Alkohol angefeuchtet. — Kor-

donnet-Seide in Strängen, hochbeschwert. — Kostbarkeiten (auch besonders wertvolle Spitzen und besonders wertvolle Stickereien). — Kugelzündhütchen (Flobert-Munition). — Kumol, s. Cumol. — Kunstgegenstände, wie Gemälde, Statuen, Gegenstände aus Erzguß. — Kunstwolle in rohem Zustand, in Form von Abfällen. — Kupferfarben. — Kupferpigmente (grüne und blaue). — Kupfersalze und Kupferfarben, als Grünspan, grüne und blaue Kupferpigmente. — Kupfervitriol und Mischungen von Kupfervitriol mit Kalk, Soda und dergleichen.

Latrinenstoffe. — Leichen. — Leicht entzündliche Gegenstände (durch Funken der Lokomotive). — Leimdünger*. — Leimkäse*. — Leimkalk*. — Leimleder, frisches, nicht gekalktes, sowie dessen Abfälle*. — Leuchtgas, verdichtetes. — Leuchtstangen (bengalische Schellackpräparate). Ligroin*. — Lösungen von Kautschuk oder Guttapercha, die vorwiegend aus Petroleumnaphtha bestehen*. — Lösungen von Nitrozellulose in Schwefeläther (Kollodium) usw. — Luft, flüssige — Lumpen, gefettet oder gefirnißt.

Magen (Kälber-), frische. — Maisstroh, unverpackt. — Massikot (Bleiglätte). — Mennige. — Metallfarben, giftige. — Metallpatronen, fertige, für Handfeuerwaffen, mit ausschließlich oder zum Teil aus Metall bestehenden Hülsen. — Metallpräparate, giftige (giftige Metallfarben, Metallsalze usw.). — Metallsalze, giftige. — Mineralsäuren, flüssige, aller Art, insbesondere Schwefelsäure, Vitriolöl, Salzsäure, Salpetersäure (Scheidewasser)*. — Mirbanöl (Nitrobenzol)*. — Mischungen von amorphem Phosphor mit

Harzen oder Fetten. — Mischungen von Kupfervitriol mit Kalk, Soda und dergl. (Pulver zur Herstellung von Bordeauxbrühe und dergleichen). — Münzen, geldwerte.

Natrium. — Natriumsuperoxyd. — Natronkoks. — Neolin*. — Nitrobenzol (Mirbanöl)*. — Nitrobenzol, Rückstände von der Reduktion desselben aus Anilinfabriken. — Nitroglyzerin (Sprengöl). — Nitrozellulose, gelöst in Schwefeläther und anderen Lösungsmitteln.

Öle, ätherische und fette, in Ballons, Flaschen oder Kruken. — Ölpapiere. — Öle, aus Braunkohlenteer bereitete*. — Öle, übelriechende*. — Ölsatz (Rückstände von der Ölraffinerie)*. — Oleum, sogenanntes festes*. — Oxylith (Bariumsuperoxyd).

Papiere, geldwerte. — Papier, mit Fett oder Öl getränkt, und Hülsen aus solchem. — Papierspäne, unverpackt. — Patronen, fertige, für Handfeuerwaffen, welche entweder Schwarzpulver oder andere Schießmittel enthalten. — Patronenhülsen mit Zündvorrichtungen. — Perlen, echte. — Petarden für Knallhaltesignale auf den Eisenbahnen. — Petroleum, rohes und gereinigtes*. — Petroleumäther (Gasolin, Neolin usw.) und ähnliche aus Petroleumnaphtha oder Braunkohlenteer bereitete, leicht entzündliche Produkte*. — Petroleumnaphtha und Destillate aus Petroleum und Petroleumnaphtha (Benzin, Ligroin usw.) sowie Lösungen von Kautschuk oder Guttapercha, die vorwiegend aus Petroleumnaphtha bestehen*. — Petroleumnaphtha, daraus bereitete leicht entzündliche Produkte*. — Petroleumnaphtha — Präparate aus Petroleumnaphtha, Terpentinöl, Spiritus und anderen leicht

entzündlichen Flüssigkeiten einerseits und aus Harz anderseits, — Petroleumrückstände, Harze und dergleichen Stoffe, mit lockeren, brennbaren Körpern vermischt, unverpackt. — Phosgen (Chlorkohlenoxyd), verflüssigtes. — Phosphor, amorpher (roter) u. Mischungen mit Harzen oder Fetten. — Phosphor, gewöhnlicher (weißer oder gelber). — Phosphorcalcium. — Phosphoroxychlorid. — Phosphorpentachlorid (Phosphorsuperchlorid). — Phosphortrichlorid. — Photogen*. — Pigmente (Kupfer-). — Pikrinsaure Salze. — Pikrinsäure. — Platina. — Pottaschenlauge*. — Präzipitat (weißes und rotes). — Präparate, welche aus Terpentinöl, Spiritus, Petroleumnaphtha oder anderen leicht entzündlichen Flüssigkeiten einerseits und Harz anderseits bereitet sind, wie Spirituslacke und Sikkative. — Präparate, welche mit Knallquecksilber, Knallsilber od. Knallgold hergestellt sind. — Pretiosen und andere Kostbarkeiten. — Produkte aus Petroleumnaphtha oder Braunkohlenteer, leicht entzündliche*. — Pulver zur Herstellung von Bordeauxbrühe u. dergl. — Putzlappen (Putztücher), gefettet oder gefirnißt. — Putzwolle, gebrauchte. — Pyridin und Pyridinbasen*. — Pyropapier.

Quecksilberpräparate, als Sublimat, Kalomel, weißes und rotes Präzipitat, Zinnober.

Raketen (Feuerwerkskörper) aus gepreßtem Mehlpulver und ähnlichen Gemischen. — Rauschgelb (gelbes Arsenik). — Realgar (rotes Arsenik). — Reib- und Streichzünder (als Zündlichtchen, Zündschwämme usw.). — Reisstroh, unverpackt. — Rohr (ausschließlich spanisches Rohr), unverpackt. — Rückstände von der Ölraffinerie (Ölsatz)*. — Rückstände von der Reduktion des Nitrobenzols aus Anilinfabriken. — Ruß, pulverförmige Arten.

Säure, arsenige (Hüttenrauch). — Säure, wasserfreie, schweflige, verflüssigte. — Salmiakgeist.* — Salonfeuerwerk aus gepreßtem Mehlpulver und ähnlichen Gemischen. — Salonkerzen (bengalische Schellackpräparate). — Salpetersäure (Scheidewasser)*. — Salpetersäure, konzentrierte, sowie rote, rauchende*. — Salze, chlorsaure. — Salze, pikrinsaure. — Salzsäure*. — Sauerstoff, verdichteter. — Scheidewasser*. — Schellackpräparate, bengalische, ohne Zünder. — Scherbenkobalt (Fliegenstein). — Schieferöle und Destillate aus solchen*. — Schießbaumwolle in Flockenform und Kollodiumwolle, mit mindestens 35% Wasser angefeuchtet. — Schießbaumwolle, gepreßte, mit mindestens 15% Wassergehalt. — Schieß- und Sprengmittel aller Art. — Schrotzündhütchen (Flobertmunition). — Schußwaffen, geladene. — Schwefel. — Schwefelalkohol (Schwefelkohlenstoff).—Schwefeläther. — Schwefeläther, Flüssigkeiten, welche solchen in größeren Quantitäten enthalten. — Schwefelkohlenstoff (Schwefelalkohol). — Schwefelnatrium, rohes, unkristallisiertes. — Schwefelnatrium, raffiniertes, kristallisiertes. — Schwefelphosphor, anderthalbfacher. — Schwefelsäure*. — Schwefelsäure, wasserfreie (Anhydrid, sogenanntes festes Oleum)*. — Schweflige Säure, wasserfreie, verflüssigte. — Seide, hochbeschwerte Cordonnet-, Souple-, Bourre de soie- und Chappe-Seiden in Strängen. — Seide in rohem Zustande und in Form von Abfällen. — Seilerwaren, gefettet oder gefirnißt. — Selbstentzündliche Gegenstände. — Sicherheitszünder. — Sikkative.

— Silber- und Goldbarren. — Sodalauge*. — Sodor (Kohlensäurekapseln). — Solaröl*. — Souple-Seide in Strängen, hochbeschwert. — Späne (Eisen- oder Stahl-), gefettete. — Sparklett (Kohlensäurekapseln). — Spinnstoffe, vegetabilische und deren Abfälle, unverpackt. — Spiritus — Präparate aus Spiritus, Terpentinöl, Petroleumnaphtha oder anderen leicht entzündlichen Flüssigkeiten einerseits und Harz anderseits. — Spiritus, in Ballons, Flaschen oder Kruken. — Spirituosen, unter Nr. XI nicht genannt, in Ballons, Flaschen oder Kruken. — Spirituslacke. — Spitzen, besonders wertvolle. — Spreng- und Schießmittel aller Art. — Sprengöl (Nitroglyzerin). — Sprit in Ballons, Flaschen oder Kruken. — Stahlspäne, gefettete. — Stalldünger sowie andere Fäkalien und Latrinenstoffe. — Statuen. — Steinkohlenteeröle. (Benzol, Toluol, Xylol, Cumol, usw.)*. — Stickereien, besonders wertvolle. — Stickoxydul, verflüssigtes. — Streichhölzer und andere Reib- und Streichzünder (als Zündlichtchen, Zündschwämme usw.). — Streichhölzer (bengalische Schellackpräparate). — Streichhölzer, deren Zündköpfe ein Gemisch von gelbem Phosphor und chlorsaurem Kali enthalten. — Stroh (auch Mais-, Reis- un' Flachsstroh), unverpackt. — Sublimat.

Talg, abgepreßter*. — Terpentinöl und sonstige übelriechende Öle*. — Terpentinöl — Präparate aus Terpentinöl, Spiritus, Petroleumnaphtha oder anderen leicht entzündlichen Flüssigkeiten einerseits und Harz anderseits. — Testpetroleum*. — Tierische Abfälle, fäulnisfähige*. — Toluol*. — Torf, unverpackt (mit Ausnahme von sogenanntem Maschinen- oder Preßtorf). — Torföle und Destillate aus solchem*.

— Traß, unverpackt. — Treibriemen aus Baumwolle und Hanf, gefettet oder gefirnißt. — Übelriechende und ekelerregende Gegenstände*. — Übelriechende Öle*. —

Vitriolöl*.

Waren, durch Vermischung von Petroleumrückständen, Harzen und dergleichen Stoffen mit lockeren, brennbaren Körpern hergestellt, unverpackt. — Wasserfreie Schwefelsäure (Anhydrid, sogenanntes festes Oleum)*. — Wasserfreie schweflige Säure, verflüssigte. — Wasserstoff, verdichteter. — Wasserstoffsuperoxyd. — Weberlitzen, gefettet oder gefirnißt. — Weingeist (Spiritus) in Ballons, Flaschen oder Kruken. — Wolle in rohem Zustand und in Form von Abfällen.

Xylol*. —

Zinkasche. — Zinkäthyl. — Zinkstaub. — Zinnober. — Zündbänder und Zündblättchen (Amorces). — Zündhütchen für Schußwaffen und Geschosse. — Zündhütchen, Kugel-, Schrot- (Flobertmunition). — Zündlichtchen und Zündschwämme. — Zündschnüre, welche aus einem dünnen, dichten Schlauche bestehen (Sicherheitszünder). — Zündspiegel. — Zündungen, nicht sprengkräftige.

Bemerkung:

An dieser Stelle setzt sich das **Frachtbrief-Duplikat** *an, das sonst völlig mit dem Frachtbrief übereinstimmt. Es wird bei Aufgabe mit dem Originalfrachtbrief eingereicht und von dem Abfertigungsbeamten nach Durchschneiden des nebenstehenden Streifens dem Absender zurückgegeben. Das Format ist im I.Ü. nicht festgesetzt und richtet sich nach den Tarifen.*

Kontrollstempel der Eisenbahn.

Wagen

(Nr. 1)	Eigentumsmerkmale (1)	Ladegewicht und Ladefläche

Der Frachtkart e	No.		
	Pos.		

(1) Wenn die Wagen vom Absender verladen sind, muß dieser die Wagennummern u. die Eigentumsmerkmale hier eintragen.

INTERNATIONA...

FI...

(Formular I.) **Gewöhr...**
(Formular II.) **Eilfr...**

An (2) ....

....

....

Sie empfangen die nachstehen... Übereinkommen über den Eisenbahnfra... Bahnen beziehungsweise Verkehre enth... kommen.

(2) Name und Adresse des Empfär... nach Frankreich oder Italien ist anzugebe...

ZEICHEN und NUMMER	AN-ZAHL	ART der Ver-packung	INHALT	Wirkliches Brutto-gewicht: Kilogramm	ABGE-RUN-DETES zur Be-rechnung zu ziehendes Gewicht: Kilogramm

Stempel der **Versand**-Station: | **Wiege**-Stempel: | Stempel der **Empfangs**-Station:

ISENBAHNTRANSPORT.

TBRIEF.

racht. (Weißes Papier.)
Weißes Papier mit einem mindestens 1 Zentimeter
breiten roten Streifen am oberen und unteren
Rand auf der Vorder- und Rückseite.)

Versandbahn	
Empfangsbahn	
Empfangsstation	

neten Güter auf Grund der in dem internationalen
sowie in den Reglementen und Tarifen der betreffenden
stsetzungen, welche für diese Sendung in Anwendung

Station, Straße und Hausnummer, Land). Bei Sendungen
f den Bahnhof oder ins Haus zu liefern sind.

RKLÄRUNG
wegen
WAIGEN ZOLL- UND
EUERAMTLICHEN
lizeilichen Behandlung;
g der betr. Dokumente und
eilagen inkl. Bleiverschlüsse.
etzlich oder reglementarisch
ässige Erklärungen.

ANGABE DER ANZUWENDENDEN TARIFE

und

ROUTENVORSCHRIFT

Betrag
der Frankatur

Deklariertes
Interesse an
der Lieferung

Summe der Nachnahme

Bar-
Vorschuß

nach
Eingang

In Buchstaben

Betrag

Spezifikation
obiger
Nachnahme

Frankaturvermerk
des Absenders

, den _______ 19 ___

Unterschrift und Adresse des Absenders:

FRAN-KIERT		NOTE	FRACHT-SATZ für 100 Kilogr.	ZU ERHEBEN				FRAN-KIERT	
		Nachnahme { Barvorschuß							Fr
		nach Eingang							
		Provision							
		Fracht bis							Fr
									Fr
									Fr
		Frachtzuschlag für Interessedeklaration							Fr
		Fracht bis							Fr
		Frachtzuschlag für Interessedeklaration							Fr
		Übertrag							

NOTE	FRACHT-SATZ für 100 Kilogr.	ZU ERHEBEN				ÜBERGANGSSTEMPEL UND VERMERK über Zuschlagsfristen
Übertrag						
für Interessedeklaration						
für Interessedeklaration						
für Interessedeklaration						
Übertrag						

Anlage 3.

Erklärung.

Die Güter-Expedition der................................

Eisenbahn zu .... hat auf mein (unser) Ersuchen folgende

Güter, welche laut Frachtbrief vom heutigen Tage in nachstehender

Weise bezeichnet sind, zur Eisenbahnbeförderung nach ....

von mir (uns) angenommen, nämlich ....

....

....

....

Ich (Wir) erkenne(n) hierbei ausdrücklich an, daß diese Güter

<u>unverpackt</u>
in nachbeschriebener mangelhafter Verpackung   *)

....

....

....

....

aufgegeben sind, und daß dieses auf dem Frachtbriefe von mir (uns)
anerkannt ist.

.... den ....ten.............. 19..

---

*) Je nach der Beschaffenheit der Sendung ist entweder das Wort „unverpackt" oder der Passus „in nachbeschriebener mangelhafter Verpackung" zu streichen.

Das Anerkenntnis ist bei Sendungen, die aus mehreren Kolli bestehen, auf diejenigen Stücke zu beschränken, welche unverpackt sind oder Mängel in der Verpackung zeigen.

Anlage 3a.

Allgemeine Erklärung.

Die Güter-Expedition der .... Eisenbahn

zu .... übernimmt auf mein (unser) Er-

suchen alle nachbezeichneten Güter, welche vom heutigen Tage ab

von mir (uns) zur Eisenbahn-Beförderung aufgegeben werden,

nämlich:

. . . .

. . . .

Ich (Wir) erkenne(n) hierbei ausdrücklich an, daß diese Güter

$$\frac{\text{unverpackt}}{\text{in nachbeschriebener mangelhafter Verpackung}} \text{ *)}$$

. . . .

. . . .

. . . .

. . . .

aufgegeben sind, sofern in dem betreffenden Frachtbriefe auf diese

Erklärung Bezug genommen ist.

.....................den .... 19..

---

*) Je nach der Beschaffenheit der Sendungen sind entweder das Wort
„unverpackt" oder die Worte „in nachbeschriebener mangelhafter Verpackung"
zu streichen.

Anlage 4.

Nachträgliche Anweisung.

.... den .... 19..

Die Güter-Expedition der .... Eisenbahn in

.... ersuche(n) ich (wir), die mittels

Frachtbrief d. d................. den .... 19..

zur Beförderung an .... in ....

aufgelieferte, nachstehend bezeichnete Sendung

Zeichen und Nummer	Anzahl	Art der Verpackung	Inhalt	Gewicht kg

1. auf der Versandstation an .... zurückzugeben;

2. unterwegs anzuhalten und an .... in ....
Station der .... Eisenbahn abzuliefern;

3. an .... in .... Station der ....
Eisenbahn abzuliefern;

4. nur gegen Bezahlung des Nachnahmebetrages von ═══════
(mit Worten) abzuliefern;

5. nicht gegen Bezahlung des im Frachtbrief angegebenen,
sondern des Nachnahmebetrages von ═══════ (mit Worten)
abzuliefern;

6. ohne Erhebung einer Nachnahme abzuliefern;

7. frachtfrei abzuliefern.

(Unterschrift)

Anmerkung: Diejenigen Teile des Formulars, welche auf den einzelnen Fall nicht passen, sind zu durchstreichen.

Sachregister.

Blume, Int. Übk.

Universitäts-Buchdruckerei von Gustav Schade (Otto Francke)
in Berlin N 24 und Fürstenwalde Spree.